U0381336

MOLECULAR SCIENCES

当代化学化工学术精品丛书·分子科学前沿

丛书编委会

"十三五"国家重点
出版物出版规划项目

当代化学化工学术精品丛书
分 子 科 学 前 沿
总主编 席振峰 张德清

Frontiers in Macromolecular Sciences

高分子科学前沿

赵江 宛新华 等 著

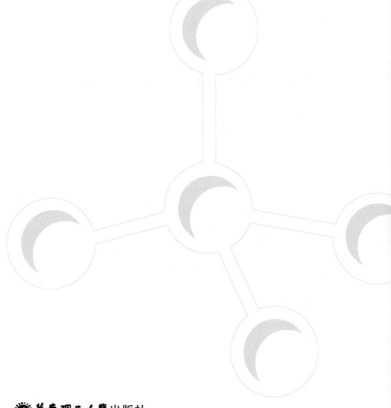

华东理工大学出版社
EAST CHINA UNIVERSITY OF SCIENCE AND TECHNOLOGY PRESS
·上海·

图书在版编目(CIP)数据

高分子科学前沿/赵江等著. —上海：华东理工
大学出版社，2023.5
ISBN 978-7-5628-6742-5

Ⅰ.①高… Ⅱ.①赵… Ⅲ.①高分子材料 Ⅳ.
①TB324

中国国家版本馆 CIP 数据核字(2023)第 064090 号

内容提要

自德国科学家 Hermann Staudinger 发表第一篇关于大分子的学术论文以来，高分子科学已经走过一百余年的历程。自诞生之日起，高分子材料就表现出不凡的独特性质与功能，在军事国防、航空航天、交通运输、电子通信、医疗健康、日常生活等领域发挥着巨大的作用，成为人类不可或缺的关键物质与材料。

本书以北京分子科学国家研究中心骨干研究单位的科研活动为载体，报道近年来在高分子科学前沿领域的科研成果，其内容覆盖了高分子化学、高分子物理、高分子材料等领域，包括了新型高分子材料的合成及性质、特殊条件下的高分子化学、功能高分子材料的合成与性质、高分子物理计算机模拟、新实验手段与方法、先进高分子体系的仿生制备、传统高分子体系的新发展、高分子与生物大分子等。这些内容涵盖了北京分子科学国家研究中心在高分子领域的最新研究动向以及对于高分子科学经典难题探究的新尝试与新进展，涉及溶液、晶体、玻璃态、表界面等多个方面。此外，还包含了合成高分子与生物大分子的结合。

项目统筹 / 马夫娇　韩　婷
责任编辑 / 赵子艳
责任校对 / 陈　涵
装帧设计 / 周伟伟
出版发行 / 华东理工大学出版社有限公司
　　　　　地址：上海市梅陇路 130 号，200237
　　　　　电话：021-64250306
　　　　　网址：www.ecustpress.cn
　　　　　邮箱：zongbianban@ecustpress.cn
印　　刷 / 上海雅昌艺术印刷有限公司
开　　本 / 710 mm×1000 mm　1/16
印　　张 / 20.75
字　　数 / 406 千字
版　　次 / 2023 年 5 月第 1 版
印　　次 / 2023 年 5 月第 1 次
定　　价 / 268.00 元

MOLECULAR SCIENCES

高分子科学前沿

编委会

总序一

分子科学是化学科学的基础和核心,是与材料、生命、信息、环境、能源等密切交叉和相互渗透的中心科学。当前,分子科学一方面攻坚惰性化学键的选择性活化和精准转化、多层次分子的可控组装、功能体系的精准构筑等重大科学问题,催生新领域和新方向,推动物质科学的跨越发展;另一方面,通过发展物质和能量的绿色转化新方法不断创造新分子和新物质等,为解决卡脖子技术提供创新概念和关键技术,助力解决粮食、资源和环境问题,支撑碳达峰、碳中和国家战略,保障人民生命健康,在满足国家重大战略需求、推动产业变革方面发挥源头发动机的作用。因此,持续加强对分子科学研究的支持,是建设创新型国家的重大战略需求,具有重大战略意义。

2017 年 11 月,科技部发布"关于批准组建北京分子科学等 6 个国家研究中心"的通知,依托北京大学和中国科学院化学研究所的北京分子科学国家研究中心就是其中之一。北京分子科学国家研究中心成立以来,围绕分子科学领域的重大科学问题,开展了系列创新性研究,在资源分子高效转化、低维碳材料、稀土功能分子、共轭分子材料与光电器件、可控组装软物质、活体分子探针与化学修饰等重要领域上形成了国际领先的集群优势,极大地推动了我国分子科学领域的发展。同时,该中心发挥基础研究的优势,积极面向国家重大战略需求,加强研究成果的转移转化,为相关产业变革提供了重要的支撑。

北京分子科学国家研究中心主任、北京大学席振峰院士和中国科学院化学研究所张德清研究员组织中心及兄弟高校、科研院所多位专家学者策划、撰写了"分子科学前沿丛书"。丛书紧密围绕分子体系的精准合成与制备、分子的可控组装、分子功能体系的构筑与应用三大领域方向,共 9 分册,其中"分子科学前沿"部分有 5 分册,"学科交叉前沿"部分有 4 分册。丛书系统总结了北京分子科学国家研究中心在分子科学前沿交叉领域取得的系列创新研究成果，内容系统、全面，代表了国内分子科学前沿交叉研究领域最高水平，具有很高的学术价值。丛书各分册负责人以严谨的治学精神梳理总结研究成果，积极总结和提炼科学规律，极大提升了丛书的学术水平和科学意义。该套丛书被列入"十三五"国家重点图书出版规划，并得到了国家出版基金的大力支持。

我相信，这套丛书的出版必将促进我国分子科学研究取得更多引领性原创研究成果。

包信和

中国科学院院士

中国科学技术大学

总序二

化学是创造新物质的科学,是自然科学的中心学科。作为化学科学发展的新形式与新阶段,分子科学是研究分子的结构、合成、转化与功能的科学。分子科学打破化学二级学科壁垒,促进化学学科内的融合发展,更加强调和促进与材料、生命、能源、环境等学科的深度交叉。

分子科学研究正处于世界科技发展的前沿。近二十年的诺贝尔化学奖既涵盖了催化合成、理论计算、实验表征等化学的核心内容,又涉及生命、能源、材料等领域中的分子科学问题。这充分说明作为传统的基础学科,化学正通过分子科学的形式,从深度上攻坚重大共性基础科学问题,从广度上不断催生新领域和新方向。

分子科学研究直接面向国家重大需求。分子科学通过创造新分子和新物质,为社会可持续发展提供新知识、新技术、新保障,在解决能源与资源的有效开发利用、环境保护与治理、生命健康、国防安全等一系列重大问题中发挥着不可替代的关键作用,助力实现碳达峰碳中和目标。多年来的实践表明,分子科学更是新材料的源泉,是信息技术的物质基础,是人类解决赖以生存的粮食和生活资源问题的重要学科之一,为根本解决环境问题提供方法和手段。

分子科学是我国基础研究的优势领域,而依托北京大学和中国科学院化学研究所的北京分子科学国家研究中心(下文简称"中心")是我国分子科学研究的中坚力量。近年来,中心围绕分子科学领域的重大科学问题,开展基础性、前瞻性、多学科交叉融合的创新研究,组织和承担了一批国家重要科研任务,面向分子科学国际前沿,取得了一批具有原创性意义的研究成果,创新引领作用凸显。

北京分子科学国家研究中心主任、北京大学席振峰院士和中国科学院化学研究所张德清研究员组织编写了这套"分子科学前沿丛书"。丛书紧密围绕分子体系的精准合成与制备、分子的可控组装、分子功能体系的构筑与应用三大领域方向,立足分子科学及其学科交叉前沿,包括9个分册:《物质结构与分子动态学研究进展》《分子合成与组装前沿》《无机稀土功能材料进展》《高分子科学前沿》《纳米碳材料前沿》《化学生物学前沿》《有机固体功能材料前沿与进展》《环境放射化学前沿》《化学测量学进展》。该套丛书梳理总结了北京分子科学国家研究中心自成立以来取得的重大创新研究成果,阐述了分子科学及其交叉领域的发展趋势,是国内第一套系统总结分子科学领域最新进展的专业丛书。

该套丛书依托高水平的编写团队,成员均为国内分子科学领域各专业方向上的一流专家,他们以严谨的治学精神,对研究成果进行了系统整理、归纳与总结,保证了编写质量和内容水平。相信该套丛书将对我国分子科学和相关领域的发展起到积极的推动作用,成为分子科学及相关领域的广大科技工作者和学生获取相关知识的重要参考书。

得益于参与丛书编写工作的所有同仁和华东理工大学出版社的共同努力,这套丛书被列入"十三五"国家重点图书出版规划,并得到了国家出版基金的大力支持。正是有了大家在各自专业领域中的倾情奉献和互相配合,才使得这套高水准的学术专著能够顺利出版问世。在此,我向广大读者推荐这套前沿精品著作"分子科学前沿丛书"。

中国科学院院士

上海交通大学/中国科学院上海有机化学研究所

丛书前言

作为化学科学的核心，分子科学是研究分子的结构、合成、转化与功能的科学，是化学科学发展的新形式与新阶段。可以说，20 世纪末期化学的主旋律是在分子层次上展开的，化学也开启了以分子科学为核心的发展时代。分子科学为物质科学、生命科学、材料科学等提供了研究对象、理论基础和研究方法，与其他学科密切交叉、相互渗透，极大地促进了其他学科领域的发展。分子科学同时具有显著的应用特征，在满足国家重大需求、推动产业变革等方面发挥源头发动机的作用。分子科学创造的功能分子是新一代材料、信息、能源的物质基础，在航空、航天等领域关键核心技术中不可或缺；分子科学发展高效、绿色物质转化方法，助力解决粮食、资源和环境问题，支撑碳达峰、碳中和国家战略；分子科学为生命过程调控、疾病诊疗提供关键技术和工具，保障人民生命健康。当前，分子科学研究呈现出精准化、多尺度、功能化、绿色化、新范式等特点，从深度上攻坚重大科学问题，从广度上催生新领域和新方向，孕育着推动物质科学跨越发展的重大机遇。

北京大学和中国科学院化学研究所均是我国化学科学研究的优势单位，共同为我国化学事业的发展做出过重要贡献，双方研究领域互补性强，具有多年合作交流的历史渊源，校园和研究所园区仅一墙之隔，具备"天时、地利、人和"的独特合作优势。21 世纪初，双方前瞻性、战略性地将研究聚焦于分子科学这一前沿领域，共同筹建了北京分子科学国家实验室。在此基础上，2017 年 11 月科技部批准双方组建北京分子科学国家研究中心。该中心瞄准分子科学前沿交叉领域的重大科学问题，汇聚了众多分子科学研究的杰出和优秀人才，充分发挥综合性和多学科的优势，不断优化校所合作机制，取得了一批创新研究成果，并有力促进了材料、能源、健康、环境等相关领域关键核心技术中的重大科学问题突破和新兴产业发展。

基于上述研究背景，我们组织中心及兄弟高校、科研院所多位专家学者撰写了"分子科学前沿丛书"。丛书从分子体系的合成与制备、分子体系的可控组装和分子体系的功能与应用三个方面，梳理总结中心取得的研究成果，分析分子科学相关领域的发展趋势，计划出版9个分册，包括《物质结构与分子动态学研究进展》《分子合成与组装前沿》《无机稀土功能材料进展》《高分子科学前沿》《纳米碳材料前沿》《化学生物学前沿》《有机固体功能材料前沿与进展》《环境放射化学前沿》《化学测量学进展》。我们希望该套丛书的出版将有力促进我国分子科学领域和相关交叉领域的发展，充分体现北京分子科学国家研究中心在科学理论和知识传播方面的国家功能。

本套丛书是"十三五"国家重点图书出版规划项目"当代化学化工学术精品丛书"的系列之一。丛书既涵盖了分子科学领域的基本原理、方法和技术，也总结了分子科学领域的最新研究进展和成果，具有系统性、引领性、前沿性等特点，希望能为分子科学及相关领域的广大科技工作者和学生，以及企业界和政府管理部门提供参考，有力推动我国分子科学及相关交叉领域的发展。

最后，我们衷心感谢积极支持并参加本套丛书编审工作的专家学者、华东理工大学出版社各级领导和编辑，正是大家的认真负责、无私奉献保证了丛书的顺利出版。由于时间、水平等因素限制，丛书难免存在诸多不足，恳请广大读者批评指正！

北京分子科学国家研究中心

前言

自德国科学家 Hermann Staudinger 发表第一篇关于大分子的学术论文以来,高分子科学已经走过一百余年的历程。自诞生之日起,高分子材料就表现出不凡的独特性质与功能,在军事国防、航空航天、交通运输、电子通信、医疗健康、日常生活等领域发挥着巨大的作用,成为人类不可或缺的关键物质与材料。高分子复合材料使得运载火箭将更大、更重的载荷送入太空,使得航空业在消耗更少燃料的同时完成更多的运量;先进的光敏性高分子材料保证了集成电路芯片制造与封装的顺利完成;高性能的医用高分子材料在保障人类生命与健康的事业中发挥着不可替代的作用。正是由于高分子与众不同的独特性质以及在各个领域中的巨大作用,高分子科学成为世界众多研究人员大力投入的重要学科。人们在高分子的理论和实验的活跃而持续研究中,获得了关于高分子合成、高分子链结构、溶液及凝聚态结构、高分子性质和功能性等方面海量的信息与深入的认识,取得了卓越的研究成果。高分子科学研究的发展与进步为人类在各个领域的活动带来了无法估量的价值。

在过去的一百余年中,高分子科学的研究取得了巨大的成功,诞生了大量出色的科研成果,加深了人们对于高分子及其性质的认识与理解,极大地推动了高分子材料工业的发展与进步。然而,由于研究的进步、新兴学科的兴起以及未来新工业革命的需求,高分子科学的研究在获得巨大发展机遇的同时也遇到了强有力的挑战。人们在不懈努力解决高分子领域的经典难题的同时,也在不断开辟着新的研究方向与领域,不断发现高分子材料的新性质与新功能。采用新的合成方法得到了具有特殊拓扑结构的高分子,从而赋予了高分子全新的性质;以化学方法裁剪分子,将新的功能基团引入高分子,实现了诸多高性能高分子材料的制备;以全新的研究手段开展工作,获取传统方法难以得到的全新信息；发展高分子新理论，从根本上揭示高分子的奥秘。近年来，高分子科学加强了与生命科学的交叉融合，人们根据高分子科学的原理认识与理解生命物质与生命过程，从全新的角度考察生命现象。

聚焦前沿研究，是高分子科学研究人员的使命与重任。本书以北京分子科学国家研究中心骨干研究单位的科研活动为载体，报道近年来在高分子科学前沿领域的科研成果，其内容覆盖了高分子化学、高分子物理、高分子材料等领域，包括了新型高分子材料的合成及性质、特殊条件下的高分子化学、功能高分子材料的合成与性质、高分子物理计算机模拟、新实验手段与方法、先进高分子体系的仿生制备、传统高分子体系的新发展、高分子与生物大分子等。这些内容涵盖了北京分子科学国家研究中心在高分子领域的最新研究动向以及对于高分子科学经典难题探究的新尝试与新进展，涉及溶液、晶体、玻璃态、表界面等多个方面。此外，还包含了合成高分子与生物大分子的结合。

本书第 1 章介绍了用于有机光伏电池的共轭聚合物，由侯剑辉编写；第 2 章介绍了蛋白质-高分子偶联物的合成与应用，由侯颖钦、吕华编写；第 3 章介绍了晶体中的聚合，由马玉国、李雪编写；第 4 章介绍了嵌段共聚物有序网络组装结构的调控和应用，由沈志豪编写；第 5 章介绍了蛋白质拓扑工程，由杨婷婷、张文彬编写；第 6 章介绍了螺旋聚乙炔衍生物的合成、构象调控及应用，由汪胜、张洁、宛新华编写；第 7 章介绍了白色结构色及聚合物超白表面，由杨萌、邹为治、杨是佳、徐坚、赵宁编写；第 8 章介绍了环保节能绿色的聚烯烃，由杨文泓、孙文华编写；第 9 章介绍了荷电大分子体系的分子模拟，由廖琦编写；第 10 章介绍了单分子荧光显微与光谱技术，以及高分子物理研究，由杨京法、赵江编写。

限于作者水平，书中难免存在诸多不足，欢迎广大读者批评指正。

赵　江　宛新华

2021 年 12 月 1 日

目录

Chapter 1

第 1 章
用于有机光伏电池的
共轭聚合物

侯剑辉

Chapter 2

第 2 章
蛋白质-高分子偶联
物的合成与应用

侯颖钦　吕华

Chapter 3

第 3 章
晶体中的聚合

马玉国　李雪

Chapter 4

第 4 章
嵌段共聚物有序
网络组装结构的
调控和应用

沈志豪

Chapter 5

第 5 章
蛋白质拓扑工程

杨婷婷　张文彬

Chapter 6

第 6 章
螺旋聚乙炔衍生物的
合成、构象调控及
应用

汪胜　张洁　宛新华

Chapter 7

第7章
白色结构色及聚合物超白表面

杨萌　邹为治　杨是佳　徐坚
赵宁

Chapter 8

第8章
环保节能绿色的聚烯烃

杨文泓　孙文华

Chapter 9

第 9 章
荷电大分子体系的分子模拟

廖琦

Chapter 10

第 10 章
单分子荧光显微与光谱技术，以及高分子物理研究

杨京法　赵江

索引

Chapter 1

第1章

用于有机光伏电池的共轭聚合物

侯剑辉

中国科学院化学研究所

1.1 引言

共轭聚合物是高分子材料研究方向的一个重要分支,也是包括发光、光伏、场效应晶体管、存储、生物成像、热电等多领域交叉研究的前沿学科。因此,共轭聚合物材料的研究一直是世界广泛关注的重点。有机太阳能电池是一项具有明确应用目标的新能源技术。这类电池具有器件结构简单、外观独特、可采用印刷工艺制备大面积柔性器件等优点,已成为新一代太阳能电池重要的发展方向,预期可以同时达到低成本、低能耗、环保型的商业化要求。近年来,基于共轭聚合物的有机太阳能电池发展迅速,相关科学理论与器件制备工艺取得了长足进步,应用于有机光伏电池的共轭聚合物材料目前已经实现了超过 17% 的光电转换效率,显示出巨大的商业化应用前景。

典型本体异质结型有机太阳能电池的器件结构如图 1-1 所示。从下至上依次包括:(1) 透明基材(玻璃或塑料);(2) ITO 透明电极;(3) 界面修饰层;(4) 共混活性层(基于有机半导体的光伏材料);(5) 界面修饰层;(6) 顶部电极(金属、无机、有机导电层)。其中,共混活性层中的有机光伏材料是该类型电池研究的基础与关键。有机光伏材料的研究主要集中于共轭聚合物和共轭小分子两类。共轭聚合物材料由于具有化学结构多样,吸收光谱和分子能级易调制,载流子传输性能、溶液加工性能、成膜性良好等优点,故一直是该领域研究的重点与热点。目前,共轭聚合物光伏材料尤其是聚合物给体材料的发展取得了显著进步,在活性层相分离形貌研究、内在光电损耗机理研究和稳定性研究等方面也起到了重要推动作用。本章首先介绍了有机太阳能电池的工作原理与性能参数,其次阐述了目前共轭聚合物光伏材料的设计要求与设计方法,并综述其近期的研究进展,最后对共轭聚合物光伏材料的未来发展与挑战进行了展望。

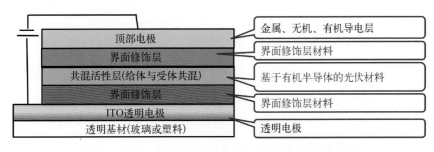

图 1-1　典型本体异质结型有机太阳能电池的器件结构

1.2 有机太阳能电池的基本工作原理

本体异质结型有机太阳能电池的基本工作原理为光生伏打效应。一般认为其光电转换原理包括四个基本的物理过程,如图 1-2 所示,即(1) 光吸收和激子产生:活性层吸收光子,产生 Frenkel 激子;(2) 激子扩散:激子扩散到给体与受体的界面;(3) 给体与受体界面处的电荷分离:激子在给体与受体的界面解离成自由载流子——电子和空穴;(4) 电荷的传输与收集。

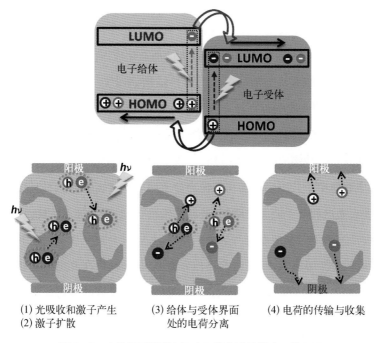

(1) 光吸收和激子产生
(2) 激子扩散

(3) 给体与受体界面处的电荷分离

(4) 电荷的传输与收集

图 1-2　本体异质结型有机太阳能电池的基本工作原理

(1) 光吸收和激子产生:活性层中的给体材料(或受体材料)吸收光子后,电子从基态 S_0 跃迁到单线态 S_1,产生电子-空穴对,即 Frenkel 激子。与无机半导体相比,由于有机半导体的介电常数较低,激子中的正负电荷之间存在着较大的库仑束缚力,在室温下很难自发地形成电子和空穴自由载流子。根据点电荷间相互作用的库仑定律,电荷间的束缚力与相对介电常数成反比,即相对介电常数越大,库仑力越弱,激子更容易分离成电子和空穴。

（2）激子扩散：处于激发态的激子可能会以辐射跃迁（发射荧光或磷光）或者非辐射跃迁（系间窜越、内转换及振动弛豫等）的方式失去能量回到基态，也可能被内部的缺陷所捕获。对于激子的扩散可以参考 Förster 共振能量转移方程来计算。一般认为，有机材料中激子的扩散距离小于 20 nm。因此，产生的激子需在其寿命内扩散到给体与受体的界面处进行电荷分离。利用给体、受体共混形成本体异质结型有机太阳能电池的器件结构以增加给体、受体之间的接触面积，是目前解决有机材料中激子扩散距离短的有效方法。

（3）给体与受体界面处的电荷分离：扩散到给体、受体界面的激子解离成自由载流子——电子和空穴。激子在给体、受体能级差的驱动下，克服电子-空穴对之间的库仑力作用，完成解离，形成自由载流子。最终电子停留在受体的最低未占分子轨道（LUMO）能级，空穴停留在给体的最高占据分子轨道（HOMO）能级。

（4）电荷的传输与收集：在器件的内建电场作用下，电子沿受体材料传输至阴极，空穴通过给体材料传输至阳极。由于给体的 HOMO 能级和阳极功函数之间以及受体的 LUMO 能级和阴极功函数之间存在较大的势垒，不利于电荷在电极处的高效收集。因此，通常在阴极和阳极前分别加上相应的修饰层，起到调节电极功函数和修复表面缺陷的作用，从而提高电荷的收集效率。

1.3　有机太阳能电池的性能参数

有机太阳能电池器件的性能用电流密度-电压（J-V）曲线进行表达，如图 1-3 所示。评价有机太阳能电池的性能参数主要是开路电压（V_{OC}）、短路电流密度（J_{SC}）、填充因子（FF）和能量转换效率（PCE）。对于特定的入射光强，电池的 PCE 与器件的 V_{OC}、J_{SC} 和 FF 成正比［式（1-1）］。

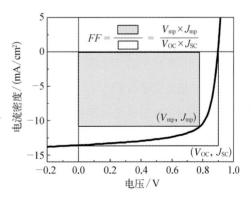

图 1-3　有机太阳能电池的 J-V 曲线

$$PCE = \frac{P_{max}}{P_{in}} = \frac{V_{OC} \times J_{SC} \times FF}{P_{in}} \qquad (1-1)$$

式中，V_{OC} 的单位为 V；J_{SC} 的单位为 mA/cm^2；FF 无量纲；P_{in} 为入射光功率，单位为 mW/cm^2，一般为 AM 1.5 G，100 mW/cm^2；P_{max} 为器件的最大输出功率，单位为 mW/cm^2。

（1）开路电压（V_{OC}）

V_{OC} 是在光照条件下，器件正负极断路时的电压，即最大输出电压。在本体异质结型有机太阳能电池中，V_{OC} 一般可以用式（1-2）来表示。

$$V_{OC} = \frac{E_{LUMO}^A - E_{HOMO}^D - \Delta E}{e} \qquad (1-2)$$

式中，e 为基本电荷；$E_{LUMO}^A - E_{HOMO}^D$ 可以称为此给体、受体二元体系的有效带隙；ΔE 代表一种光电转换过程中的能量损失，在富勒烯型有机太阳能电池中，ΔE 的数值一般较大。另外，我们可以通过测试器件电致发光的外量子效率和拟合得到的电荷转移态（charge transfer state，CT 态）能量（E_{CT}）理论计算出器件的 V_{OC}。显然，在给体和受体的 LUMO 能级差和 HOMO 能级差都足以提供激子电荷分离驱动力的前提下，适当提高受体的 LUMO 能级和降低给体的 HOMO 能级是提高器件 V_{OC} 的有效途径。

（2）短路电流密度（J_{SC}）

J_{SC} 是外量子效率（external quantum efficiency，EQE）在整个太阳光谱的积分，如式（1-3）所示，而外量子效率与上述几个物理过程效率的乘积成正比例关系。因此，提高上述光电转换物理过程的效率可以有效提高器件的 J_{SC}。

$$J_{SC} = q\int P_{in}(E) EQE(E) dE \qquad (1-3)$$

我们可以通过光学模拟得到活性层中吸收光子的分布情况，从而得到器件的 J_{SC} 在不同活性层厚度下的变化情况。

（3）填充因子（FF）

填充因子代表电池对外所能提供的最大输出功率的能力大小，是反映太阳能电池质量的重要参数。FF 可以用式（1-4）计算。

$$FF = \frac{J_{mp} \times V_{mp}}{J_{SC} \times V_{OC}} = \frac{P_{max}}{J_{SC} \times V_{OC}} \qquad (1-4)$$

式中，V_{mp} 和 J_{mp} 分别为器件最大输出功率 P_{max} 时的输出电压和电流密度。影响 FF 的因素比较复杂,目前还没有如何获得较高 *FF* 的定论。可能的影响因素包括器件空穴和电子迁移率的大小及两者的匹配情况、空穴和电子的复合情况,以及活性层和电极界面处的接触情况。因此,提高器件的 *FF* 要综合考虑活性层材料、界面层材料和器件优化等方面的因素。

1.4 共轭聚合物光伏材料

1.4.1 共轭聚合物光伏材料的设计要求

随着对材料化学结构-基本光化学过程、物理特性-光伏性能之间关系的不断研究与探索,有机光伏材料的设计思路也在不断地更新与完善。从分子设计层面上来讲,共轭聚合物光伏材料需满足以下几方面要求:(1) 给体和受体要具有宽而强的吸收光谱,并且两者的吸收光谱要尽可能互补。要最大限度地把太阳能转化成电能,首先需要提高太阳光的利用率。相比于无机材料,有机材料较高的摩尔消光系数使得活性层厚度在百纳米数量级就可以对特定波长下的太阳光实现最大限度的吸收。而不足之处在于,有机材料的吸收光谱较窄。因此,通常选择吸收互补的给体、受体材料作为活性层,从而实现对整个太阳光谱范围内光子最大限度的吸收与利用。(2) 抑制材料吸光后的激发态弛豫与内转换,并且提高给体、受体材料共混薄膜电致发光的外量子效率。抑制活性层材料的激发态弛豫和内转换有助于提升单线态激子的利用效率,降低器件的辐射能量损耗。非辐射能量损耗也是限制有机太阳能电池效率提升的重要因素之一,提高给体、受体材料共混薄膜电致发光的外量子效率可以降低器件的非辐射能量损耗。(3) 具有较好的溶解性且易于溶液法成膜。可溶液加工的特点是有机太阳能电池相较于无机太阳能电池的重要优势。而给体、受体材料良好的溶解性和成膜性是溶液加工制备活性层的前提条件。另外,材料在特定溶剂中的溶解性和成膜性也是影响活性层形貌的因素之一。

从聚集态结构层面上来讲,共轭聚合物光伏材料也需满足以下三方面要求:(1) 给体、受体形成纳米尺度的互穿网络结构。活性层形貌的有效调控对于器件光伏性能的提升具有至关重要的作用。给体、受体纳米尺度的相分离以及互穿网络结构的形成是制备高效有机太阳能电池的必要条件之一。适度的聚集有利于给体、受体间形成良好的互穿网络结构,提高活性层中激子的分离和电荷的传输与收集效率,但过度聚集会导致给体、受体相分离尺度过大,不利于激子的解离和电荷的传输与收集。(2)给体、受体之间可产生高效的光诱导电荷转移通道。高效的光诱导电荷转移通道是提升激子利用效率的重要前提条件,有助于降低器件的辐射能量损耗。(3)给体、受体共混活性层具有高效且平衡的电子与空穴迁移率。提高且平衡活性层中的电子与空穴迁移率,可以提高电子与空穴的收集效率,降低活性层中空间电荷的积累与复合概率。

1.4.2 共轭聚合物光伏材料的设计方法

共轭聚合物光伏材料的设计与合成一直是聚合物太阳能电池研究的重要方向之一。了解聚合物材料的结构特征、物理特性与光伏性能之间的内在关系对领域的发展具有重要的意义。获得理想的、具有特征性能的共轭聚合物光伏材料也是材料学家一直追求的目标。目前,共轭聚合物光伏材料的设计主要考虑以下四个方面:(1)主链结构;(2)侧链结构;(3)功能取代基;(4)链构象。

1. 主链结构

主链结构是共轭聚合物材料设计的基础,对材料的吸收光谱、分子能级等基本特性起到了决定性作用。主链结构的构筑单元多种多样,可设计性强。根据其推拉电子能力,可分为给电子单元和吸电子单元。图1-4列出了部分常用的给电子单元和吸电子

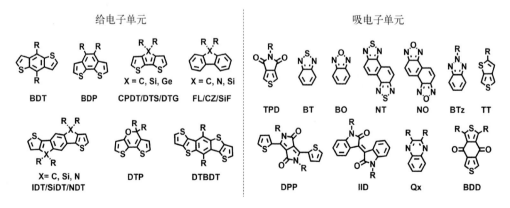

图1-4 部分常用的给电子单元和吸电子单元

单元。有些小的共轭单元如噻吩、噻唑和并噻吩等不仅可以作为给电子单元或者吸电子单元，也可作为 π 桥使用，连接给电子单元和吸电子单元。

苯并[1,2-b:4,5-b']二噻吩（BDT）是高效聚合物给体材料设计中非常重要的构筑单元之一。它具有较大的 π 共轭体系，有利于分子链间的 π-π 堆积，提高空穴迁移率。自 2008 年研究人员将 BDT 单元引入聚合物光伏材料的设计中以来，基于此单元研发的共轭聚合物已经超过 400 种，不断推动着单结有机光伏器件能量转换效率的发展。图 1-5 列出了首次报道的 8 种基于 BDT 单元的共轭聚合物光伏材料及其薄膜吸收光谱和分子能级。从图中可以明显看出，主链共轭构筑单元的调整可以对聚合物的吸收光谱和分子能级实现大幅度调控。[1]

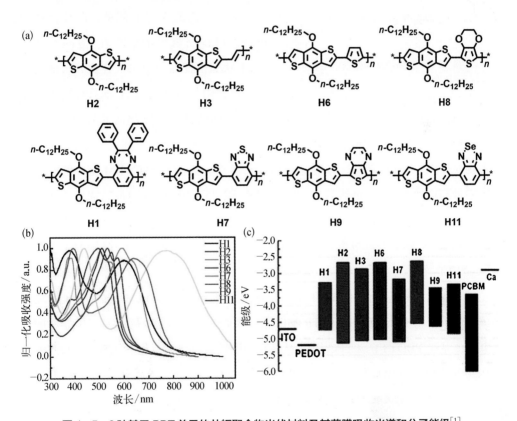

图 1-5　8 种基于 BDT 单元的共轭聚合物光伏材料及其薄膜吸收光谱和分子能级[1]

2. 侧链结构

可溶液加工是聚合物太阳能电池重要的优势之一，也是器件大面积印刷制备的前

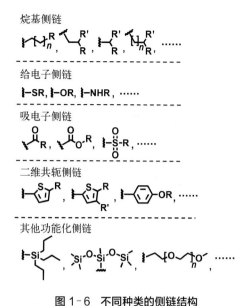

烷基侧链

给电子侧链

$\math\{-SR,\ \}-OR,\ \}-NHR,\ \cdots\cdots$

吸电子侧链

二维共轭侧链

其他功能化侧链

图 1-6　不同种类的侧链结构

提。聚合物侧链结构的首要作用是提高材料的溶解性。其次，侧链结构的空间位阻作用及其推拉电子能力对聚合物的吸收光谱、分子能级、分子链间的 π-π 堆积以及共混活性层形貌都会产生重要的影响。不同种类的侧链结构如图 1-6 所示，侧链结构可以分为烷基侧链、含有功能取代基的给电子和吸电子侧链、二维共轭侧链以及其他功能化侧链。

烷基侧链可以分为直线形侧链和具有不同支化位点的支化形侧链。两种烷基侧链均可以提高材料的溶解性，但同时其大小、形状和位置也会影响聚合物分子链间以及聚合物给体分子与受体分子间的相互作用。薄志山等报道了不同烷基侧链取代的二苯并噻吩和苯并噻唑的共聚物 P1～P3，其分子结构式如图 1-7 所示，与 P1 和 P2 相比，P3 的吸收光谱更加蓝移，它与富勒烯衍生物受体 $PC_{71}BM$ 共混后具有更好的相分离形貌。基于 $P3:PC_{71}BM$ 器件的能量转换效率最高可达 4.19%，而基于 $P1:PC_{71}BM$ 和 $P2:PC_{71}BM$ 器件的最高能量转换效率分别只有 1.02% 和 1.71%[2]。侧链结构的推拉电子能力可以有效调节聚合物的分子能级。2008 年，研究人员报道了基于 BDT 和 TT 单元的聚合物给体材料 PBDTTT-E 和 PBDTTT-C。通过改变 TT 单元上侧链结构的拉电子能力，有效调节了聚合物的分子能级。相比于酯基取代的 PBDTTT-E（HOMO 能级为 -5.01 eV），拉电子能力更强的羰基使聚合物 PBDTTT-C 的 HOMO 能级降低至 -5.12 eV，从而提高了器件的开路电压。基于 PBDTTT-C:$PC_{61}BM$ 器件的能量转换效率最高可达 6.58%，开路电压为 0.70 V；而基于 PBDTTT-E:$PC_{61}BM$ 器件的能量转换效率最高可达 5.15%，开路电压仅为 0.62 V[3]。引入共轭烷基侧链，可以有效增大聚合物分子链间 π-π 轨道的重叠。2006 年，研究人员报道了二联（噻吩乙烯）（biTV）共轭支链取代的聚噻吩类材料。通过改变共轭支链的含量，拓宽了聚合物材料的吸收光谱。基于 P3:$PC_{61}BM$ 器件的能量转换效率达到 3.18%，比当时广泛使用的由 P3HT 制备的器件在同样实验条件下的能量转换效率高 38%[4]。之后，研究人员将 BDT 单元上 4 号位和 8 号位取代的烷氧基侧链替换成了具有共轭结构的侧链，设计合成了具有二维共轭结构的 BDT 单元，并与多种吸电子共轭单元共聚,得到了一系列具有二维共轭结构的共聚物。与烷氧基取代的聚合物相比,在 BDT 单元上引入二维共轭结构可以增大分子链间 π-π 轨道的重叠程度,拓宽了聚合物材料在长波长处的吸收光谱,器件的能量转换效率均有明显的提升,至今尚无例外。2011 年,研究人员将噻吩烷基侧链引入 BDT 单元的两侧,设计合成了二维 BDT 共轭聚合物 PBDTTT-E-T 和 PBDTTT-C-T。与烷氧基取代的聚合物相比,具有二维共轭结构的聚合物薄膜及其相应活性层共混薄膜都具有更高的空穴迁移率,从而获得较高的能量转换效率。基于 PBDTTT-E-T:$PC_{70}BM$ 器件的能量转换效率为 6.21%,而基于 PBDTTT-E:$PC_{70}BM$ 器件的能量转换效率为 4.16%;基于 PBDTTT-C-T:$PC_{70}BM$ 器件的能量转换效率达到 7.59%,而基于 PBDTTT-C:$PC_{70}BM$ 器件的能量转换效率为 6.43%[5]。侯剑辉课题组还通过延长二维共轭结构的长度,设计合成了聚合物 PBT-TVT。与 BDT 单元上烷氧基取代的聚合物 PTB7 相比,PBT-TVT 具有更宽的吸收光谱和更高的空穴迁移率,基于 PBT-TVT:$PC_{71}BM$ 器件的能量转换效率达到 8.13%[6]。从 2013 年开始,侯剑辉课题组对二维共轭结构上的官能团修饰作用进行了系统性研究。研究发现二维侧链共轭单元上的官能团修饰可以在不改变材料带隙的情况下实现对聚合物分子能级的有效调控,他们基于这种设计理念发展了三种有效的修饰方法。① 在侧链共轭结构上引入功能取代基,可有效降低材料的分子能级。例如,从不含氟原子的给体聚合物 PBT-0F 到在 BDT 单元二维共轭噻吩上引入两个氟原子的 PBT-2F,聚合物材料的带隙基本没有变化,但 HOMO 能级逐步降低,相应器件的开路电压从 0.56 V 提高到 0.74 V,能量转换效率从 4.5% 提升到 7.2%;进一步在 TT 单元上引入一个氟原子得到的 PBT-3F 实现了 8.6% 的能量转换效率[7]。② 引入间位烷氧基苯二维共轭侧基,降低材料的分子能级。例如,将聚合物材料 PBT-T 中 BDT 单元上的烷基噻吩替换为间位烷氧基苯,设计合成了聚合物 PBT-OP,降低了材料的 HOMO 能级,器件的开路电压从 0.60 V 提高到 0.78 V,能量转换效率从 5.56% 提高到 7.5%[8]。③ 引入含有 6π 电子的苯基的共轭侧链,降低了材料的分子能级。例如,将聚合物 PBDTP-DTBT 中 BDT 单元上的烷基噻吩替换为烷基苯,设计合成了聚合物 PBDTP-DTBT,有效降低了材料的 HOMO 能级,器件的开路电压从 0.79 V 提高到 0.88 V,能量转换效率从 7.3% 提高到了 8.07%[9]。侯剑辉课题组还发现将三甘醇单醚作为增溶侧链,得到的聚合物 PBDTTT-TEG 在"绿色"溶剂 N-甲基吡咯烷酮(NMP)中的溶解性大大提高。最终,以 PBDTTT-TEG 作为电子给体材料,$PC_{71}BM$ 作为电子受体材料,N-甲基吡咯烷酮和 5%

的 1,8-二碘辛烷作为溶剂体系制备的器件实现了最高达 5.23% 的能量转换效率[10]。

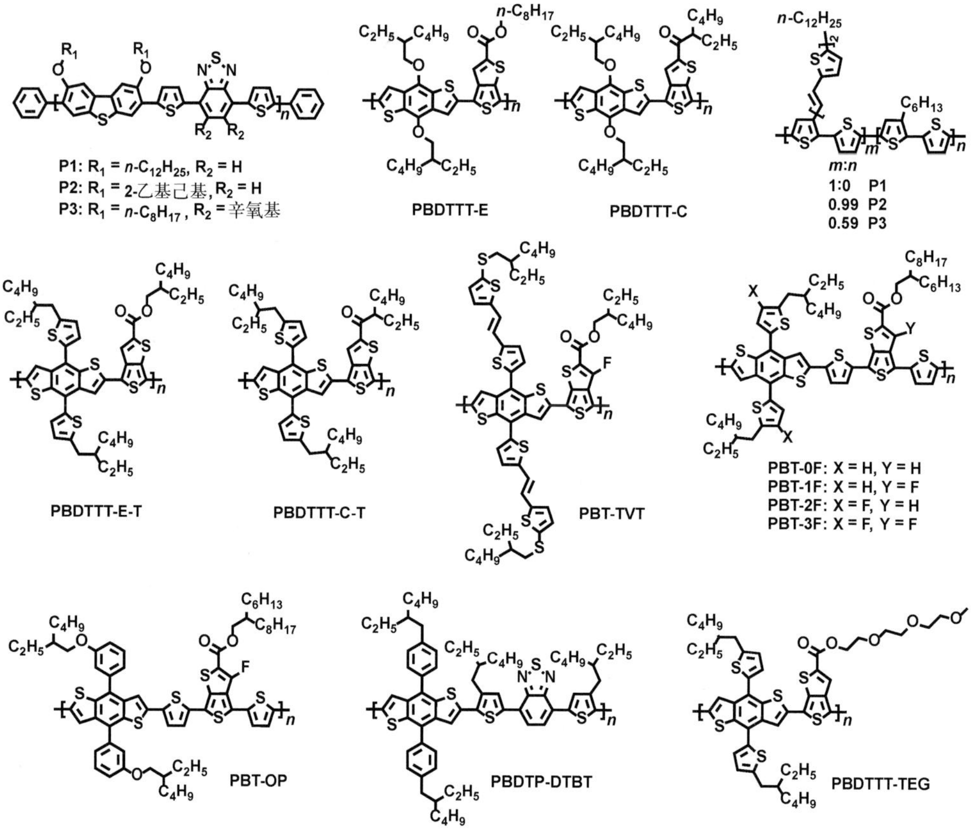

图 1-7　具有不同侧链结构的聚合物

3. 功能取代基

功能取代基是调节分子能级和分子链间 π-π 堆积的常用方法之一。常用的功能取代基包括卤素原子、氰基和甲氧基等。卤素原子中的氟原子(F)因具有较强的吸电子效应、较好的稳定性、较小的空间位阻效应和氢键效应而被广泛应用于聚合物材料的设计与合成中。2009 年,研究人员报道了聚合物给体材料 PBDTTT-CF(图 1-8)。通过在 TT 单元上引入 F 原子,有效降低了材料的 HOMO 能级,基于 PBDTTT-CF:PC$_{70}$BM 器件的最高能量转换效率达到 7.73%[3]。此外,功能取代基的不同取代位置对于聚合物的稳定构象具有较大的影响,进而会影响聚合物分子链间的 π-π 堆积。例如,侯剑辉课

题组报道了噻吩 π 桥上氯原子不同取代位置的聚合物 PCl(3)BDB－T 和 PCl(4)BDB－T。与 PCl(3)BDB－T 相比，PCl(4)BDB－T 具有更好的平面性，且其与非富勒烯受体 IT－4F 共混后具有较好的相分离形貌。基于 PCl(4)BDB－T:IT－4F 器件的能量转换效率为 12.33%，而基于 PCl(3)BDB－T:IT－4F 器件的能量转换效率仅为 0.18%[11]。

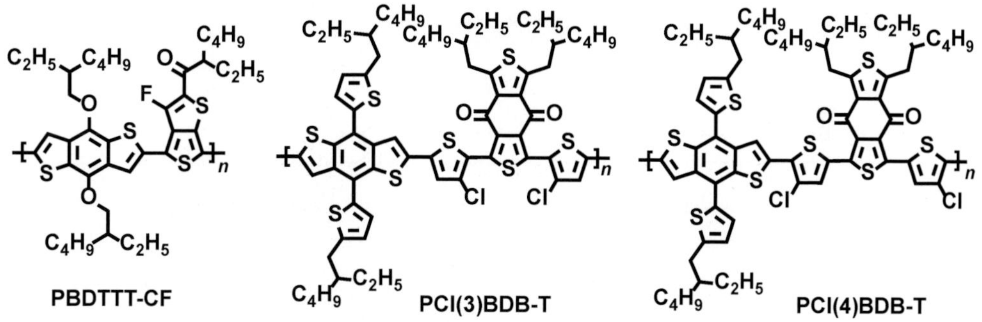

图 1－8　具有不同功能取代基的聚合物

4. 链构象

聚合物分子的链构象是影响分子链间 π－π 堆积的重要因素。侯剑辉课题组通过设计合成的两个聚合物 PBDTTT－S－T 和 PDT－S－T 研究了聚合物分子链构象的影响。对于基于 BDT 和 TT 单元设计合成的聚合物 PBDTTT－S－T，聚合物共轭主链多个重复单元的密度泛函理论计算表明聚合物分子链构象是折线形的，如图 1－9 所示。这主要是由两个 BDT－TT 重复单元之间较大的扭转角（36°）导致的。这种折线形分子链构象很容易使聚合物分子链间的有序排列在错位后形成无序排列，减弱了分子链间有效的 π－π 堆积。之后，通过在 BDT 单元两侧分别并一个噻吩设计合成了一种聚合物 PDT－S－T。计算表明，延长给电子单元的共轭长度使两个 DTBDT－TT 重复单元之间的扭转角减小到 10°，分子链构象基本上就变成了直线形。掠入射广角 X 射线衍射表明聚合物 PDT－S－T 比 PBDTTT－S－T 具有更强的 π－π 堆积，说明直线形共轭主链比折线形共轭主链更有助于形成有序的 π－π 堆积。此外，与 PBDTTT－S－T 的光学带隙（1.61 eV）和 HOMO 能级（－5.29 eV）相比，PDT－S－T 的光学带隙减小到 1.59 eV，HOMO 能级升高到－5.21 eV。基于 PBDTTT－S－T:PC$_{71}$BM 的光伏器件实现了 5% 的能量转换效率，其中，开路电压为 0.81 V，短路电流密度为 11.79 mA/cm^2，填充因子为

0.521。而基于 PDT－S－T:PC$_{71}$BM 器件的能量转换效率提高到 7.79%，其中，开路电压为 0.73 V，短路电流密度为 16.63 mA/cm²，填充因子为 0.641。值得注意的是，与 PBDTTT－S－T:PC$_{71}$BM 器件相比，基于 PDT－S－T:PC$_{71}$BM 器件的 *EQE* 提高了将近 40%[12]。

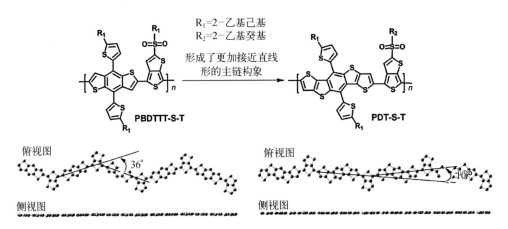

图 1－9 聚合物 PBDTTT－S－T 和 PDT－S－T 的分子结构以及采用密度泛函理论计算的共轭主链构象[12]

表 1－1 列出了上述共轭聚合物给体材料的基本性质与光伏性能。

表 1－1 上述共轭聚合物给体材料的基本性质与光伏性能

聚合物给体	光学带隙/eV	电子离去能/eV	电子受体	开路电压/V	短路电流密度/(mA/cm²)	填充因子	能量转换效率/%	参考文献
H2	2.13	−5.16	NA①	NA	NA	NA	NA	[1]
H3	2.03	−5.07	PCBM	0.56	1.16	0.380	0.25	[1]
H6	2.06	−5.05	PCBM	0.75	3.78	0.560	1.60	[1]
H8	1.97	−4.56	PCBM	0.37	2.46	0.400	0.36	[1]
H1	1.63	−4.78	PCBM	0.60	1.54	0.260	0.23	[1]
H7	1.70	−5.10	PCBM	0.68	2.97	0.440	0.90	[1]
H9	1.05	−4.65	PCBM	0.22	1.41	0.350	0.11	[1]
H11	1.52	−4.88	PCBM	0.55	1.05	0.320	0.18	[1]
P1	1.80	−5.23	PC$_{71}$BM	0.79	2.60	0.510	1.02	[2]
P2	1.79	−5.29	PC$_{71}$BM	0.72	6.80	0.350	1.71	[2]

聚合物给体	光学带隙/eV	电子离去能/eV	电子受体	开路电压/V	短路电流密度/(mA/cm²)	填充因子	能量转换效率/%	参考文献
P3	1.98	−5.34	$PC_{71}BM$	0.79	9.07	0.590	4.19	[2]
PBDTTT−E	1.61	−5.01	$PC_{61}BM$	0.62	13.20	0.630	5.15	[3]
PBDTTT−C	1.61	−5.12	$PC_{61}BM$	0.70	14.70	0.641	6.58	[3]
P1	1.81	−4.96	$PC_{61}BM$	0.66	7.11	0.360	1.71	[4]
P2	1.82	−4.94	$PC_{61}BM$	0.69	8.74	0.430	2.57	[4]
P3	1.82	−4.93	$PC_{61}BM$	0.72	10.30	0.430	3.18	[4]
PBDTTT−E−T	1.58	−5.09	$PC_{70}BM$	0.68	14.59	0.626	6.21	[5]
PBDTTT−C−T	1.58	−5.11	$PC_{70}BM$	0.74	17.48	0.587	7.59	[5]
PBT−TVT	1.53	−5.29	$PC_{71}BM$	0.81	16.00	0.627	8.13	[6]
PBT−0F	1.61	−4.90	$PC_{71}BM$	0.56	12.20	0.667	4.5	[7]
PBT−1F	1.65	−4.95	$PC_{71}BM$	0.60	14.30	0.657	5.6	[7]
PBT−2F	1.64	−5.15	$PC_{71}BM$	0.74	14.40	0.677	7.2	[7]
PBT−3F	1.64	−5.20	$PC_{71}BM$	0.78	15.20	0.724	8.6	[7]
PBT−OP	1.70	−5.17	$PC_{71}BM$	0.78	13.40	0.718	7.50	[8]
PBDTP−DTBT	1.70	−5.35	$PC_{71}BM$	0.88	12.94	0.709	8.07	[9]
PBDTTT−TEG	1.58	−5.09	$PC_{71}BM$	0.66	13.53	0.586	5.23	[10]
PBDTTT−CF	1.61	−5.22	$PC_{70}BM$	0.76	15.20	0.669	7.73	[3]
PCl(3)BDB−T	2.11	−3.27	IT−4F	0.88	0.88	0.237	0.18	[11]
PCl(4)BDB−T	1.78	−3.47	IT−4F	0.84	20.60	0.711	12.33	[11]
PBDTTT−S−T	1.61	−5.29	$PC_{71}BM$	0.81	11.79	0.521	5.00	[12]
PDT−S−T	1.59	−5.21	$PC_{71}BM$	0.73	16.63	0.641	7.79	[12]

① NA 表示没有获得数据。

1.4.3 共轭聚合物光伏材料的合成方法

自 20 世纪 70 年代 Shirakawa、MacDiarmid 和 Heeger 发现电绝缘性的聚乙炔可以通过化学或电化学掺杂的方法获得高导电性以来,人们一直致力于开发共轭聚合物材料。为了合成理想的高性能材料,科学家逐渐发展完善了多种金属催化偶联反应,例如 Kumada 偶联、Suzuki 偶联、Negishi 偶联、Heck 偶联和 Stille 偶联等。鉴于这类反应的重要性，Richard F. Heck、Ei-ichi Negishi 和 Akira Suzuki 获得了 2010 年的诺贝尔化学奖。目前高性能共轭聚合物光伏材料的合成方法主要是采用 Stille 交叉偶联。此外，Suzuki 交叉偶联和直接芳基化缩聚（DArP）也可用于制备共轭聚合物光伏材料。本小节将围绕这些聚合方法进行举例说明。

1. Stille 和 Suzuki 交叉偶联反应合成共轭聚合物光伏材料

芳卤与有机锡试剂的 Stille 偶联反应是形成碳-碳键的一种通用方法，并已广泛应用于众多有机化合物的合成。图 1-10(a)为 Stille 偶联反应示意图，此反应的主要优点是具有很强的底物适应性及官能团耐受性，且该反应条件相对温和，四(三苯基膦)钯是其最常用的单一催化体系。这些特性对于功能性聚合物、低聚物和小分子的合成特别重要，适用于有机光电、生物传感成像等各个方面的应用。此外，Stille 偶联反应还具有立体定向性、区域选择性和产率较高的特点。采用这种方法制备的共轭聚合物给体材料分子量高、分子量分布低、批次重现性好，是目前制备高效共轭聚合物光伏材料最常用的方法。

有机硼化合物与芳卤有机物进行的 Suzuki 偶联反应也可用于共轭聚合物的合成，图 1-10(b)为 Suzuki 偶联反应示意图。这种方法的优点是有机硼化合物的毒性低。但当硼酸或硼酸酯官能团连接富电子单元噻吩的 α-位时，特别容易发生脱硼反应，不易合成出高分子量的噻吩类聚合物。另外，相比于 Stille 偶联反应，Suzuki 偶联反应催化体系中还需要加入一定量的碱。2013 年，薄志山等报道了一种含噻吩的大体积膦配体 L1，其与催化剂 Pd₂(dba)₃ 搭配形成的催化体系成功实现了 2,5-二硼酸频哪醇酯噻吩与二溴芳基单元的快速聚合[13]。

(a) $Ar^1—X + Ar^2—Sn(R)_3 \xrightarrow{\text{催化剂}} Ar^1—Ar^2 + X—Sn(R)_3$

(b) $Ar^1—X + Ar^2—B(OR)_2 \xrightarrow{\text{催化剂}} Ar^1—Ar^2 + X—B(OR)_2$

(c) $Ar^1—X + Ar^2—H \xrightarrow{\text{催化剂}} Ar^1—Ar^2 + X—H$

Ar = Arene, 芳烃；　X = Halogen, 卤素；　R = Alkyl, 烷基

图 1-10　偶联反应示意图

（a）Stille 偶联反应；（b）Suzuki 偶联反应；（c）直接芳基化缩聚反应

2. 直接芳基化缩聚（DArP）反应合成共轭聚合物光伏材料

与共轭聚合物材料合成过程中常用的 Stille、Suzuki 等金属催化的偶联反应相比，直

接芳基化缩聚反应具有步骤少、原子经济和不产生有害副产物的优点,引起了研究者们广泛的兴趣。图 1-10(c)为直接芳基化缩聚反应示意图。目前,直接芳基化缩聚合成共轭聚合物光伏材料是非常重要的研究方向。Tobin J. Marks 等报道了直接芳基化缩聚合成聚合物 PBDTT-FTTE、PBDTT-TPD 和 PTPD3T。采用这种方法制备的聚合物实现了与 Stille 偶联反应制备的聚合物相当的能量转换效率。基于 PBDTT-FTTE (DArP):PC$_{71}$BM 器件的能量转换效率为 8.19%,而基于 PBDTT-FTTE(Stille):PC$_{71}$BM 器件的能量转换效率为 8.24%[14]。他们还报道了基于 BDT 和 DPP 单元直接芳基化缩聚合成聚合物 PBDTT-DPP,并详细研究了反应条件对聚合物分子量、分子量分布和结构缺陷的影响。基于 PBDTT-DPP(Stille):PC$_{71}$BM 器件的能量转换效率为5.52%,而基于 PBDTT-DPP(DArP):PC$_{71}$BM 器件的能量转换效率也达到 5.23%[15]。

1.5 共轭聚合物光伏材料的研究进展

新型聚合物光伏材料的设计与合成是聚合物太阳能电池不断发展的基础和前提,在活性层形貌、电荷产生与复合机理等研究方面也起到了重要的支撑作用。目前高效的共轭聚合物大体可以分为给体材料和受体材料两类。本节,我们将对这两类高效共轭聚合物的发展进行归纳和总结,并对聚合物结构和光伏性能的关系进行讨论。

1.5.1 共轭聚合物给体材料

共轭聚合物给体材料的发展大致可以分为两个阶段。第一阶段共轭聚合物给体材料是以 MEH-PPV 和 P3HT 为代表的共轭均聚物,结构式如图 1-11 所示。这类材料一般具有较宽的带隙(大于 1.90 eV),吸收光谱范围主要在 300~600 nm。其中,MEH-PPV 是有机太阳能电池中应用最早的共轭聚合物给体材料。从发现光诱导共轭聚合物向富勒烯 C$_{60}$ 的电子转移,到溶液加工的本体异质结型聚合物太阳能电池等重大发现,MEH-PPV 作为电子给体材料都发挥了不可磨灭的重要作用。但 PPV 类共轭聚合物材料的聚集行为较差,导致空穴迁移率较低,在 10^{-7} cm^2/(V·s)量级左右,限制了其在有机光伏领域的进一步发展。俞刚等报道了基于 MEH-PPV:PC$_{61}$BM 器件的能量转换效率为 2.9%[16]。之后，结构规整的 P3HT 因其具有较高的空穴迁移率 [10^{-3} cm²/(V·s)] 引起了科学家们广泛的研究兴趣。以 P3HT 作为给体，与富勒烯衍生物制备的光伏器件的最高能量转换效率达到 7.4%[17]；最近，基于 P3HT：TrBTIC 的非富勒烯型光伏器件的最高能量转换效率达到 8.25%[18]。表 1-2 列出了相应的光伏性能数据。由于共轭均聚物的带隙较宽，吸收光谱与有机光伏研究早期广泛应用的富勒烯类电子受体材料有较大的重叠，难以实现对太阳光谱的有效利用。因此，采用分子内电荷转移方式设计的交替共轭聚合物受到领域内专家的广泛关注，也使有机光伏材料的发展进入了一个新时期。这也是共轭聚合物给体材料研究的第二阶段，代表材料有 PBDB-T、PTB7-Th、PBDT-TS1 和 PffBT4T-2OD。2012 年，侯剑辉课题组报道了基于 BDT 和 BDD 单元的中等带隙共轭聚合物给体材料 PBDB-T，该材料在溶液中具有较强的温度依赖聚集作用，图 1-12 所示为该聚合物在薄膜状态下 o-DCB 溶液中的变温吸收光谱。该聚合物的氯苯溶液在常温下呈蓝色，升温至 90 ℃时，溶液颜色变为亮红色；同时该变色现象也表现出良好的可逆性。基于 PBDB-T：PC$_{61}$BM 共混制备的富勒烯光伏器件的能量转换效率达到 6.67%[19]。此外，PBDB-T 也是第一种将非富勒

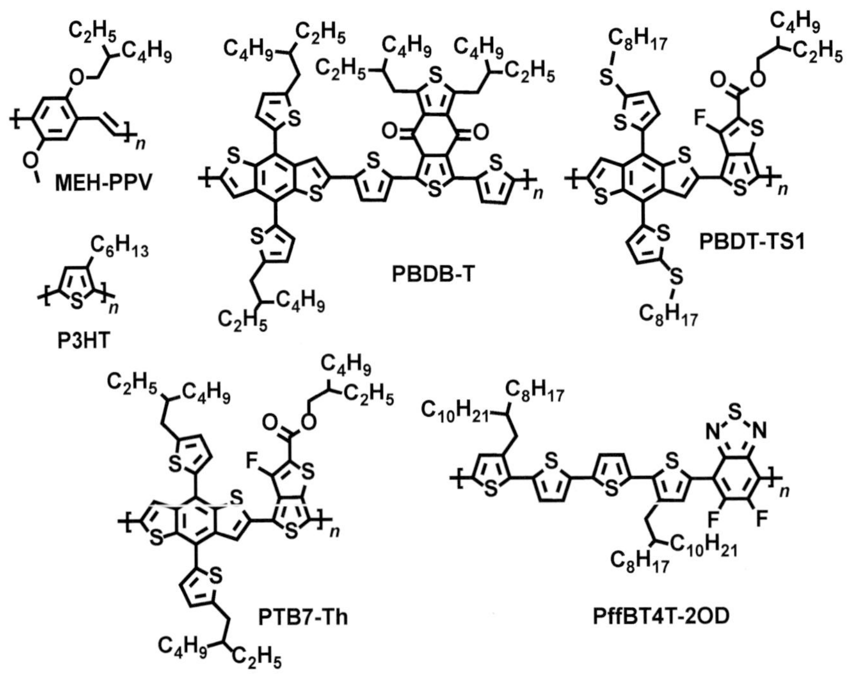

图 1-11　典型共轭聚合物给体材料的结构式

烯有机太阳能电池光伏效率提高到 10% 以上的共轭聚合物给体材料。基于 PBDB-T 与非富勒烯电子受体材料 ITIC 制备的太阳能电池，小面积器件（13 mm²）取得了 11.21% 的能量转换效率，在 1 cm² 器件上实现了 10.78% 的能量转换效率。其中，器件的开路电压为 0.89 V，短路电流密度为 16.12 mA/cm²，填充因子为 0.750[20]。研究表明，PBDB-T 材料的温度依赖聚集作用，将有助于使 A-D-A 型非富勒烯小分子电子受体的活性层获得良好的相分离形貌。

表 1-2　上述共轭聚合物的基本性质与光伏性能

聚合物给体	光学带隙/eV	电子离去能/eV	电子受体	开路电压/V	短路电流密度/(mA/cm²)	填充因子	能量转换效率/%	参考文献
P3HT	1.90	-5.00	IC$_{70}$BA	0.87	11.35	0.750	7.40	[17]
			TrBTIC	0.88	13.04	0.719	8.25	[18]
PBDB-T	1.77	-5.34	PC$_{61}$BM	0.86	10.68	0.723	6.67	[19]
			ITIC	0.89	16.12	0.750	10.78	[20]
PBDT-TS1	1.51	-5.33	PC$_{71}$BM	0.80	17.46	0.679	9.48	[21]
PTB7-Th	1.58	-5.22	PC$_{71}$BM	0.83	17.43	0.738	10.61	[23]
PffBT4T-2OD	1.65	-5.34	TC$_{71}$BM	0.77	18.80	0.750	10.80	[24]

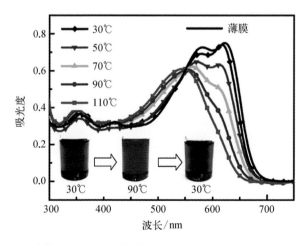

图 1-12　聚合物 PBDB-T 在薄膜状态下 o-DCB 溶液中的变温吸收光谱[19]

　　2014 年，侯剑辉课题组将线性烷硫基引入二维 BDT 单元的噻吩侧基上，设计合成了共轭聚合物 PBDT-TS1。线性烷硫基的引入可以有效增强分子链间的 π-π 堆积，提高聚合物的空穴迁移率[10^{-2} cm²/(V·s)量级]。基于 PBDT－TS1：PC₇₁BM 器件的能量转换效率可以达到 9.48%,是当时基于富勒烯衍生物电子受体体系最高的能量转换效率之一[21]。此外,通过非卤混合溶剂(二甲苯/NMP)加工制备 PBDT－TS1：PC₇₁BM 活性层,器件可以获得 9.48% 的能量转换效率[22]。2015 年,曹镛等制备了基于 PTB7－Th：PC₇₁BM 的太阳能电池器件。该器件在 1 个太阳光照强度下实现了 10.61% 的能量转换效率,在弱光(相当于 0.3～0.5 个太阳光照强度)下实现了 11% 的能量转换效率[23]。2014 年,颜河等基于窄带隙聚合物给体材料 PffBT4T－2OD 和富勒烯衍生物 TC₇₁BM 共混制备的器件取得了 10.80% 的能量转换效率[24]。研究表明 PffBT4T－2OD 的强温度依赖聚集作用同样有助于使基于富勒烯小分子电子受体的活性层获得良好的相分离形貌。目前最常用的小分子电子受体主要包括传统的富勒烯衍生物和非富勒烯型小分子两类。本小节将对适用于这两类电子受体材料的高效共轭聚合物给体材料进行归纳与总结。

1. 高效富勒烯太阳能电池聚合物给体材料

富勒烯衍生物(如 PCBM 和 ICBA 等)是有机太阳能电池发展过程中非常重要的一类电子受体材料。大量 D－A 共轭聚合物给体材料的优化工作及其设计方法都是基于此类受体材料进行的。太阳光谱的充分利用是获得高效有机太阳能电池的重要前提。而富勒烯衍生物的吸收主要集中在 300～500 nm,因此,中等带隙或者窄带隙的 D－A 共轭聚合物与其共混制备的活性层更有利于充分吸收太阳光谱中的光子。目前,除上述提到的基于 BDT 和 TT 单元的共轭聚合物之外,苯并噻二唑(BT)和萘并噻二唑(NT)单元因其具有较好的平面性、较强的吸电子能力和较高的氧化电位,成为设计合成窄带隙高效共轭聚合物常用的单元。此外,基于这类材料的器件多表现出对膜厚不敏感的特性,在有机太阳能电池大面积印刷制备过程中具有显著的优势。

2014 年,陈军武等采用二氟取代的 BT 作为吸电子单元,2－癸基十四烷基取代的四联噻吩作为给电子单元,合成了 D－A 共聚物 PFBT－Th₄(1,4)(图 1－13)[25]。研究发现,PFBT－Th₄(1,4)在氯苯溶液中具有较强的分子链间聚集作用,使用有机场效应晶体管方法测得的空穴迁移率达到 1.92 cm²/(V·s)。以 PFBT－Th₄(1,4)作为电子给体材料、PC₇₁BM 作为电子受体材料制备的太阳能电池,当活性层厚度在 100～440 nm 的范围内时,器件的能量转换效率都能达到 6.5% 以上。当活性层厚度为

230 nm 时,器件的效率最高,达到 7.64%;其中,器件的开路电压为 0.76 V,短路电流密度为 16.20 mA/cm²,填充因子为 0.620。表 1-3 列出了相应的光伏性能数据。之后,颜河等将该聚合物的烷基链缩短为 2-辛基十二烷基,合成了聚合物 PffBT4T-2OD,进一步提升了材料的温度依赖聚集作用。2014 年,H. Y. Woo 等报道了一系列基于 BT 与 2,5-二烷氧基苯的 D-A 共轭聚合物给体材料:PPDTBT、PPTFBT 和 PPDT2FBT,并研究了 BT 上不同数目的氟原子对聚合物材料光伏性能的影响[26]。氟原子的引入可以有效降低聚合物的分子轨道能级,提高聚合物的耐氧化性。另外,作者认为氟原子的引入使得分子内和分子间的非共价键作用增强,进而使得聚合物分子的平面性增强,有利于分子间形成紧密且有序的堆积,从而提高了聚合物的电荷迁移率。基于 PPDT2FBT:PC$_{70}$BM 制备的太阳能电池,在活性层厚度为 290 nm 时,仍然可以取得最高为 9.39% 的能量转换效率。器件的开路电压为 0.79 V,短路电流密度为 16.30 mA/cm²,填充因子为 0.730。2011 年,黄飞等设计合成了一种新的吸电子单元萘并[1,2-c:5,6-c']双([1,2,5]噻二唑)(NT),并设计合成了聚合物 PBDT-DTNT[27]。与基于 BT 的聚合物 PBDT-DTBT 相比,PBDT-DTNT 的带隙从 1.73 eV 降低到 1.58 eV,空穴迁移率也从 10^{-6} cm²/(V·s)提高到 10^{-5} cm²/(V·s)。以 PBDT-DTNT 与 PC$_{71}$BM 来制备太阳能电池,器件的能量转换效率达到 6.00%。之后,他们通过引入阴极界面修饰层 PFN-OX,以 PC$_{71}$BM 为电子受体材料,将基于 PBDT-DTNT:PC$_{71}$BM 器件的能量转换效率提高到 8.62%;当活性层厚度为 1 μm 时,器件的能量转换效率仍然达到 7.24%[28]。2015 年,Vohra 等将聚合物 PFBT-Th$_4$(1,4)的 BT 单元换成 NT 单元,合成了聚合物 PNTz4T。以该聚合物为给体材料、PC$_{71}$BM 为受体材料,当活性层厚度为 290 nm 时,反向器件的能量转换效率最高达到 10.10%。其中,开路电压为 0.71 V,短路电流密度为 19.40 mA/cm²,填充因子为 0.734[29]。2016 年,Takimiya 等报道了两种基于 NT 和四联噻吩的交替共聚物 PNTz4TF2 和 PNTz4TF4,研究了噻吩单元上氟原子取代基对聚合物光伏性能的影响[30]。基于 PNTz4TF2:PC$_{71}$BM 的器件在活性层厚度为 230 nm 时的能量转换效率达到 10.50%。2016 年,黄飞等报道了基于 NT 的窄带隙给体聚合物 NT812。该聚合物与 PC$_{71}$BM 搭配制备的光伏器件在活性层厚度为 300 nm 的情况下能量转换效率达到 10.22%,在活性层厚度为 1 μm 的情况下能量转换效率达到 8.35%[31]。之后,他们对聚合物的共轭主链结构进行了进一步优化,设计合成了窄带隙给体聚合物 PNTT。其与 PC$_{71}$BM 共混制备的光伏器件在活性层厚度为 280 nm 的情况下能量转换效率可达到 11.30%[32]。

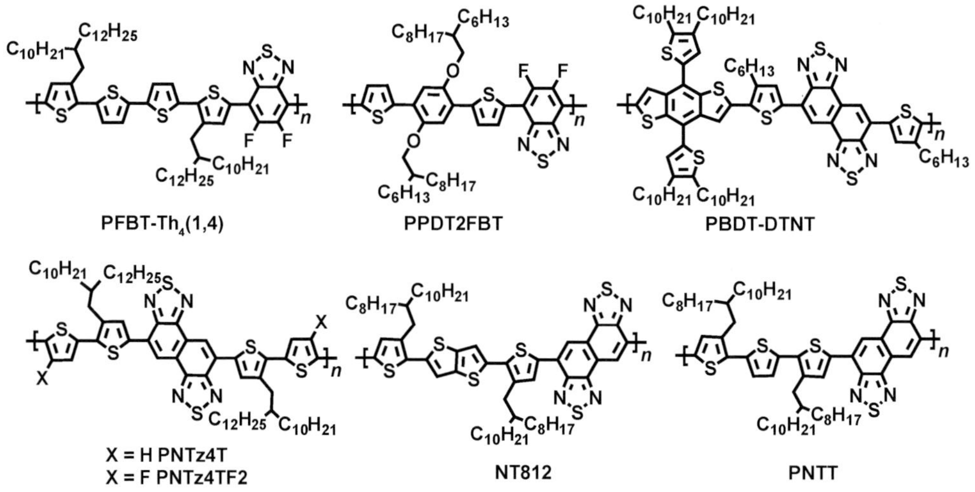

图 1-13 高效富勒烯太阳能电池聚合物给体材料的结构式

表 1-3 高效富勒烯太阳能电池聚合物给体材料的基本性质与光伏性能

聚合物给体	光学带隙 /eV	电子离去能 /eV	电子受体	开路电压 /V	短路电流密度 /(mA/cm²)	填充因子	能量转换效率 /%	参考文献
PFBT - Th$_4$(1,4)	1.62	-5.36	PC$_{71}$BM	0.76	16.20	0.620	7.64	[25]
PPDT2FBT	1.76	-5.45	PC$_{70}$BM	0.79	16.30	0.730	9.39	[26]
PBDT - DTNT	1.58	-5.19	PC$_{71}$BM	0.74	17.60	0.660	8.62	[28]
PNTz4T	1.56	-5.14	PC$_{71}$BM	0.71	19.40	0.734	10.10	[29]
PNTz4TF2	1.60	-5.38	PC$_{71}$BM	0.82	19.30	0.670	10.50	[30]
NT812	1.40	-5.29	PC$_{71}$BM	0.72	19.09	0.729	10.33	[31]
PNTT	1.42	-5.36	PC$_{71}$BM	0.77	20.20	0.718	11.30	[32]

2. 高效非富勒烯太阳能电池聚合物给体材料

近年来,非富勒烯 A-D-A 型小分子电子受体发展迅速。基于此类受体的太阳能电池也取得了目前最高的能量转换效率。与富勒烯电子受体相比,非富勒烯型小分子电子受体的化学结构种类多样,吸收光谱和分子能级更易大范围调制。但基于此类受体的活性层形貌不易形成纳米尺度的给体-受体互穿网络结构。研究发现,具有温度聚集特性的聚合物更有利于使非富勒烯器件获得较高的能量转换效率。例如,侯剑辉课题组设计合成了两种基于 BDD 和二联噻吩或氟代二联噻吩的聚合物 PBDD4T 和 PBDD4T-2F,它们的结构式如图 1-14 所示。与 PBDD4T 相比,PBDD4T-2F 的氯苯溶液表现出更强的温度依赖聚集特性。表 1-4 列出了相应的光伏性能数据。基于 PBDD4T-2F:ITIC 器件的能量转换效率为 8.69%，而基于 PBDD4T:ITIC 器件的能量转换效率仅为 0.45%[33]。对于两种材料的富勒烯器件，材料的温度依赖聚集特性对调控活性层形貌的影响则没有那么大。基于 PBDD4T:PC$_{71}$BM 器件的能量转换效率为 6.53%，而基于 PBDD4T-2F:PC$_{71}$BM 器件的能量转换效率为 9.04%。此工作也说明了氟化作用有助于提高分子链间的 π-π 堆积，增强材料的温度依赖聚集作用。除上述一组材料之外，我们在另一组聚合物材料 PBDT-DTN 和 PIDT-DTN 中也观察到类似的材料温度依赖聚集特性影响光伏性能的现象[34]。图 1-15 为 PBDT-DTN 和 PIDT-DTN 在氯苯溶液中的变温吸收光谱。IDT 单元的烷基侧链对于链间聚集具有很大的位阻作用，因此，与 PBDT-DTN 相比，PIDT-DTN 在氯苯溶液中的吸收光谱表现出更弱的温度依赖性。基于 PBDT-DTN:ITIC 器件的能量转换效率为 8.30%，而基于 PIDT-DTN:ITIC 器件的能量转换效率仅为 1.10%。

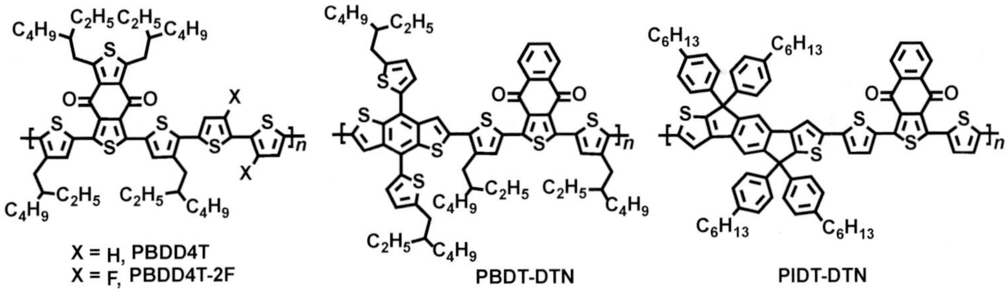

图 1-14 聚合物 PBDD4T、PBDD4T-2F、PBDT-DTN、PIDT-DTN 的结构式

表 1-4 高效非富勒烯太阳能电池聚合物给体材料的基本性质与光伏性能

聚合物给体	光学带隙 /eV	电子离去能 /eV	电子受体	开路电压 /V	短路电流密度 /(mA/cm²)	填充因子	能量转换效率 /%	参考文献
PBDD4T	1.76	-5.30	ITIC	0.880	2.04	0.250	0.45	[33]
			PC$_{71}$BM	0.860	11.16	0.680	6.53	
PBDD4T-2F	1.76	-5.39	ITIC	0.940	15.04	0.610	8.69	
			PC$_{71}$BM	0.880	15.13	0.680	9.04	
PBDT-DTN	1.84	-5.37	ITIC	0.920	13.80	0.650	8.30	[34]
			PC$_{71}$BM	0.890	13.00	0.620	7.20	
PIDT-DTN	1.89	-5.37	ITIC	0.970	3.80	0.290	1.10	
			PC$_{71}$BM	0.910	8.70	0.620	4.90	

聚合物给体	光学带隙 /eV	电子离去能 /eV	电子受体	开路电压 /V	短路电流密度 /(mA/cm²)	填充因子	能量转换效率 /%	参考文献
PBDB - T - SF	1.80	- 5.40	IT - 4F	0.880	20.50	0.719	13.00	[35]
PBDB - T - 2F	1.82	- 5.47	IT - 4F	0.840	20.81	0.760	13.20	[36]
			BTP - 4F - 12	0.855	25.30	0.760	16.40	[37]
PBDB - T - 2Cl	1.82	- 5.51	IT - 4F	0.860	21.80	0.770	14.40	[36]
PDCBT	1.90	- 5.26	ITIC	0.940	16.50	0.657	10.16	[38]
PDCBT - 2F	1.90	- 5.59	IT - M	1.130	10.43	0.557	6.60	[39]
PDTB - EF - T	1.93	- 5.50	IT - 4F	0.900	20.73	0.760	14.20	[40]
PTO2	1.99	- 5.59	IT - 4F	0.910	21.50	0.750	14.70	[41]
			PC$_{71}$BM	1.000	8.10	0.620	5.00	
T1	1.83	- 5.48	IT - 4F	0.899	21.50	0.780	15.10	
T2	1.87	- 5.51	IT - 4F	0.909	21.30	0.750	14.50	[42]
T3	1.93	- 5.55	IT - 4F	0.920	21.60	0.700	13.90	
PBQ - 4F	1.79	- 5.49	ITIC	0.95	17.87	0.668	11.34	[43]
J51	1.91	- 5.26	N2200	0.830	14.18	0.702	8.27	[45]
J61	1.93	- 5.32	ITIC	0.890	17.43	0.615	9.53	[46]
J71	1.96	- 5.40	ITIC	0.940	17.32	0.698	11.41	[47]
J91	2.00	- 5.50	m - ITIC	0.984	18.03	0.655	11.63	[48]
J101	1.97	- 5.30	ZITI	0.937	21.25	0.725	14.43	[49]
PTQ10	1.92	- 5.55	Y6	0.870	24.81	0.751	16.21	[50]
PBN - S	1.75	- 5.48	IT - 4F	0.891	21.03	0.699	13.10	[51]
PTzBI	1.81	- 5.34	ITIC	0.870	18.29	0.643	10.24	[53]
PTzBI - Si	1.78	- 5.31	N2200	0.850	16.50	0.779	11.00	[55]
P2F - EHp	1.85	- 5.38	IT - 2F	0.891	19.65	0.741	12.96	[56]
PBDT - ODZ	2.12	- 5.68	ITIC - Th	1.060	17.10	0.681	12.34	[57]
PBDT - TDZ	2.07	- 5.35	ITIC	1.010	17.15	0.677	11.72	[58]
PBDTS - TDZ	2.09	- 5.39	ITIC	1.100	17.78	0.654	12.80	
Pt0	1.93	- 5.50	Y6	0.800	25.10	0.649	13.03	[59]
Pt5	1.93	- 5.51	Y6	0.800	25.89	0.727	15.06	
Pt10	1.93	- 5.53	Y6	0.810	26.45	0.763	16.35	
Pt15	1.93	- 5.54	Y6	0.820	26.02	0.739	15.77	

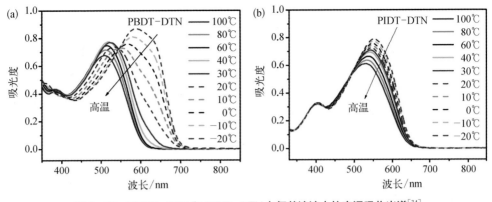

图 1‑15　PBDT‑DTN 和 PIDT‑DTN 在氯苯溶液中的变温吸收光谱[34]

在非富勒烯有机太阳能电池中,PBDB‑T 系列材料已成为使用最普遍和最重要的电子给体材料。围绕 PBDB‑T 进行结构修饰的衍生聚合物,如 PBDB‑T‑SF、PBDB‑T‑2F 和 PBDB‑T‑2Cl 都取得了较高的能量转换效率。以 PBDB‑T‑SF 或者 PBDB‑T‑2F 作为电子给体,IT‑4F 作为电子受体,相应的光伏器件均能实现 13% 以上的能量转换效率[35, 36]。与 PBDB‑T‑2F 相比,PBDB‑T‑2Cl 的 HOMO 能级更低,有利于提高器件的开路电压。基于 PBDB‑T‑2Cl∶IT‑4F 器件的能量转换效率达到 14.40%[36]。最近,侯剑辉课题组制备的基于 PBDB‑T‑2F∶BTP‑4F‑12 器件实现了 16.40% 的能量转换效率[37]。图 1‑16 列出了相应聚合物的结构式。

PBDB-T-SF　　PBDB-T-2F　　PBDB-T-2Cl　　X = H, PDCBT / X = F, PDCBT-2F　　PDTB-EF-T

PTO2　　T1 x=0.8 y=0.2 / T2 x=0.5 y=0.5 / T3 x=0.2 y=0.8　　PBQ-4F　　J51

J61　　J71　　J91　　J101

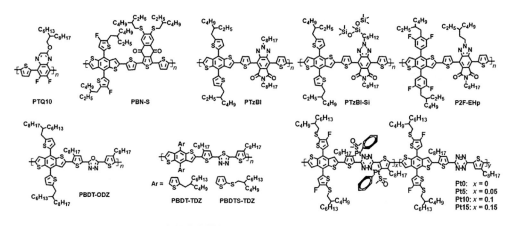

图 1-16　高效非富勒烯太阳能电池聚合物给体材料的结构式

2016 年,侯剑辉课题组设计合成了一种酯基取代的聚噻吩衍生物 PDCBT。将其与吸收光谱互补的非富勒烯型小分子电子受体 ITIC 共混制备的光伏器件,能量转换效率达到 10.16%。其中,开路电压为 0.940 V,短路电流密度为 16.50 mA/cm^2,填充因子为 0.657[38]。该课题组进一步在 PDCBT 的联噻吩上引入氟原子设计合成了聚合物 PDCBT-2F。基于 PDCBT-2F:IT-M 器件的开路电压高达 1.130 V,能量转换效率为 6.60%,开路电压损耗仅为 0.5 eV[39]。利用酯基取代噻吩,该课题组还设计合成了两种宽带隙给体材料 PDTB-EF-T 和 PTO2,以 IT-4F 作为受体材料,相应的光伏器件分别实现了 14.20% 和 14.70% 的能量转换效率[40, 41]。采用密度泛函理论对给体聚合物 PTO2 和受体小分子 IT-4F 与 PC$_{71}$BM 三种材料分子模型的静电势以及给受体分子间相互作用进行了计算,如图 1-17 所示。该研究者认为给体分子和受体分子表面静电势的差异越大,诱导产生的分子间电场越有助于激子解离成电子和空穴[41]。此外,基于 BDT、BDD 和酯基取代噻吩三种构筑单元,侯剑辉课题组采用三元共聚的思路设计合成了聚合物给体材料 T1。其与 IT-4F 共混制备的器件,能量转换效率达到 15.10%[42]。在绿色溶剂加工活性层制备太阳能电池和给体、受体分子能级差对激子分离的研究方面,该课题组基于 PBQ-4F 和 ITIC 材料体系,采用四氢呋喃(THF)和异丙醇分别作为加工溶剂和添加剂制备太阳能电池器件,实现了 11.34% 的能量转换效率。值得一提的是,PBQ-4F 和 ITIC 的 HOMO 能级差只有 0.04 eV[43]。

2012 年以来,李永舫、闵杰等基于 BDT 与苯并三氮唑(BTA)单元设计合成了一系列 D-A 共轭聚合物给体材料 J51[44, 45]、J61[46]、J71[47]、J91[48] 和 J101[49] 等。研究表明,在

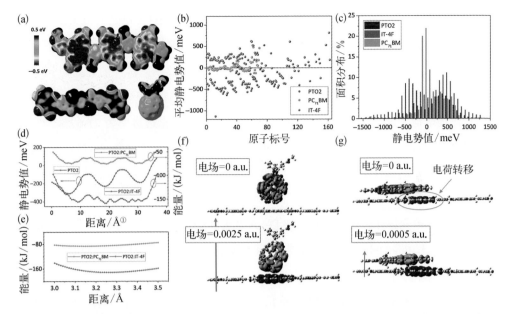

图 1-17　给体聚合物 PTO2 和受体小分子 IT-4F 与 PC₇₁BM 三种材料分子模型的静电势计算[41]

（a）给体分子和受体分子模型的静电势；（b）给体分子和受体分子上每个原子的平均静电势值；（c）给体分子和受体分子不同静电势值的面积分布；（d）固定给体分子、受体分子间垂直距离为 3.5 Å，平行移动给体分子，在不同位置时，给体和受体之间的结合能；（e）固定给体分子和受体分子在竖直方向移动时，给体和受体在不同距离时的结合能；（f）在给体分子和受体分子结合能最大的位置，PTO2 和 PC₇₁BM 分子模型的第一激发态在有无外加电场情况下电子和空穴的分布；（g）在给体分子和受体分子结合能最大的位置，PTO2 和 IT-4F 分子模型的第一激发态在有无外加电场情况下电子和空穴的分布

BDT 和 BTA 上分别引入烷硫侧基和氟原子可以有效降低聚合物的 HOMO 能级，并可以增强分子链间的相互作用，提高聚合物的空穴迁移率。以 J51 作为电子给体、ITIC 作为电子受体制备的器件实现了 9.26% 的能量转换效率[44]；而以聚合物 N2200 作为电子受体，制备的全聚合物太阳能电池取得了 8.27% 的能量转换效率[45]。基于 J61:ITIC 器件的能量转换效率达到 9.53%。其中，器件的开路电压为 0.890 V，短路电流密度为 17.43 mA/cm²，填充因子为 0.615[46]。之后，他们通过在 BDT 单元的二维噻吩侧基上引入硅烷基，设计合成了聚合物给体材料 J71，进一步降低了聚合物材料的 HOMO 能级。基于 J71:ITIC 器件的开路电压为 0.940 V，能量转换效率为 11.41%[47]。他们还报道了基于双氟原子取代噻吩的 BDT 与氟代的 BTA 单元的交替共聚物 J91。基于 J91:*m*-ITIC器件的能量转换效率达到 11.63%。其中，器件的开路电压为 0.984 V，短

---

①　1 Å = 10⁻¹⁰ m。

路电流密度为 18.03 mA/cm^2，填充因子为 0.655[48]。通过在 BTA 单元上引入氯原子取代基，他们设计合成了一种新的宽带隙聚合物 J101，其与非富勒烯型小分子电子受体 ZITI 共混制备的太阳能电池实现了 14.43% 的能量转换效率。器件的开路电压达到 0.937 V，短路电流密度为 21.25 mA/cm^2，填充因子为 0.725；基于该材料体系制备的半透明太阳能电池实现了 11.04% 的能量转换效率，平均可见光透过率为 21.69%[49]。此外，该研究组报道了一种宽带隙给体材料 PTQ10，以 Y6 作为受体材料，器件的能量转换效率达到 16.21%，器件的开路电压为 0.870 V，短路电流密度为 24.81 mA/cm^2，填充因子为 0.751，能量损失为 0.549 eV[50]。李永舫、崔超华等基于 BDT 和萘酚[2,3-c]噻吩二酮(NTDO)单元设计合成一种宽带隙 D-A 共聚物 PBN-S。基于 PBN-S∶IT-4F 的器件获得了 13.10% 的能量转换效率，半透明光伏器件的效率达到 9.83%，使用刮涂法制备的 1 cm^2 器件仍有 10.69% 的效率[51]。

2017 年，黄飞等报道了基于 BDT 单元和酰亚胺功能化苯并三唑(TzBI)单元的聚合物给体材料 PTzBI。以非富勒烯聚合物 N2200 作为电子受体，采用绿色溶剂甲基四氢呋喃(MeTHF)制备的太阳能电池取得了 9.16% 的能量转换效率。其中，器件的开路电压为 0.849 V，短路电流密度为 15.17 mA/cm^2，填充因子为 0.704[52]。该材料与非富勒烯型小分子电子受体 ITIC 共混制备的太阳能电池实现了 10.24% 的能量转换效率[53]。之后，他们通过引入硅氧烷基侧链设计合成了聚合物给体材料 PTzBI-Si，以非富勒烯聚合物 N2200 作为电子受体，采用 MeTHF 制备的太阳能电池取得了 10.1% 的能量转换效率。器件的开路电压为 0.87 V，短路电流密度为 15.57 mA/cm^2，填充因子为 0.734[54]；基于该材料体系，通过更为绿色的溶剂环戊基甲醚(CPME)优化活性层形貌使器件的能量转换效率提高到 11.00%，开路电压为 0.850 V，短路电流密度为 16.50 mA/cm^2，填充因子为 0.779[55]。最近，通过进一步的烷基侧链优化，他们又设计合成了聚合物给体材料 P2F-EHp，以非富勒烯型小分子 IT-2F(IT-4F)作为电子受体，制备的 1 cm^2 器件取得了 12% 以上的能量转换效率[56]。

2018 年，彭强等基于 BDT 和 1,3,4-噁二唑(ODZ)单元设计合成了一种宽带隙、低 HOMO 能级的聚合物 PBDT-ODZ，该材料的光学带隙为 2.12 eV，HOMO 能级为 −5.68 eV[57]。与 ITIC-Th 共混制备的太阳能电池，器件的开路电压高达 1.08 V，能量转换效率为 10.12%。通过在活性层中加入少量的 CuI，有效提高了器件的短路电流密度和填充因子，使器件的能量转换效率提高到 12.34%。他们还基于 BDT 和 1,3,4-噻二唑(TDZ)单元设计合成了两种聚合物给体材料 PBDT-TDZ 和 PBDTS-TDZ[58]。研究发现，在 BDT 二维共轭侧链上引入硫原子有助于提高材料的消光系数，降低材料的 HOMO 能级和提高材料的结晶性。采用邻二甲苯作为加工溶剂，在无添加剂和后处理的情况下，基于 PBDTS‐TDZ:ITIC 器件的能量转换效率达到 12.80%。其中，器件的开路电压为 1.100 V，能量损失为 0.48 eV。基于该活性层制备的叠层太阳能电池实现了 13.35% 的能量转换效率，器件的开路电压为 2.13 V。最近，他们基于 BDT 和 s‐四嗪（s‐TZ）单元设计合成了一种聚合物 Pt0，其与非富勒烯型小分子电子受体共混制备的太阳能电池实现了 13.03% 的能量转换效率。其中，器件的开路电压为 0.800 V，短路电流密度为 25.10 mA/cm²，填充因子为 0.649。之后，通过添加少量的 Pt(Ph)₂(DMSO)₂ 实现铂配合，得到聚合物 Pt10，将基于 Pt10:Y6 器件的能量转换效率提高到 16.35%。其中，器件的开路电压为 0.810 V，短路电流密度为 26.45 mA/cm²，填充因子为 0.763[59]。研究表明，与 Pt0 相比，铂配合后的聚合物 Pt10 聚集强度减弱，有利于获得更好的相分离形貌。

1.5.2　共轭聚合物受体材料

共轭聚合物受体材料作为非富勒烯受体材料中的一类，以其独有的优势受到领域内专家学者越来越多的关注。最早应用的聚合物受体材料可以追溯到 1995 年，俞刚等采用 MEH‐PPV 作为给体，氰基取代的 CN‐PPV 作为受体，制备的太阳能电池取得了 0.9% 的能量转换效率。二酰亚胺类单体单元，例如菲二酰亚胺（PDI）和萘二酰亚胺（NDI），是设计合成聚合物受体材料的重要构筑单元。占肖卫、谭占鳌等报道了基于 PDI 和三并噻吩的聚合物受体材料 P(PDI2DD‐DTT) 和 P(PDI2DD‐DTT2)。其中，基于 P(PDI2DD‐DTT) 受体材料的器件实现了 1% 以上的能量转换效率[60]，基于 P(PDI2DD‐DTT2) 受体材料的器件实现了 1.48% 的能量转换效率[61]。周二军等报道了基于 PDI 和咔唑的共聚物 PC‐PDI。基于 PC‐PDI:PT1 器件的能量转换效率为 2.23%[62]。侯剑辉等报道了基于 PDI 和噻吩的共聚物 PPDIODT。基于 PBDT‐TS1:PPDIODT 器件的能量转换效率为 6.58%[63]。赵达慧等报道了基于 PDI 和乙烯双键的共聚物 PDI‐V。基于 PTB7‐Th:PDI‐V 器件的能量转换效率达到 7.30%[64]。他们进一步将两个 PDI 分子环化稠和，设计合成了聚合物 NDP‐V。基于 PTB7‐Th:NDP‐V 器件的能量转换效率最高可达到 8.59%，这也是目前 PDI 聚合物作为电子受体达到的最高能量转换效率[65]。基于稠和的 PDI 单元，周二军等将 PDI 与噻吩、硒吩和二联噻吩分别共聚合成了 PFPDI‐T、PFPDI‐Se 和 PFPDI‐2T。基于 PTB7‐Th:PFPDI‐

T、PTB7‑Th: PFPDI‑Se 和 PTB7‑Th: PFPDI‑2T 器件的能量转换效率分别为 6.49%、6.58% 和 6.39%[66,67]。李韦伟等报道了并噻吩环化稠和 PDI 与噻吩的共聚物 cis-polyPBI。由该材料制作成的场效应晶体管的电子迁移率为 1.2×10^{-2} cm²/(V·s)。基于 PBDB‑T: cis-polyPBI 的器件的能量转换效率为 6.30%[68]。图 1‑18 列出了 CN‑PPV 和基于 PDI 的聚合物受体材料的结构式。详细的光伏性能数据见表 1‑5。

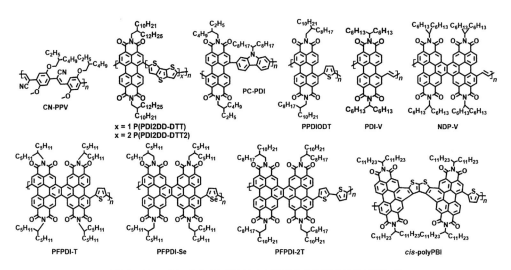

图 1‑18 CN‑PPV 和基于 PDI 的聚合物受体材料的结构式

表 1‑5 共轭聚合物受体材料的基本特性与光伏性能

聚合物受体	光学带隙 /eV	电子亲和能 /eV	电子给体	开路电压 /V	短路电流密度 /(mA/cm²)	填充因子	能量转换效率 /%	参考文献
P(PDI2DD‑DTT)	1.45	−3.90	2①	0.63	4.20	0.390	1.00	[60]
P(PDI2DD‑DTT2)	1.55	−3.80	4②	0.69	5.02	0.430	1.48	[61]
PC‑PDI	1.77	−3.66	PT1	0.70	6.35	0.500	2.23	[62]
PPDIODT	1.74	−3.96	PBDT‑TS1	0.76	15.72	0.551	6.58	[63]
PDI‑V	1.74	−4.03	PTB7‑Th	0.74	15.80	0.630	7.30	[64]
NDP‑V	1.91	−4.03	PTB7‑Th	0.74	17.07	0.670	8.59	[65]
PFPDI‑T	1.91	−4.11	PTB7‑Th	0.76	14.00	0.610	6.49	[66]
PFPDI‑Se	1.91	−4.12	PTB7‑Th	0.76	13.96	0.620	6.58	[66]
PFPDI‑2T	1.70	−4.12	PTB7‑Th	0.73	13.47	0.650	6.39	[67]
cis‑polyPBI	2.03	−3.79	PBDB‑T	1.01	10.30	0.600	6.30	[68]
N2200	1.50	−3.78	PBDTTTPD	1.03	4.45	0.440	2.02	[69]

聚合物受体	光学带隙 /eV	电子亲和能 /eV	电子给体	开路电压 /V	短路电流密度 /(mA/cm²)	填充因子	能量转换效率 /%	参考文献
N2200	1.50	−3.78	DTD	0.82	7.60	0.600	3.74	[70]
P(NDI2OD−T2F)	1.60	−3.90	PBDTTTPD	1.00	11.68	0.520	6.09	[69]
PNDIBS	1.40	−3.95	PBDB−T	0.85	18.32	0.570	9.38	[71]
PNDITCVT−HD	1.64	−3.95	PBDTTTPD	0.94	12.15	0.650	7.40	[72]
PNDIT−HD	1.85	−3.79	PTB7−Th	0.79	13.46	0.560	5.96	[73]
PNDIS−HD (NDI−Se)	1.76	−3.84	PBDTT−FTTE	0.81	18.80	0.510	7.73	[74]
			Ter−3MTTPD	1.01	11.47	0.662	7.66	[75]
PNDI−Si25	1.43	−3.82	PBDB−T	0.85	12.80	0.680	7.40	[76]
NOE10	1.46	−3.91	PBDT−TAZ	0.84	12.90	0.750	8.10	[77]
PNDI−T10	1.55	−4.05	PTB7−Th	0.83	12.90	0.710	7.60	[78]
PTPD[2F]T−2HD	1.87	−3.80	PTB7−Th	1.10	8.40	0.444	4.40	[79]
P2TPDBT[2F]T	1.72	−4.14	PBDT−TS1	1.00	11.00	0.440	4.80	[80]
PDPP2TzT	1.44	−4.00	PDPP5T	0.81	6.90	0.510	2.90	[81]
PIID−PyDPP	1.69	−3.98	PBDTTS−FTAZ	1.07	9.10	0.430	4.20	[82]
PIID[2F]T−2BO/2HD	1.71	−4.00	PBFTAZ	0.97	13.20	0.550	7.30	[83]
f−BTI2−FT	1.84	−3.43	PTB7−Th	1.04	11.55	0.570	6.85	[84]
PZ1	1.55	−3.86	PBDB−T	0.83	16.05	0.690	9.19	[85]
PFBDT−IDTIC	1.62	−3.85	PBDB−T−2F	0.96	15.27	0.68	10.30	[86]
P−BN−IID	1.63	−3.80	PTB7−Th	0.92	11.37	0.480	5.04	[87]
P−BNBP−T	1.92	3.50	PTB7	1.09	7.09	0.440	3.38	[88]
P−BNBP−fBT	1.86	−3.62	PTB7−Th	1.07	12.69	0.470	6.26	[89]

①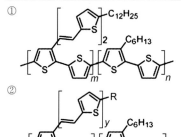

②

$y = 3$, R = n-C$_4$H$_9$, $m : n = 0.4 : 1$

N2200 是最常用的聚合物电子受体之一。Han Young Woo 等报道了基于 PBDTTTPD:N2200/P(NDI2OD-T2) 和 PBDTTTPD:P(NDI2OD-T2F) 的光伏器件。其中,基于 PBDTTTPD:N2200 器件的能量转换效率为 2.02%,开路电压为 1.03 V,短路电流密度为 4.45 mA/cm²,填充因子为 0.440;基于 PBDTTTPD:P(NDI2OD-T2F) 器件的能量转换效率为 6.09%,开路电压为 1.00 V,短路电流密度为 11.68 mA/cm²,填充因子为 0.520。研究表明氟化作用有助于降低空穴转移的能量势垒,抑制给体和受体之间的相分离。飞秒瞬态吸收光谱表明氟化作用显著增加了 PBDTTTPD:P(NDI2OD-T2F) 共混薄膜中的空穴迁移率和长寿命极化子的个数[69]。刘波等以小分子 DTD 为电子给体,N2200 为电子受体,制备的太阳能电池实现了 3.74% 的能量转换效率[70]。黄飞等通过新的聚合物给体材料设计,将基于 N2200 器件的能量转换效率提高到 9.16%[52]。Samson A. Jenekhe 等将 N2200 中的噻吩换为硒吩合成了聚合物 PNDIBS。基于 PBDB-T:PNDIBS 的器件的能量转换效率为 9.38%[71]。Bumjoon J. Kim 等基于 NDI 和氰基取代的噻吩乙烯噻吩设计合成了一种具有较大偶极矩的聚合物 PNDITCVT-HD。基于 PBDTTTPD:PNDITCVT-HD 的器件的能量转换效率为 7.40%,开路电压为 0.94 V[72]。Bumjoon J. Kim 等基于 NDI 和单噻吩单元设计合成了不同烷基链 HD、OD、DT 取代的共轭聚合物。其中,基于 PNDIT-HD:PTB7-Th 的器件的能量转换效率最高,达到 5.96%[73]。Samson A. Jenekhe 等和 Dong Hoon Choi 等分别报道了 NDI 和单硒吩单元的共聚物 PNDIS-HD 和 NDI-Se。以 PBDTT-FTTE 和 Ter-3MTTPD 为电子给体材料,器件的能量转换效率分别为 7.73% 和 7.66%,器件的 *EQE* 最高值均达到 80%[74,75]。陈军武等报道了基于硅氧烷基取代的 NDI、支链取代的 NDI 和二联噻吩的三元共聚物 PNDI-Si25。基于 PNDI-Si25:PBDB-T 器件的能量转换效率达到 7.40%[76]。黄飞等采用寡聚乙撑氧烷基链取代 N2200 上支化烷基链的策略设计合成了一系列共聚物 NOE*x*,*x* 表示 OE 链取代的 NDI 所占总数的百分比,通过调节 *x* 的比例来调整材料的结晶性。基于 NOE10:PBDT-TAZ 器件的能量转换效率最高,达到 8.10%,且填充因子为 0.750。该器件在氮气氛围的手套箱中 65 ℃ 下退火 300 h 仍能够保持 97% 的初始效率[77]。王二刚等采用单噻吩取代 N2200 中部分二联噻吩的策略设计合成了三元共聚物 PNDI-T10。基于 PTB7-Th:PNDI-T10 的器件的能量转换效率为 7.60%,约是 PTB7-Th:N2200 器件 (3.7%) 的两倍,填充因子为 0.710[78]。图 1-19 列出了上述基于 NDI 的聚合物受体材料的结构式。

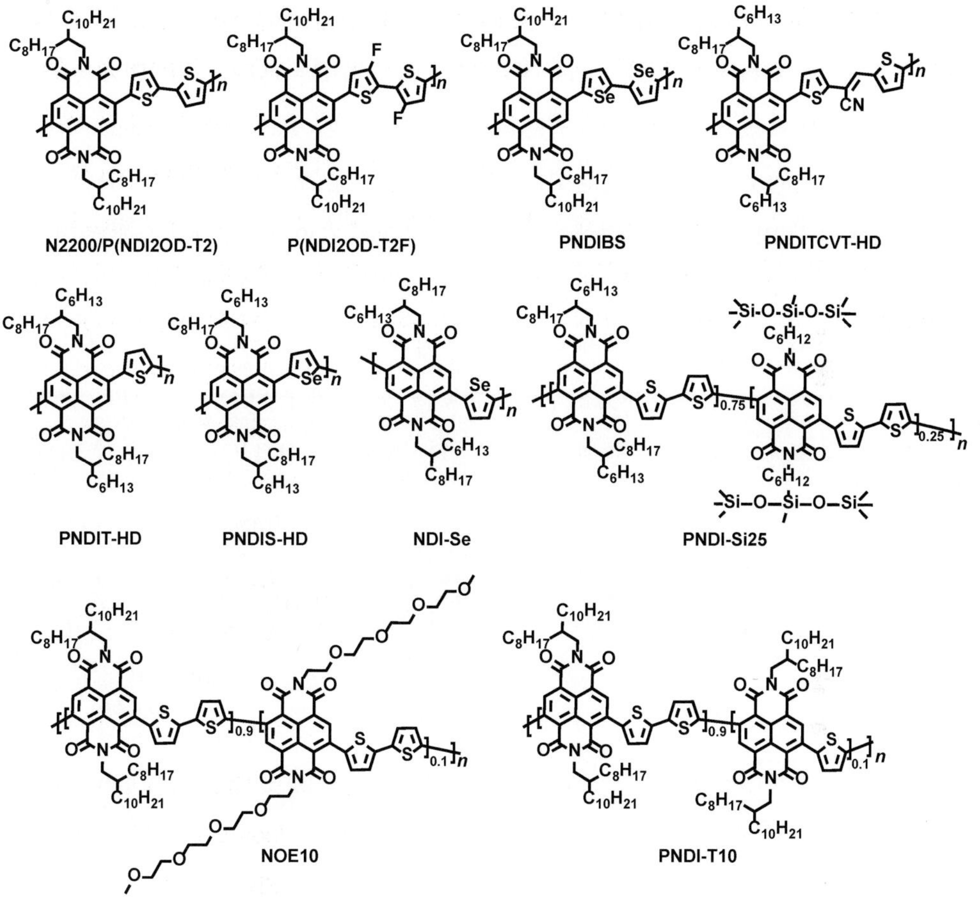

图 1‑19　基于 NDI 的聚合物受体材料的结构式

　　尽管基于 PDI 和 NDI 的聚合物受体材料取得了不错的进展,但这两类材料的消光系数较低,大约只有高效聚合物给体材料的一半,不利于太阳光谱的充分吸收;另外,基于 PDI 和 NDI 的聚合物受体材料的 LUMO 能级较低,器件开路电压很难超过 1.0 V。因此,发展新型的聚合物受体材料具有重要的意义。Pierre M. Beaujuge 等报道了基于 TPD 和二氟噻吩单元的共聚物 PTPD[2F]T‑2HD,其结构式见图 1‑20。基于 PTPD[2F]T‑2HD:PTB7‑Th 的器件的能量转换效率为 4.40%,开路电压高达 1.10 V[79]。他们还基于 TPD、苯并噻二唑(BT)和二氟取代噻吩单元设计合成了共聚物 P2TPDBT[2F]T。BT 的引入有助于降低材料的带隙和提高电子迁移率。基于 PBDT‑TS1:P2TPDBT[2F]T 的器件的能量转换效率达到 4.80%,开路电压达到 1.00 V[80]。René A. J. Janssen 等报道了基于 DPP 和噻吩的共聚物受体材料

PDPP2TzT。基于 PDPP5T:PDPP2TzT 器件的能量转换效率为 2.90%[81]。王二刚等报道了基于 IID 和 DPP 的共聚物 PIID - PyDPP。基于 PIID - PyDPP:PBDTTS - FTAZ 的器件的能量转换效率达到4.20%，开路电压为 1.07 V[82]。Pierre M. Beaujuge 等报道了基于 BO 取代的 IID、HD 取代的 IID 和二氟噻吩单元的三元共聚物 PIID[2F]T - 2BO/2HD。以 PBFTAZ 为给体材料制备的器件实现了 7.30% 的能量转换效率[83]。郭旭岗等报道了基于二噻吩酰亚胺（BTI）和二氟噻吩单元的共聚物 f - BTI2 - FT。基于 PTB7 -Th:f -BTI2 - FT 的器件的能量转换效率为 6.85%[84]。李永舫、张志国等报道了基于 A - D - A 型单元和噻吩单元的窄带隙共聚物 PZ1。基于 PBDB - T -:PZ1 的器件的能量转换效率为 9.19%[85]。颜河等采用 A - D - A 型单元 IDTIC - Br 与氟代 BDT 单

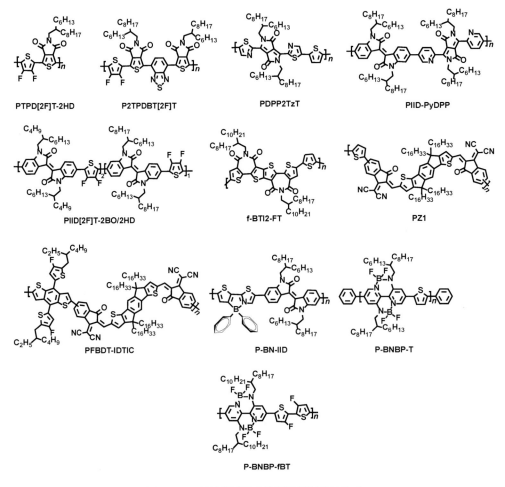

图 1- 20　其他类型聚合物受体材料的结构式

元设计合成了共聚物 PFBDT‐IDTIC。基于 PBDB‐T‐2F:PFBDT‐IDTIC 的器件的能量转换效率为 10.30%[86]。刘俊等报道了主链含 B←N 配位键受体单元与 IID 的共聚物 P‐BN‐IID。基于 PTB7‐Th:P‐BN‐IID 的器件的能量转换效率为 5.04%[87]。他们还报道了双硼氮桥连的连吡啶吸电子单元(BNBP)与噻吩的共聚物 P‐BNBP‐T。基于 PTB7:P‐BNBP‐T 的器件的能量转换效率达到 3.38%[88]。他们也将 BNBP 与氟代二联噻吩共聚合成了 P‐BNBP‐fBT。基于 PTB7‐Th:P‐BNBP‐fBT 的器件的能量转换效率为 6.26%,开路电压为 1.07 V,短路电流密度为 12.69 mA/cm^2,填充因子为 0.470,能量损耗为 0.51 eV[89]。

1.6 有机共轭聚合物光伏材料未来的发展与挑战

从有机共轭聚合物光伏材料的发展来看,相较于聚合物受体材料,聚合物给体材料的发展更为成熟。基于聚合物给体材料的非富勒烯光伏器件实现了 17%的能量转换效率,并且有希望进一步提升至 20%左右。因此,我们以目前聚合物给体材料发展中存在的问题作为重要考量和解决方向,为推动包括聚合物受体材料在内的聚合物光伏材料的整体发展提供有益借鉴。

目前聚合物给体材料发展存在的问题有:(1)高效聚合物给体材料种类单一且合成步骤冗长,不利于材料高效、低成本地大批量制备。以目前取得最高能量转换效率的聚合物给体 PBDB‐T‐2F 为例,该聚合物的合成步骤有 13 步之多。因此,设计合成结构简单的高效聚合物给体材料势在必行。(2)高效聚合物给体材料的合成方法有待进一步改进。目前,高效聚合物给体材料的合成主要是采用 Stille 交叉偶联方法。该方法除了对聚合物材料不同合成批次影响较大以外,利用该方法进行有机金属单体的合成也不利于环保。因此,发展稳定的、绿色的聚合物合成工艺具有重要的意义。(3)目前利用高效聚合物给体材料加工制备光伏器件的过程中广泛使用含卤芳香溶剂如氯仿、氯苯等,不利于器件大面积印刷制备。因此,研究低毒甚至无毒的绿色溶剂来加工聚合物材料制备光伏活性层也是将来实际生产中的重要课题。(4)聚合物给体材料的设计还需综合考虑给体和受体之间能否形成理想的纳米尺度相分离形貌和热力学稳定性问题。(5)聚合物给体材料要保证其在器件工作条件下具有较好的光稳定性。聚合物受体材料的设计与合成也需综合考虑上述给体材料发展面临的挑战。此外，针对如何降低光电转换过程中的能量损耗问题，需要掌握聚合物光伏材料的相应设计理论与方法，进一步提高器件的能量转换效率。

我国在有机光伏领域的研究已经处于世界前列，为该领域的发展做出了卓越的贡献。随着未来共轭聚合物光伏材料和器件制备工艺的进一步发展，有机光伏技术有望在不久的将来实现商业化应用。

参考文献

[1] Hou J H, Park M H, Zhang S Q, et al. Bandgap and molecular energy level control of conjugated polymer photovoltaic materials based on benzo [1, 2 - b: 4, 5 - b'] dithiophene [J]. Macromolecules, 2008, 41(16): 6012 - 6018.

[2] Jin E Q, Du C, Wang M, et al. Dibenzothiophene-based planar conjugated polymers for high efficiency polymer solar cells[J]. Macromolecules, 2012, 45(19): 7843 - 7854.

[3] Chen H Y, Hou J H, Zhang S Q, et al. Polymer solar cells with enhanced open-circuit voltage and efficiency[J]. Nature Photonics, 2009, 3(11): 649 - 653.

[4] Hou J H, Tan Z A, Yan Y, et al. Synthesis and photovoltaic properties of two-dimensional conjugated polythiophenes with bi(thienylenevinylene) side chains[J]. Journal of the American Chemical Society, 2006, 128(14): 4911 - 4916.

[5] Huo L J, Zhang S Q, Guo X, et al. Replacing alkoxy groups with alkylthienyl groups: A feasible approach to improve the properties of photovoltaic polymers [J]. Angewandte Chemie International Edition, 2011, 123(41): 9871 - 9876.

[6] Yao H F, Zhang H, Ye L, et al. Molecular design and application of a photovoltaic polymer with improved optical properties and molecular energy levels[J]. Macromolecules, 2015, 48(11): 3493 -3499.

[7] Zhang M J, Guo X, Zhang S Q, et al. Synergistic effect of fluorination on molecular energy level modulation in highly efficient photovoltaic polymers[J]. Advanced Materials (Deerfield Beach, Fla), 2014, 26(7): 1118 - 1123.

[8] Zhang M J, Guo X, Ma W, et al. An easy and effective method to modulate molecular energy level of the polymer based on benzodithiophene for the application in polymer solar cells[J]. Advanced Materials (Deerfield Beach, Fla), 2014, 26(13): 2089 - 2095.

[9] Zhang M J, Gu Y, Guo X, et al. Efficient polymer solar cells based on benzothiadiazole and alkylphenyl substituted benzodithiophene with a power conversion efficiency over 8% [J]. Advanced Materials (Deerfield Beach, Fla), 2013, 25(35): 4944 - 4949.

[10] Chen Y, Zhang S Q, Wu Y, et al. Molecular design and morphology control towards efficient polymer solar cells processed using non-aromatic and non-chlorinated solvents[J]. Advanced Materials (Deerfield Beach, Fla), 2014, 26(17): 2744 - 2749, 2618.

[11] Wu Y N, An C B, Shi L L, et al. The crucial role of chlorinated thiophene orientation in conjugated polymers for photovoltaic devices[J]. Angewandte Chemie International Edition,

2018, 57(39): 12911 - 12915.

[12] Wu Y, Li Z, Ma W, et al. PDT - S - T: A new polymer with optimized molecular conformation for controlled aggregation and π - π stacking and its application in efficient photovoltaic devices [J]. Advanced Materials (Deerfield Beach, Fla), 2013, 25(25): 3449 - 3455.

[13] Liu M F, Chen Y L, Zhang C, et al. Synthesis of thiophene-containing conjugated polymers from 2, 5 - thiophenebis(boronic ester)s by Suzuki polycondensation[J]. Polymer Chemistry, 2013, 4(4): 895 - 899.

[14] Dudnik A S, Aldrich T J, Eastham N D, et al. Tin-free direct C - H arylation polymerization for high photovoltaic efficiency conjugated copolymers[J]. Journal of the American Chemical Society, 2016, 138(48): 15699 - 15709.

[15] Aldrich T J, Dudnik A S, Eastham N D, et al. Suppressing defect formation pathways in the direct C - H arylation polymerization of photovoltaic copolymers[J]. Macromolecules, 2018, 51 (22): 9140 - 9155.

[16] Yu G, Gao J, Hummelen J C, et al. Polymer photovoltaic cells: Enhanced efficiencies via a network of internal donor-acceptor heterojunctions[J]. Science, 1995, 270(5243): 1789 - 1791.

[17] Guo X, Cui C H, Zhang M J, et al. High efficiency polymer solar cells based on poly(3 - hexylthiophene)/indene-C_{70} bisadduct with solvent additive[J]. Energy & Environmental Science, 2012, 5(7): 7943 - 7949.

[18] Xu X P, Zhang G J, Yu L Y, et al. P3HT-based polymer solar cells with 8.25% efficiency enabled by a matched molecular acceptor and smart green-solvent processing technology[J]. Advanced Materials, 2019, 31(52): 1906045.

[19] Qian D P, Ye L, Zhang M J, et al. Design, application, and morphology study of a new photovoltaic polymer with strong aggregation in solution state[J]. Macromolecules, 2012, 45(24): 9611 - 9617.

[20] Zhao W C, Qian D P, Zhang S Q, et al. Fullerene-free polymer solar cells with over 11% efficiency and excellent thermal stability[J]. Advanced Materials (Deerfield Beach, Fla), 2016, 28(23): 4734 - 4739.

[21] Ye L, Zhang S Q, Zhao W C, et al. Highly efficient 2D-conjugated benzodithiophene-based photovoltaic polymer with linear alkylthio side chain[J]. Chemistry of Materials, 2014, 26(12): 3603 - 3605.

[22] Zhang H, Yao H F, Zhao W C, et al. High-efficiency polymer solar cells enabled by environment-friendly single-solvent processing [J]. Advanced Energy Materials, 2016, 6 (6): 1502177.

[23] He Z C, Xiao B, Liu F, et al. Single-junction polymer solar cells with high efficiency and photovoltage[J]. Nature Photonics, 2015, 9(3): 174 - 179.

[24] Liu Y H, Zhao J B, Li Z K, et al. Aggregation and morphology control enables multiple cases of high-efficiency polymer solar cells[J]. Nature Communications, 2014, 5: 5293.

[25] Chen Z H, Cai P, Chen J W, et al. Low band-gap conjugated polymers with strong interchain aggregation and very high hole mobility towards highly efficient thick-film polymer solar cells[J]. Advanced Materials (Deerfield Beach, Fla), 2014, 26(16): 2586 - 2591.

[26] Nguyen T L, Choi H, Ko S J, et al. Semi-crystalline photovoltaic polymers with efficiency exceeding 9% in a ~300 nm thick conventional single-cell device[J]. Energy & Environmental Science, 2014, 7(9): 3040 - 3051.

[27] Wang M, Hu X W, Liu P, et al. Donor-acceptor conjugated polymer based on naphtho[1,2 - c:5, 6 - c]bis[1,2,5]thiadiazole for high-performance polymer solar cells[J]. Journal of the American

Chemical Society, 2011, 133(25): 9638 - 9641.

[28] Hu X W, Yi C, Wang M, et al. High-performance inverted organic photovoltaics with over 1 - μm thick active layers[J]. Advanced Energy Materials, 2014, 4(15): 1400378.

[29] Vohra V, Kawashima K, Kakara T, et al. Efficient inverted polymer solar cells employing favourable molecular orientation[J]. Nature Photonics, 2015, 9(6): 403 - 408.

[30] Kawashima K, Fukuhara T, Suda Y, et al. Implication of fluorine atom on electronic properties, ordering structures, and photovoltaic performance in naphthobisthiadiazole-based semiconducting polymers[J]. Journal of the American Chemical Society, 2016, 138(32): 10265 - 10275.

[31] Jin Y C, Chen Z M, Dong S, et al. A novel naphtho[1,2 - c:5,6 - c']bis([1,2,5]thiadiazole)-based narrow-bandgap π-conjugated polymer with power conversion efficiency over 10% [J]. Advanced Materials, 2016, 28(44): 9811 - 9818.

[32] Jin Y C, Chen Z M, Xiao M J, et al. Thick film polymer solar cells based on naphtho[1,2 - c:5, 6 - c]bis[1,2,5]thiadiazole conjugated polymers with efficiency over 11%[J]. Advanced Energy Materials, 2017, 7(22): 1700944.

[33] Zhang S Q, Qin Y P, Uddin M A, et al. A fluorinated polythiophene derivative with stabilized backbone conformation for highly efficient fullerene and non-fullerene polymer solar cells[J]. Macromolecules, 2016, 49(8): 2993 - 3000.

[34] Yang B, Zhang S Q, Chen Y, et al. Investigation of conjugated polymers based on naphtho[2,3 - c]thiophene - 4, 9 - Dione in fullerene-based and fullerene-free polymer solar cells [J]. Macromolecules, 2017, 50(4): 1453 - 1462.

[35] Zhao W C, Li S S, Yao H F, et al. Molecular optimization enables over 13% efficiency in organic solar cells[J]. Journal of the American Chemical Society, 2017, 139(21): 7148 - 7151.

[36] Zhang S Q, Qin Y P, Zhu J, et al. Over 14% efficiency in polymer solar cells enabled by a chlorinated polymer donor [J]. Advanced Materials (Deerfield Beach, Fla), 2018, 30 (20): e1800868.

[37] Hong L, Yao H F, Wu Z A, et al. Eco-compatible solvent-processed organic photovoltaic cells with over 16% efficiency [J]. Advanced Materials (Deerfield Beach, Fla), 2019, 31 (39): e1903441.

[38] Qin Y P, Uddin M A, Chen Y, et al. Highly efficient fullerene-free polymer solar cells fabricated with polythiophene derivative[J]. Advanced Materials (Deerfield Beach, Fla), 2016, 28(42): 9416 - 9422.

[39] Zhang H, Li S S, Xu B W, et al. Fullerene-free polymer solar cell based on a polythiophene derivative with an unprecedented energy loss of less than 0.5 eV[J]. Journal of Materials Chemistry A, 2016, 4(46): 18043 - 18049.

[40] Li S S, Ye L, Zhao W C, et al. A wide band gap polymer with a deep highest occupied molecular orbital level enables 14.2% efficiency in polymer solar cells[J]. Journal of the American Chemical Society, 2018, 140(23): 7159 - 7167.

[41] Yao H F, Cui Y, Qian D P, et al. 14.7% efficiency organic photovoltaic cells enabled by active materials with a large electrostatic potential difference[J]. Journal of the American Chemical Society, 2019, 141(19): 7743 - 7750.

[42] Cui Y, Yao H F, Hong L, et al. Achieving over 15% efficiency in organic photovoltaic cells via copolymer design[J]. Advanced Materials (Deerfield Beach, Fla), 2019, 31(14): 1808356.

[43] Zheng Z, Awartani O M, Gautam B, et al. Efficient charge transfer and fine-tuned energy level alignment in a THF-processed fullerene-free organic solar cell with 11.3% efficiency [J]. Advanced Materials (Deerfield Beach, Fla), 2017, 29(5): 1604241.

[44] Gao L, Zhang Z G, Bin H, et al. High-efficiency nonfullerene polymer solar cells with medium bandgap polymer donor and narrow bandgap organic semiconductor acceptor [J]. Advanced Materials (Deerfield Beach, Fla), 2016, 28(37): 8288 – 8295.

[45] Gao L, Zhang Z G, Xue L W, et al. All-polymer solar cells based on absorption-complementary polymer donor and acceptor with high power conversion efficiency of 8.27% [J]. Advanced Materials (Deerfield Beach, Fla), 2016, 28(9): 1884 – 1890.

[46] Bin H J, Zhang Z G, Gao L, et al. Non-fullerene polymer solar cells based on alkylthio and fluorine substituted 2D-conjugated polymers reach 9.5% efficiency[J]. Journal of the American Chemical Society, 2016, 138(13): 4657 – 4664.

[47] Bin H J, Gao L, Zhang Z G, et al. 11.4% Efficiency non-fullerene polymer solar cells with trialkylsilyl substituted 2D-conjugated polymer as donor[J]. Nature Communications, 2016, 7: 13651.

[48] Xue L W, Yang Y K, Xu J Q, et al. Side chain engineering on medium bandgap copolymers to suppress triplet formation for high-efficiency polymer solar cells [J]. Advanced Materials (Deerfield Beach, Fla), 2017, 29(40): 1703344.

[49] Wang T, Sun R, Xu S J, et al. A wide-bandgap D – A copolymer donor based on a chlorine substituted acceptor unit for high performance polymer solar cells[J]. Journal of Materials Chemistry A, 2019, 7(23): 14070 – 14078.

[50] Sun C K, Pan F, Chen S S, et al. Achieving fast charge separation and low nonradiative recombination loss by rational fluorination for high-efficiency polymer solar cells[J]. Advanced Materials (Deerfield Beach, Fla), 2019, 31(52): e1905480.

[51] Wu Y, Yang H, Zou Y, et al. A new dialkylthio-substituted naphtho[2,3 – c]thiophene – 4,9 – dione based polymer donor for high-performance polymer solar cells[J]. Energy & Environmental Science, 2019, 12(2): 675 – 683.

[52] Fan B B, Ying L, Wang Z F, et al. Optimisation of processing solvent and molecular weight for the production of green-solvent-processed all-polymer solar cells with a power conversion efficiency over 9%[J]. Energy & Environmental Science, 2017, 10(5): 1243 – 1251.

[53] Fan B B, Zhang K, Jiang X F, et al. High-performance nonfullerene polymer solar cells based on imide-functionalized wide-bandgap polymers[J]. Advanced Materials (Deerfield Beach, Fla), 2017, 29(21): 1606396.

[54] Fan B B, Ying L, Zhu P, et al. All-polymer solar cells based on a conjugated polymer containing siloxane-functionalized side chains with efficiency over 10%[J]. Advanced Materials, 2017, 29(47): 1703906.

[55] Li Z Y, Ying L, Zhu P, et al. A generic green solvent concept boosting the power conversion efficiency of all-polymer solar cells to 11%[J]. Energy & Environmental Science, 2019, 12(1): 157 – 163.

[56] Fan B B, Du X Y, Liu F, et al. Fine-tuning of the chemical structure of photoactive materials for highly efficient organic photovoltaics[J]. Nature Energy, 2018, 3(12): 1051 – 1058.

[57] Xu X P, Li Z J, Bi Z Z, et al. Highly efficient nonfullerene polymer solar cells enabled by a copper(I) coordination strategy employing a 1, 3, 4 – oxadiazole-containing wide-bandgap copolymer donor[J]. Advanced Materials (Deerfield Beach, Fla), 2018, 30(28): e1800737.

[58] Xu X P, Yu T, Bi Z Z, et al. Realizing over 13% efficiency in green-solvent-processed nonfullerene organic solar cells enabled by 1, 3, 4 – thiadiazole-based wide-bandgap copolymers [J]. Advanced Materials (Deerfield Beach, Fla), 2018, 30(3): 1703973.

[59] Xu X P, Feng K, Bi Z Z, et al. Single-junction polymer solar cells with 16.35% efficiency

enabled by a platinum(II) complexation strategy[J]. Advanced Materials (Deerfield Beach, Fla), 2019, 31(29): 1901872.

[60] Zhan X W, Tan Z A, Domercq B, et al. A high-mobility electron-transport polymer with broad absorption and its use in field-effect transistors and all-polymer solar cells[J]. Journal of the American Chemical Society, 2007, 129(23): 7246 - 7247.

[61] Tan Z A, Zhou E J, Zhan X W, et al. Efficient all-polymer solar cells based on blend of tris (thienylenevinylene)-substituted polythiophene and poly [perylene diimide-alt-bis (dithienothiophene)][J]. Applied Physics Letters, 2008, 93(7): 073309.

[62] Zhou E J, Cong J Z, Wei Q S, et al. All-polymer solar cells from perylene diimide based copolymers: Material design and phase separation control[J]. Angewandte Chemie International Edition, 2011, 50(12): 2799 - 2803.

[63] Li S S, Zhang H, Zhao W C, et al. Green-solvent-processed all-polymer solar cells containing a perylene diimide-based acceptor with an efficiency over 6.5% [J]. Advanced Energy Materials, 2016, 6(5): 1501991.

[64] Guo Y K, Li Y K, Awartani O, et al. A vinylene-bridged perylenediimide-based polymeric acceptor enabling efficient all-polymer solar cells processed under ambient conditions [J]. Advanced Materials (Deerfield Beach, Fla), 2016, 28(38): 8483 - 8489.

[65] Guo Y K, Li Y K, Awartani O, et al. Improved performance of all-polymer solar cells enabled by naphthodiperylenetetraimide-based polymer acceptor[J]. Advanced Materials (Deerfield Beach, Fla), 2017, 29(26): 1700309.

[66] Yin Y L, Yang J, Guo F Y, et al. High performance all-polymer solar cells achieved by fused perylenediimide-based conjugated polymer acceptors[J]. ACS Applied Materials & Interfaces, 2018, 10(18): 15962 - 15970.

[67] Liu M, Yang J, Lang C L, et al. Fused perylene diimide-based polymeric acceptors for efficient all-polymer solar cells[J]. Macromolecules, 2017, 50(19): 7559 - 7566.

[68] Jiang X D, Xu Y H, Wang X H, et al. Conjugated polymer acceptors based on fused perylene bisimides with a twisted backbone for non-fullerene solar cells[J]. Polymer Chemistry, 2017, 8 (21): 3300 - 3306.

[69] Uddin M A, Kim Y, Younts R, et al. Controlling energy levels and blend morphology for all-polymer solar cells via fluorination of a naphthalene diimide-based copolymer acceptor [J]. Macromolecules, 2016, 49(17): 6374 - 6383.

[70] Tang Z, Liu B, Melianas A, et al. A new fullerene-free bulk-heterojunction system for efficient high-voltage and high-fill factor solution-processed organic photovoltaics[J]. Advanced Materials (Deerfield Beach, Fla), 2015, 27(11): 1900 - 1907.

[71] Kolhe N B, Lee H, Kuzuhara D, et al. All-polymer solar cells with 9.4% efficiency from naphthalene diimide-biselenophene copolymer acceptor[J]. Chemistry of Materials, 2018, 30 (18): 6540 - 6548.

[72] Cho H H, Kim S, Kim T, et al. Design of cyanovinylene-containing polymer acceptors with large dipole moment change for efficient charge generation in high-performance all-polymer solar cells [J]. Advanced Energy Materials, 2018, 8(3): 1701436.

[73] Lee C, Kang H, Lee W, et al. High-performance all-polymer solar cells via side-chain engineering of the polymer acceptor: The importance of the polymer packing structure and the nanoscale blend morphology[J]. Advanced Materials (Deerfield Beach, Fla), 2015, 27(15): 2466 - 2471.

[74] Hwang Y J, Courtright B A E, Ferreira A S, et al. 7.7% efficient all-polymer solar cells[J]. Advanced Materials (Deerfield Beach, Fla), 2015, 27(31): 4578 - 4584.

[75] Kim A, Park C G, Park S H, et al. Highly efficient and highly stable terpolymer-based all-polymer solar cells with broad complementary absorption and robust morphology[J]. Journal of Materials Chemistry A, 2018, 6(21): 10095 - 10103.

[76] Feng S Z, Liu C, Xu X F, et al. Siloxane-terminated side chain engineering of acceptor polymers leading to over 7% power conversion efficiencies in all-polymer solar cells[J]. ACS Macro Letters, 2017, 6(11): 1310 - 1314.

[77] Liu X, Zhang C H, Duan C H, et al. Morphology optimization via side chain engineering enables all-polymer solar cells with excellent fill factor and stability[J]. Journal of the American Chemical Society, 2018, 140(28): 8934 - 8943.

[78] Li Z J, Xu X F, Zhang W, et al. 9.0% power conversion efficiency from ternary all-polymer solar cells[J]. Energy & Environmental Science, 2017, 10(10): 2212 - 2221.

[79] Liu S J, Kan Z P, Thomas S, et al. Thieno[3,4-c]pyrrole-4,6-dione-3,4-difluorothiophene polymer acceptors for efficient all-polymer bulk heterojunction solar cells[J]. Angewandte Chemie International Edition, 2016, 55(42): 12996 - 13000.

[80] Liu S J, Song X, Thomas S, et al. Thieno[3,4-c]pyrrole-4,6-dione-based polymer acceptors for high open-circuit voltage all-polymer solar cells[J]. Advanced Energy Materials, 2017, 7 (15): 1602574.

[81] Li W W, Roelofs W S C, Turbiez M, et al. Polymer solar cells with diketopyrrolopyrrole conjugated polymers as the electron donor and electron acceptor[J]. Advanced Materials (Deerfield Beach, Fla), 2014, 26(20): 3304 - 3309.

[82] Li Z J, Xu X F, Zhang W, et al. High photovoltage all-polymer solar cells based on a diketopyrrolopyrrole-isoindigo acceptor polymer[J]. Journal of Materials Chemistry A, 2017, 5 (23): 11693 - 11700.

[83] Liu S J, Firdaus Y, Thomas S, et al. Isoindigo-3,4-difluorothiophene polymer acceptors yield "all-polymer" bulk-heterojunction solar cells with over 7% efficiency[J]. Angewandte Chemie International Edition, 2018, 57(2): 531 - 535.

[84] Wang Y F, Yan Z L, Guo H, et al. Effects of bithiophene imide fusion on the device performance of organic thin-film transistors and all-polymer solar cells[J]. Angewandte Chemie International Edition, 2017, 56(48): 15304 - 15308.

[85] Zhang Z G, Yang Y K, Yao J, et al. Constructing a strongly absorbing low-bandgap polymer acceptor for high-performance all-polymer solar cells[J]. Angewandte Chemie International Edition, 2017, 56(43): 13503 - 13507.

[86] Yao H T, Bai F J, Hu H W, et al. Efficient all-polymer solar cells based on a new polymer acceptor achieving 10.3% power conversion efficiency[J]. ACS Energy Letters, 2019, 4(2): 417 - 422.

[87] Zhao R Y, Dou C D, Xie Z Y, et al. Polymer acceptor based on B←N units with enhanced electron mobility for efficient all-polymer solar cells[J]. Angewandte Chemie International Edition, 2016, 55(17): 5313 - 5317.

[88] Dou C D, Long X J, Ding Z C, et al. An electron-deficient building block based on the B←N unit: An electron acceptor for all-polymer solar cells[J]. Angewandte Chemie International Edition, 2016, 55(4): 1436 - 1440.

[89] Long X J, Ding Z C, Dou C D, et al. Polymer acceptor based on double B←N bridged bipyridine (BNBP) unit for high-efficiency all-polymer solar cells[J]. Advanced Materials (Deerfield Beach, Fla), 2016, 28(30): 6504 - 6508.

MOLECULAR SCIENCES

Chapter 2

蛋白质-高分子偶联物的合成与应用

侯颖钦　吕华

北京大学化学与分子工程学院

2.1 引言

蛋白质是由 20 多种天然氨基酸构成的具有精细多级结构和丰富功能的生物大分子,在生命活动中起着至关重要的作用。蛋白质如细胞因子、酶、激素、抗体等不仅是生命活动的主要承担者,也是非常重要的肿瘤、病毒感染、自身免疫疾病、代谢类疾病等多种适应证的临床药物。1982 年美国 Lilly 公司率先将重组胰岛素推向市场,标志着第一个重组蛋白质类药物的诞生。近年来,美国食品药品监督管理局(food and drug administration,FDA)新批准的蛋白质类药物数目也大幅度增加。由于蛋白质具有活性高、特异性强、药物靶点明确等特点,以其为代表的生物药获得了市场的广泛青睐,销售额逐年攀升,2016 年全球销售额达到 1 630 亿美元,其中各类抗体占据 66% 的份额。2016 年全球十大畅销药物中蛋白质类药物占据 8 席,其中仅抗肿瘤坏死因子-α(TNF-α)的阿达木单抗(商品名为修美乐,Humira®)年销售额便达到 160 亿美元,并常年占据最畅销药物榜首,有“药王”之称。

但是作为生物大分子的一员,蛋白质有稳定性差、易降解、易变性失活、易聚集沉淀等局限性,这增加了其作为药物的生产、运输和储存难度。另一方面,大部分蛋白质类药物尺寸比肾小球的过滤尺寸小,因而易被肾清除,从而致使其作为功能分子的血液循环时间较短。此外,蛋白质较强的免疫原性也易引起人体的免疫反应,进而导致病人的过敏反应(anaphylaxis)或者加速药物的清除。因此,蛋白质虽具有优异的生物功能,但作为药物,其基本的药学性质如药代动力学、免疫原性等亟须改善。而合成高分子具有可修饰性强、性质多样且稳定、成本低、加工性能优异等优势,恰好与蛋白质的性质良好互补。[1]基于蛋白质和高分子的优势互补,由两者构成的偶联物则可能兼具各自的优势,从而发挥出更为优异的药物功能。[2]例如合成高分子聚乙二醇(PEG)具有生物相容性好、水溶性高、毒性低等优点,因此被广泛应用于药物蛋白质的修饰,此即蛋白质的聚乙二醇化(PEGylation)。[3]聚乙二醇化可极大提高蛋白质的稳定性和溶解性,并降低其在肾脏代谢中的清除速率与免疫清除速率,从而显著延长血液循环时间,提高生物利用度并降低药物剂量和副作用。目前已有 22 种 PEG 化蛋白质类药物获得临床批准,年市场份额超过 100 亿美元。如罗氏(Roche)公司的 Pegasys (PEG-IFNα-2a),自 2002 年获得 FDA 批准后,年销售额一直在 10 亿美元以上,2012 年的年销售额则达到 17.59 亿美元。由此可见,关于蛋白质-高分子偶联的研究不仅是非常重要的分子科学前沿,且能切实改善人类的健康状况，兼具基础研究的意义与应用研究的价值。本章将从分子角度出发，着重讨论近年来蛋白质-高分子偶联方法的新发展、用于蛋白修饰的高分子材料及其药学应用的新动向。

2.2　蛋白质-高分子偶联物的合成方法

蛋白质-高分子偶联物的发展已有 40 多年的历史，其合成难点主要包括：（1）由于蛋白质不稳定，对反应条件要求较为苛刻，且蛋白质参与的化学反应无法像普通小分子反应一样通过机械搅拌等方式增加反应速率，通常必须在静置孵育或轻微震荡等生物大分子可耐受的温和条件下进行；（2）由于蛋白质与高分子均为多官能度大分子，潜在反应位点众多，从而导致位点特异性偶联存在挑战。蛋白质-高分子偶联物合成的主要策略有 grafting-to（将预先合成的聚合物接枝至蛋白质）和 grafting-from（在蛋白质表面引发小分子单体聚合）两种，下文将对这两种方法做重点介绍。除此之外，grafting-through 即将可聚合的小分子单体基元修饰到蛋白质表面，以此作为大分子单体与其他小分子单体共聚（图 2-1）。显而易见的是，由于大分子单体的空间位阻大，聚合活性远远低于小分子单体，因而最终产物的蛋白质引入率低，可控性一般；但是 grafting-through 的方法仍适用于包载蛋白质的纳米凝胶或以蛋白质为核、高分子为壳的纳米胶囊的制备。[4]

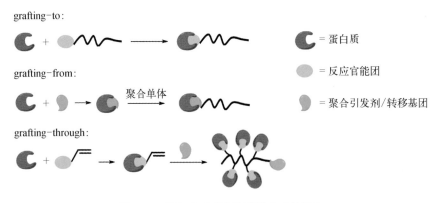

图 2-1　蛋白质-高分子偶联物合成的策略

2.2.1　grafting-to 偶联

grafting-to 是指将预先合成的高分子与蛋白质中的活性反应基团共价连接，目前 FDA 批准的所有蛋白质-PEG 偶联物均是基于 grafting-to 策略制备的。grafting-to 偶联技术的优点在于可较为精确地控制预先合成的高分子的分子量（M_n）及分散度（$Đ$），最终所得蛋白质-高分子偶联产物较为均一。但是该方法的缺点在于传统的化学偶联方法位点控制较为困难且反应效率较低。而基于生物正交反应的偶联技术虽可保证偶联位点的选择性，但在蛋白质或高分子中引入生物正交官能团的过程较为烦琐。目前关于 grafting-to 偶联的研究主要致力于发展条件温和、位点可控、转化率高的偶联方法。

蛋白质中部分天然氨基酸的侧链较为活泼，易于通过化学反应进行标记，实现蛋白质与高分子的偶联，比如基于赖氨酸（侧链氨基）、半胱氨酸（侧链巯基）的偶联应用或研究最为广泛，此外酪氨酸（侧链芳环）的富电子性也使其易于修饰。

赖氨酸的修饰主要以 ε-氨基为活性官能团与琥珀酰亚胺活性酯偶联［图 2-2(a)］，目前临床中使用的 PEG 化蛋白质类药物大多数都是通过该反应实现制备的。但由于蛋白质序列中通常有多个赖氨酸，并且蛋白质 N-端氨基与其侧链氨基存在竞争性反应，所以通常该方法位点选择性不高。[5] 根据文献报道，实现赖氨酸特异性修饰的一种方式是将转谷氨酰胺酶（transglutaminase，TGase）的底物修饰至高分子链，利用转谷氨酰胺酶实现赖氨酸 ε-氨基的特异性标记。[6, 7] 2018 年，英国剑桥大学的 Gonçalo J. L. Bernardes 等利用磺酸基丙烯酸酯实现特异性修饰赖氨酸［图 2-2(b)］，通过控制反应体系的 pH 可实现蛋白质序列中 pK_a 最低的赖氨酸的单位点修饰。[8] 然而，该修饰方法需要结合蛋白质序列和理论计算，修饰位点由蛋白质自身的序列和多级结构所决定，在推广至不同蛋白质时需要注意其普适性。

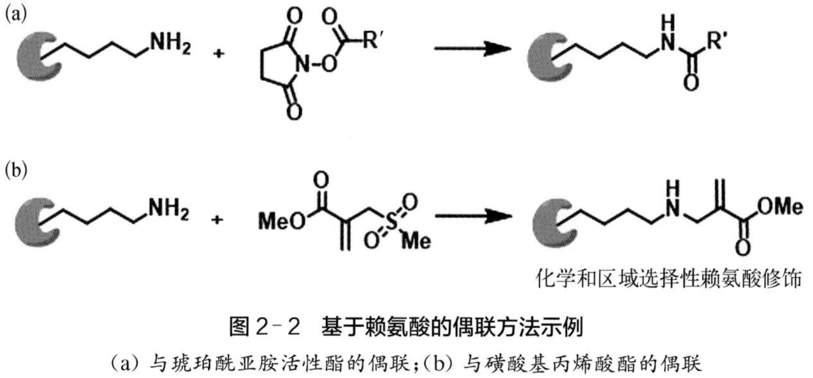

图 2-2　基于赖氨酸的偶联方法示例

（a）与琥珀酰亚胺活性酯的偶联；（b）与磺酸基丙烯酸酯的偶联

在蛋白质的氨基酸序列中，半胱氨酸的巯基(—SH)具有较高的亲核性且易被氧化为二硫键，可参与多种化学反应，易于修饰。由于蛋白质中半胱氨酸的含量通常不高，且多数用于形成结构性的二硫键，这为通过分子克隆技术引入单个活性半胱氨酸位点实现位点特异标记提供了可能性。基于此，半胱氨酸修饰是目前应用最为广泛的选择性修饰蛋白质的方法，但对蛋白质中半胱氨酸的修饰需避免副反应的发生进而影响蛋白质的二硫键结构、性质甚至功能。

基于半胱氨酸的蛋白质-高分子偶联最为常用的反应包括巯基与马来酰亚胺的迈克尔(Michael)加成反应[图 2-3(a)][9]、巯基-烯(thiol-ene)反应[图 2-3(b)][10]、巯基-炔(thiol-yne)反应[图 2-3(c)][10]、二硫键的交换反应[图 2-3(d)][11, 12]。2018 年最新批准的 PEG 化抗血友病因子①Ⅷ(商品名：JIVI®)即为采用巯基与马来酰亚胺的迈克尔加成反应制得的，目前市售的与蛋白质中巯基反应的多种树脂、荧光染料也均为马来酰亚胺衍生物。烯或炔与半胱氨酸中的巯基进行 thiol-ene 或 thiol-yne 反应均为自由基加成机理，偶联时需要光照或者自由基引发剂来引发反应。例如英国华威大

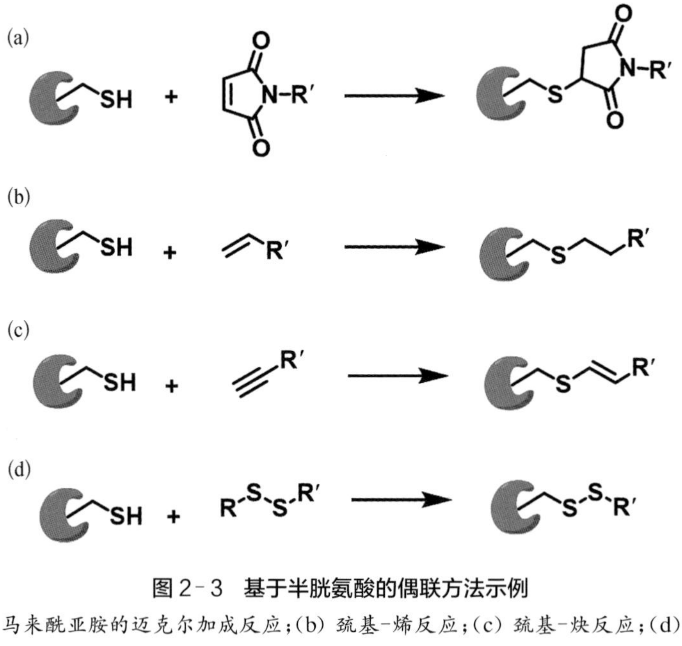

图 2-3　基于半胱氨酸的偶联方法示例

(a) 巯基与马来酰亚胺的迈克尔加成反应；(b) 巯基-烯反应；(c) 巯基-炔反应；(d) 二硫键的交换反应

---

① 抗血友病球蛋白又称为抗血友病因子。

学的 David M. Haddleton 教授将鲑降钙素中的半胱氨酸(由二硫键还原后得到,且不影响鲑降钙素活性)与端基修饰有烯键的聚乙二醇(分子量约为 20 kDa)通过 thiol-ene 反应成功偶联。[13]与 thiol-ene 反应相比,thiol-yne 反应可以进行两次偶联,可同时与蛋白质的两个半胱氨酸活性位点偶联,或者与来自两个相同或不同的蛋白质中的半胱氨酸同时偶联。[14]二硫键的交换反应则以吡啶二硫键中的巯基[图 2-3(d),R 为吡啶或吡啶衍生物]与半胱氨酸中的巯基交换反应最为常见,且反应条件较为温和(pH=7.0),目前已有多种含活泼二硫键的聚烯烃高分子与蛋白质半胱氨酸巯基通过二硫键交换实现偶联。[12,15]但该反应通常需要较高浓度或当量的二硫键反应物才可能达到中等转化率(约 50%),且生成的产物仍以二硫键连接,在还原性环境中易断裂。

在天然氨基酸中,酪氨酸残基的反应活性低于赖氨酸以及半胱氨酸,所以基于酪氨酸的蛋白质偶联的研究相对较少,且以小分子修饰为主,蛋白质-高分子的偶联仍较为罕见。美国加利福尼亚大学伯克利分校的 Matthew B. Francis 课题组在基于酪氨酸的蛋白质偶联方面做了十分深入的探索(图 2-4)。例如,Francis 等利用苯环上带有吸电子基团(如硝基)的重氮苯与酪氨酸酚羟基的邻位反应生成偶氮化合物以实现偶联,该反应条件较温和(pH=9.0,温度为 4 ℃),转化速度较快(<4 h),且对酪氨酸具有较好的选择性[图 2-4(a)]。[16]美国斯克利普斯研究所的 Carlos F. Barbas Ⅲ 等则进一步优化了重氮的抗离子,使得该反应的条件更加温和且快速(pH=8.0, 30 min, 室

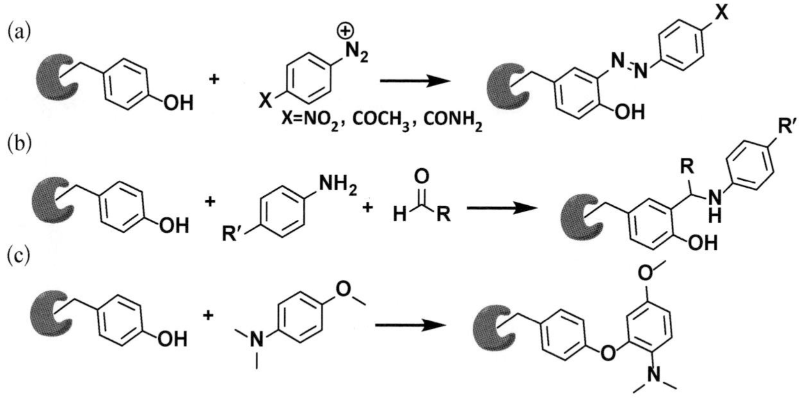

图 2-4 基于酪氨酸的偶联方法示例

(a) 酪氨酸与重氮化合物的偶联;(b) 酪氨酸参与的曼尼希(Mannich)反应;(c) 酪氨酸与富电子苯胺衍生物的偶联

温)。[17]酪氨酸参与的曼尼希三组分反应[图2-4(b)]条件温和,反应效率较高,能够同时引入至少两种官能团或修饰物。[18]2011年,Francis等又利用硝酸铈铵作为催化剂实现了对酪氨酸酚羟基的偶联反应[图2-4(c)],反应速度快(<1 h),需要的底物浓度相对较低。[19]虽然蛋白质中酪氨酸的丰度较低,便于控制偶联位点,但由于酪氨酸的疏水性,其在蛋白质表面的暴露程度较低,从而影响偶联效率,限制了其在蛋白质-高分子偶联中的应用。

蛋白质的 N-端氨基与赖氨酸侧链残基的反应活性具有一定差异,可加以利用以实现 N-端的特异偶联(图2-5)。由于氨基酸的 α-氨基的 pK_a($pK_a \approx 8$)低于赖氨酸 ε-氨基的 pK_a($pK_a \approx 10$),在微酸性(pH$\approx$6.3)条件下 N-端氨基较赖氨酸 ε-氨基质子化程度低,亲核性更强,因此可以通过控制反应体系的 pH 实现 N-端氨基的单一位点修饰。香港大学的 Che 和香港理工大学的 Wong 等在 pH=6.3 的条件下利用烯酮化合物与氨基的反应实现了对蛋白质 N-端氨基的选择性修饰[图2-5(b)],选择效率高达99%。[20]美国犹他大学的 Chou 则通过筛选一系列缓冲液(醋酸/醋酸钠,磷酸盐和柠檬酸钠,pH 为 3.3~10.0),最终在 pH=6.1 的柠檬酸缓冲液中成功实现了醛基

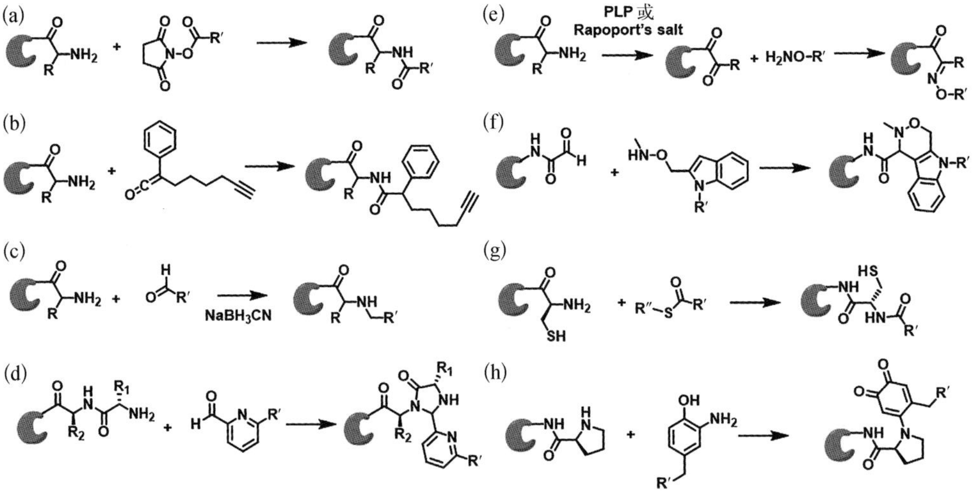

图2-5 基于蛋白质 N-端的偶联方法示例

(a) 蛋白质 N-端氨基与琥珀酰亚胺活性酯的偶联反应;(b) 蛋白质 N-端氨基与烯酮化合物的偶联;(c) 蛋白质 N-端氨基与醛基的特异性还原胺化;(d) 蛋白质 N-端氨基与2-吡啶甲醛衍生物的成环偶联;(e) 蛋白质 N-端衍生的双羰基醛或双羟基酮与胺氧的偶联;(f) 蛋白质 N-端氨基转化为醛基与色胺衍生物的成环偶联;(g) 蛋白质 N-端半胱氨酸与硫酯的自然化学连接反应;(h) 蛋白质 N-端脯氨酸与苯酚衍生物的偶联(Rapoport's salt:4-氰基苯肼盐酸盐)

与蛋白质N-端氨基的特异性还原胺化[图2-5(c)],[21]值得一提的是,临床中使用的第一个位点特异性偶联的聚乙二醇化蛋白质类药物(Neulasta®)是采用类似方法制得的。

另一种常用的实现蛋白质N-端特异偶联的方法是将N-端残基氧化为醛基再利用醛基可参与的化学反应进行后续的偶联。美国加利福尼亚大学伯克利分校的Francis等利用2-吡啶甲醛衍生物与蛋白质N-端氨基通过缩合与分子内成环两步串联反应得到了稳定的偶联物[图2-5(d)],在中性条件下即可实现蛋白质N-端(可为任意氨基酸)的快速高效修饰,并将分子量约为5 000的PEG成功地特异性修饰至模型蛋白核糖核酸酶A(RNaseA)的N-端。该修饰方法的偶联效率无明显氨基酸依赖性,具有较好的普适性。[22]Francis等还利用磷酸吡哆醛(PLP)将蛋白质N-端氧化成双羰基醛或双羟基酮,再与带有胺氧修饰的PEG(分子量约为2 000)反应,在pH=7.5的条件下,短时间(4 h)内即可得到较高的转化率;[23]而后其又将磷酸吡哆醛改为具有类似氧化功能的N-甲基-4-醛基吡啶和苯磺酸(Rapoport's salt),该试剂对谷氨酸具有一定的选择性[图2-5(e)],且能够实现抗体(anti-Her2)N-端与修饰有胺氧的PEG(分子量约为5 000)的偶联,但转化率偏低。[24]2013年,美国斯坦福大学的Bertozzi等利用改良的皮克特-施彭格勒(Pictet-Spengler)反应[图2-5(f)],在偏酸性(pH=5.0)条件下将色胺衍生物和醛(由蛋白质N-端氧化得到)通过两步串联反应实现了蛋白质N-端特异偶联。[25]

部分蛋白质N-端特异性修饰的方法依赖于特定的氨基酸残基。其中应用最为广泛的是基于N-端半胱氨酸与硫酯的自然化学连接[native chemical ligation, NCL,图2-5(g)]。[26]2008年,荷兰拉德堡德大学的Roland Brock教授将聚(N-羟丙基丙烯酰胺)(pPMPA)端基转化为苄基硫酯,并进一步与N-端为半胱氨酸的促凋亡活性肽实现高效偶联,[27]Francis则分别将$K_3[Fe(CN)_6]$、$NaIO_4$或者酪氨酸酶作为氧化剂或催化剂,利用苯酚衍生物对蛋白质N-端脯氨酸进行修饰,如图2-5(h)所示,反应条件比较温和,选择性较好且效率高。[28]

虽然蛋白质N-端特异的偶联方法繁多,但其他位置的位点特异性控制仍然具有相当大的挑战性,而非天然氨基酸插入技术为实现该目标提供了强有力的工具。美国斯克利普斯研究所的Peter G. Schultz课题组开创性地将源自古细菌的琥珀终止密码子(UAG)及其tRNA、氨酰-tRNA合成酶做定向进化及工程化改造,[29]成功实现了琥珀密码子编码的非天然氨基酸(unnatural amino acid, UAA)的定点插入,理论上可将其插入任意靶点位置。在这一领域研究者的共同推动下，人们成功地将百余个非天然氨基酸通过该技术插入各种蛋白质中。[30]其中含有生物正交反应活性基团的非天然氨基酸为人们提供了定点修饰蛋白质的化学把手，如对乙酰基-L-苯丙氨酸[pAcF，图2-6(1)]、N^ε-2-叠氮乙氧羰基-L-赖氨酸[NAEK，图2-6(17)]、环辛炔-氨基酸[图2-6(9)～(14)、(19)、(20)]和对 O-甲基四嗪-L-苯丙氨酸[pTetraF，图2-6(21)]等，从而可通过生物正交反应实现蛋白质-高分子的位点特异性偶联。利用该技术，Schultz 等用定点插入了 pAcF 的生长激素(human growth hormone，hGH)与胺氧修饰的 PEG 偶联，偶联位点明确且显著延长了所得 PEG 化蛋白的循环时间和药效。[31]该课题组还将 pAcF 插入抗 HER2 抗体中并利用该抗体与胺氧修饰的阳离子聚合物成功偶联，所得偶联物能实现靶向细胞的小干扰 RNA(small interfering RNA，siRNA)递送。[32]不过由于 pAcF 与胺氧的二级反应速率常数不高，且该反应通常需要较低的 pH(约为 4.5)，条件苛刻且偶联效率较低。北京大学周德敏课题组将含有叠氮基团的非天然氨基酸 NAEK 插入药物蛋白如 hGH 和人干扰素(IFN)α-2b 中，可以将其与环辛炔 DIBO 修饰的

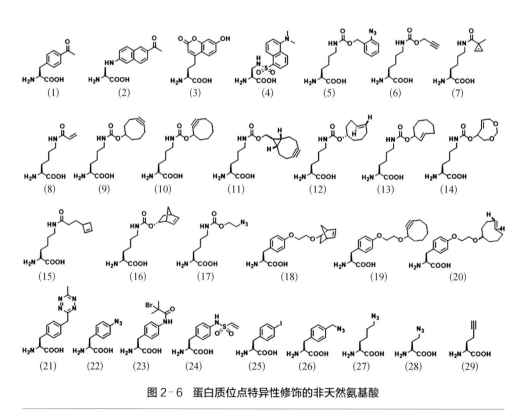

图 2-6　蛋白质位点特异性修饰的非天然氨基酸

PEG 通过环张力促进的环加成反应偶联。[33, 34]该反应可以在中性缓冲液、无铜催化剂的条件下进行,条件温和且产率高。在以上例子中,UAA 插入技术的最大优势在于可以精细地挑选并优化偶联位点,进而显著改善蛋白质-高分子偶联物的药学性质。该方法目前的局限性是技术门槛较高且部分 UAA 的插入效率有待改善,蛋白表达产率亟须提高。

定点的蛋白质-高分子偶联也可以通过一些具有底物序列选择性的酶促反应来实现。目前已经用于蛋白质-高分子偶联的酶主要有甲酰甘氨酸生成酶(formylglycine generating enzyme,FGE)、唾液酸转移酶(sialyltransferase,SiaT)、磷酸泛酰巯基乙胺基转移酶(phosphopantetheinyl transferase,PPTase)、半乳糖氧化酶(galactose oxidase,GAO)、转肽酶 A(sortaseA,SrtA)、转谷氨酰胺酶(transglutaminase,TGase)、蛋白质法尼基转移酶(protein farnesyltransferase,PFTase)、硫辛酸连接酶(lipoic acid ligase,LplA)等(表 2 - 1)。[35]

表 2 - 1 适用于蛋白质-高分子偶联的酶

编号	酶	识别的多肽序列(N→C)或小分子底物衍生物	序列位置
1	FGE	CXPXR 或 13 - mer LCTPSRGSLFTGR	C -端或 N -端
2	SiaT	唾液酸衍生物	—
3	PPTase	11 - mer DSLEFIASKLA,13 - mer VLDSLEFIASKLA 或 17 - mer GSQDVLDSLEFIASKLA	C -端或 N -端或柔性链
4	GAO	半乳糖衍生物	—
5	SrtA	LPXTG	任意位置
6	TGase	XXQXX	任意位置
7	LplA	GFEIDKVWYDLDA	C -端或 N -端或柔性链

以上酶促反应中,转肽酶(Srt)的应用最为广泛。[36]Srt 识别的是蛋白质序列中的 LPXTG(其中 X 为任意天然氨基酸)短肽序列,Srt 催化中心的活性巯基与氨基酸 T 形成硫酯中间体,甘氨酸及后续序列离去(图 2 - 7),而后另一种携带有 N -端寡聚甘氨酸序列(NH_2 - G_n)的底物亲核进攻硫酯,完成转肽反应。由于 Srt 催化的反应过程中离去的多肽和亲核进攻底物的 N -端均为甘氨酸,因此该酶促反应是一个可逆反应,转化效率受到限制。Srt 的另一个特点是底物的多特异性(promiscuity),[37]底物之一的 NH_2 - G_n 中甘氨酸的数目 n 为 1～5 时均可发生反应。美国麻省理工学院的 Hidde L. Ploegh

教授利用 Srt 成功将 PEG 偶联至多种蛋白质类药物。[38] 杜克大学的 Chilkoti 教授则利用 Srt 将聚合引发剂或链转移剂偶联至蛋白质,在蛋白质表面进行聚合,得到了多种蛋白质-高分子偶联物。[39, 40] 蛋白酶催化的偶联反应通常专一性好、速度快、条件温和,只需常规的分子生物学手段即可引入特定天然氨基酸序列而无须技术门槛更高的非天然氨基酸插入技术。

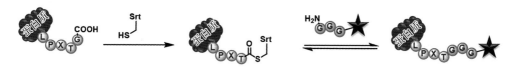

图 2-7　Srt 催化的反应过程

此外,内含肽剪切技术(intein/expressed protein ligation)也可用于蛋白质-高分子偶联。如图 2-8 所示,在蛋白质表达过程中引入内含肽序列,蛋白与硫醇试剂孵育过程中便可通过内含肽自剪切得到 C-端硫酯结构,用于 NCL 反应。[41] 美国麻省理工学院的 Bradley D. Olsen 课题组利用该方法将绿色荧光蛋白的 C-端转化为硫酯,实现了多种修饰有半胱氨酸的聚合物的高效偶联。[42]

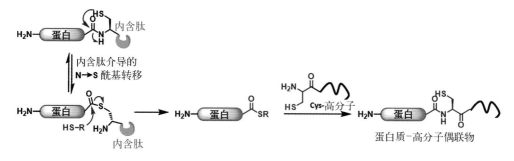

图 2-8　内含肽剪切-自然化学连接反应

2.2.2　grafting-from 偶联

grafting-from 是指将小分子引发剂(或链转移剂)连接至蛋白表面,并将其作为大分子引发剂(或链转移剂)与小分子单体混合,在适当条件下引发聚合反应,原位得到蛋白质-高分子偶联物。与 grafting-to 法中大分子之间的反应不同,grafting-from 法则是大分子与小分子单体之间的反应,理论上效率更高,且产物较易分离纯化。目前grafting-from法制备蛋白质-高分子偶联物最常用的两种聚合方法是原子转移自由基聚合(atom transfer radical polymerization,ATRP)和可逆加成-断裂链转移聚合(reversible addition-fragmentation chain transfer polymerization,RAFT)两种活性自由基聚合方法。2005年美国加利福尼亚大学洛杉矶分校的 Heather D. Maynard 和 2007年澳大利亚新南威尔士大学的 Thomas P. Davis 先后将 ATRP[43] 和 RAFT[44] 应用到grafting-from法制备蛋白质-高分子偶联物[图 2-9(a)(b)]。杜克大学的 Chilkoti 和清华大学的高卫平利用 Srt 在蛋白质的 C-端特异性引入链转移剂或引发剂,从而利用grafting-from法制备了一系列 N-端或 C-端特异的蛋白质-高分子偶联物。[47]美国卡内基梅隆大学的 Krzysztof Matyjaszewski 和杜克大学的 Chilkoti 等合作,利用上述 Srt引入链引发剂,随后通过聚合反应制备了侧链带有低聚乙二醇的刷状聚合物-艾塞那肽(降血糖药物)偶联物。[48]由于蛋白质大分子引发剂或链转移剂引发效率较低,通常需要较高的蛋白质或单体浓度,易影响蛋白质的活性甚至导致蛋白质沉淀,英国华威大学的David M. Haddleton 和苏州大学的陈红合作,在聚合体系中加入光引发剂(2,4,6-三甲基苯甲酰)苯基膦酸钠(TPO-Na),成功地在焦磷酸酶表面实现了可见光($\lambda = 420$ nm)调控的 RAFT,得到焦磷酸酶-聚(N-异丙基)丙烯酰胺偶联物,并较好地保留了蛋白质的活性。[49]美国佛罗里达大学的 Brent S. Sumerlin 则利用曙红 Y 为光催化剂,实现了光照($\lambda = 460$ nm)调控的溶菌酶表面的 RAFT。[50]除了活性自由基聚合,2015年美国凯斯西储大学(Case Western Reserve University)的 Pokorski 等制备了水溶性格拉布(Grubbs)催化剂及水溶性降冰片烯单体,从而将开环易位聚合(ring-opening metathesis polymerization,ROMP)成功应用至 grafting-from 法用以制备蛋白质-高分子偶联物[图 2-9(c)]。[45]2020年,北京大学的吕华课题组利用蛋白质的活性半胱氨酸巯基在冷冻环境(-30 ℃)下引发 1,2-二硫戊环衍生物的开环聚合反应[图 2-9(d)],可控制备了蛋白质-聚二硫化物偶联物。[46]该方法通过降温提高了聚合反应的平衡常数,冷冻效应则迫使底物在形成冰晶的过程中被挤出到未结冰的液相中,从而导致底物的局部浓度升高,促使在室温下无法进行的聚合反应得以在冷冻条件下快速发生并达到平衡(2 h)。通过该方法可以得到分子量分布较窄的偶联物,且能在还原剂二硫苏糖醇(DTT)或谷胱甘肽(GSH)的作用下实现蛋白质的无痕释放,酶活实验验证了所释放蛋白质的功能不受显著影响。聚二硫化物优异的细胞膜穿透能力及胞内还原性响应的释放,赋予了此类偶联物在蛋白质类药物递送方面应用的巨大潜力。而这种冷冻聚合

（cryopolymerization）的方法预期也会为其他类型的 grafting-from 法合成蛋白质-高分子偶联物带来启发。

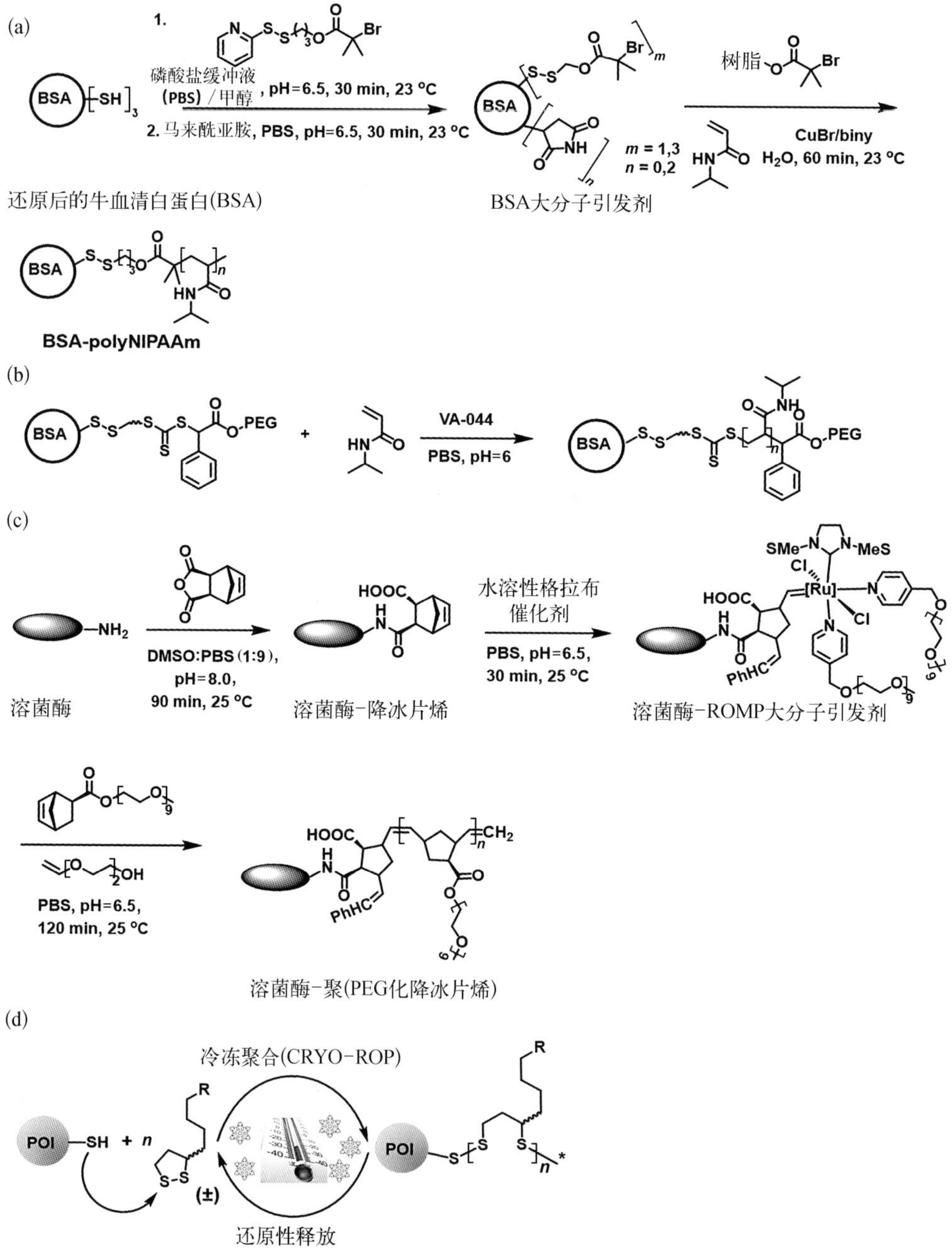

图 2-9 grafting-from 蛋白质-高分子偶联示例

（a）ATRP;[43]（b）RAFT;[44]（c）ROMP;[45]（d）蛋白质引发的 1,2-二硫戊环衍生物的开环聚合反应[46]

2.3 蛋白质 PEG 化及潜在的 PEG 替代高分子材料

蛋白质-高分子偶联物的发展始于蛋白质 PEG 化(PEGylation)修饰。经过几十年的发展,成果显著,尤其是 22 种 PEG 化蛋白质类药物的批准上市使之成为目前最成功的长效蛋白技术之一。然而,随着 PEG 化蛋白质的广泛使用与研究的不断深入,PEG 的局限性也逐渐浮出水面并引起了从业人员的广泛关注。为此,新型高分子,尤其是可降解高分子,被不断应用于蛋白质修饰以替代 PEG,以期进一步改善蛋白质的物理性质和体内药学性质。[51]

2.3.1 蛋白质 PEG 化

聚乙二醇由环氧乙烷聚合而成,化学式为 $HO—(CH_2CH_2O)_n—H$,端基为羟基。在蛋白质修饰中,为避免交联等副反应的发生,通常采用单甲氧基封闭一端,另一端为具有偶联反应活性的氨基、巯基、羧基及其衍生官能团(如活化酯、马来酰亚胺、酰肼等)。PEG 由于具有以下优良性质而被广泛应用于药物(不局限于蛋白质)修饰:(1) 不带电荷,呈电中性;(2) 水溶性好,在水溶液中具有较大的排阻体积,研究表明,PEG 分子中每个氧乙烯基单元可结合 6～7 个水分子,其分子主链的柔性及其与水分子的结合能力使 PEG 的排阻体积是相同分子量蛋白排阻体积的 5～10 倍;(3) PEG 具有化学惰性,适用的生物分子种类繁多,从小分子到蛋白质均可通过修饰来改善其体内药效;(4) 安全性好,PEG 的生物相容性已经通过 FDA 认证,是迄今为止细胞吸收水平最低的高分子之一,单独以普通剂量注射时并不会引起明显的免疫反应,但在非常高的剂量(10 g/kg)或长期注射(大于三个月)时会出现肾小管空泡化;(5) 阴离子开环聚合制备 PEG 技术较为成熟,分子量可在 2～40 kDa 范围内较为精确地控制,且分散度窄;(6) PEG 无侧链,空间位阻小,较其他高分子偶联效率高。[52]由于以上优良性质,PEG 在日常生活用品如药物制剂、助剂、牙膏、化妆品甚至食品等中作为添加剂的使用也非常广泛。

1977 年,Abuchowski A 等将 PEG 修饰至牛血清白蛋白(BSA),由此开启了 PEG 化蛋白质的研究热潮。[53] 1990 年,PEG-腺苷脱氨酶(Adagen®,用于重症免疫综合征的治疗)被 FDA 批准成为第一个上市的 PEG 化药物蛋白,PEG 化技术自此得到了迅速发展。至今,已有二十多种 PEG 化蛋白质类药物用于临床(表 2-2)。其中,Neulasta®和 Plegridy®是将 PEG 特异性偶联至蛋白质 N-端,JIVI®是将 PEG 特异性偶联至点突变引入的半胱氨酸(K1804C),表 2-2 中其他药物的 PEG 化位点均为非特异性标记,产物往往是不同位点偶联的混合产物,不仅偶联位置不固定,偶联的数目也不同。这种异质性不仅提高了后续分离纯化的难度,也不利于产品批次之间的质量控制。更重要的是,产物异质性可能会严重影响蛋白质的活性,[54, 55]降低蛋白质的生物利用度。

表 2-2 FDA 批准上市的 PEG 化蛋白质类药物

商品名	PEG 的分子量 /Da	蛋白质	治疗的疾病	公 司	批准时间 /年
Adagen®	5 000 (11~17 条)	腺苷脱氨酶	重症联合免疫缺陷 (ADA-SCID)	Enzon	1990
Oncaspar®	5 000 (69~82 条)	天冬酰胺酶	急性淋巴细胞白血病	Enzon	1994
PEG-Intron®	12 000 (1 条)	干扰素 α-2b	丙型肝炎	Schering-Plough/Enzon	2001
Pegasys®	40 000 (1 条枝化的)	干扰素 α-2a	丙型肝炎	Roche	2002
Neulasta®	20 000 (1 条)	粒细胞集落刺激因子	嗜中性白细胞减少症	Amgen/Nektar	2002
Somavert®	5 000 (4~6 条)	hGH 重组人生长激素	肢端肥大症	Pfizer/Nektar	2003
Mircera®	30 000 (1 条)	重组人红细胞生成素	贫血及慢性肾功能衰竭	Roche	2007
Cimzia®	40 000 (1 条枝化的)	Anti-TNF Fab	类风湿性关节炎和克罗恩病	UCB	2009
Krystexxa®	10 000 (约 40 条)	重组尿酸酶	成年中慢性痛风	Savient pharmaceuticals	2010
Sylatron™	12 000 (1 条)	干扰素 α-2b	黑色素瘤	MSD	2011
Omontys®	40 000 (1 条枝化的)	红细胞生成刺激素	慢性肾脏疾病相关性贫血	Affymax/Takeda	2012
Plegridy®	20 000 (1 条)	干扰素 β-1a	成人多发性硬化症	Biogen Idec	2014
Adynovate®	20 000 (1 条或多条)	抗血友病因子Ⅷ	血友病 A	Baxalta	2015

商品名	PEG 的分子量/Da	蛋白质	治疗的疾病	公　司	批准时间/年
Rebinyn®	40 000（1 条）	抗血友病因子Ⅳ	血友病 B	Novo Nordisk	2017
Palynziq	20 000（约 9 条）	苯丙氨酸解氨酶	苯丙酮尿症	Biomarin Pharm aceutical	2018
JIVI®	60 000（枝化的）	抗血友病因子Ⅷ	血友病 A	Bayer	2018
Asparlas	5 000（31～39 条）	天冬酰胺酶	急性淋巴细胞白血病	Servier Pharm aceutical	2018
Fulphila®	2 000（1 条）	粒细胞集落刺激因子	化疗期间感染	Mylan GmbH	2018
Revcovi™	80 000（1 条）	重组腺苷脱氨酶	腺苷脱氨酶缺乏型重症联合免疫缺陷（ADA - SCID）	Leadiant Biosciences	2018
Udenyca®	20 000（1 条）	粒细胞集落刺激因子	化疗期间感染	Coherus Biosciences	2018
Ziextenzo®	20 000（1 条）	粒细胞集落刺激因子	化疗期间感染	Sandoz	2019
Esperoct®	40 000（1 条）	抗血友病因子Ⅷ	血友病 A	Novo Nordisk	2019

PEG 表面形成的水合层能够降低药物表面免疫调理素等蛋白质的吸附,从而降低肝和脾等部位吞噬细胞的吞噬作用,继而削弱生物体内抗药物抗体(anti-drug antibodies, ADAs)的产生。因此,多数情况下 PEG 具有优异的"生物隐身"功能,作为载体被广泛用于修饰各类小分子药物、蛋白质、脂质体等。然而,近年来大量证据表明重复暴露在免疫系统下的 PEG 也能够被吞噬细胞识别并吞噬,继而引起免疫反应产生抗 PEG 抗体;在反复注射时,这些抗 PEG 抗体会显著加速 PEG 化药物在血液中的清除。[56] 早在 2000 年,就有研究者发现 PEG 修饰的脂质体在第二次体内注射 4 h 后血液中的浓度与第一次相比出现了显著性下降,并将这种现象称为加速血液清除(accelerated blood clearance, ABC)效应。[57] 2007 年,日本德岛大学的 Hiroshi Kiwada 初步阐明了 ABC 效应与血液中抗 PEG 抗体水平,尤其是 IgM 亚型,有明显关联。[58] 随后,美国加利福尼亚大学伯克利分校的 Fréchet 和美国加利福尼亚大学旧金山分校的 Szoka 等平行比较了多种亲水性高分子如 PEG、聚(N -羟丙基甲基丙烯酰胺)(PHPMA)、聚乙烯基吡咯烷酮(PVP)等修饰后的脂质体在重复注射后的血液浓度,发现 PEG 的

ABC 效应尤为显著。[59]不仅如此，PEG 化的微乳剂、无机纳米粒子、聚合物纳米粒子以及蛋白质类药物等在反复注射时 ABC 现象均十分普遍，[56]且随着表面 PEG 密度的增加，[60]ABC 效应增强。ABC 效应不仅出现于动物实验中，大量的临床证据也证实了 ABC 效应的存在。[61]比如临床试验结果表明 Oncaspar（PEG 化门冬酰胺酶）在血液中的活性和其抗 PEG 抗体的水平密切相关：在总计接受 Oncaspar 给药的 28 人中，仅有 13 人（46.4%）的血液中检测到 Oncaspar 的活性，15 人（53.6%）血液中的 Oncaspar 几乎无任何活性。在 13 名有药物活性的病人血液中，仅有 1 例样本为抗 PEG 抗体阳性（7.7%）；而在另外 15 名无药物活性的病人血液中，有 13 例为抗 PEG 抗体阳性（86.7%）。不仅如此，由于 PEG 在日常生活中的广泛使用，在健康人群体内预存抗 PEG 抗体水平阳性的比例由 1984 年的 0.2% 飙升至 2003 年的 25%，并进一步提高至 2015 年的 42%。这表明部分患者在接受 PEG 化蛋白质类药物治疗前即存在抗 PEG 抗体，可能会使药物的疗效在其体内大打折扣。由于该现象还处在逐年上涨的趋势，这在未来会进一步增加含 PEG 药物的使用风险。FDA 2014 年发布的免疫原性检查指南要求所有新的 PEG 化药物在临床申报时必须出具抗 PEG 抗体及其相关副作用的临床数据。2020 年新冠肺炎疫情肆虐全球，Pfizer - BioNTech 及 Moderna 公司迅速发展了 2 款基于 PEG -脂质体/mRNA 的新冠疫苗并获得 FDA 紧急授权使用批准（EUA）。早期临床数据表明 Pfizer - BioNTech 的疫苗在临床中所造成的严重过敏率超过常规疫苗的 10 倍，而 Moderna 某个批次（批号 041L20A）的 30 万支疫苗也因过多接种者出现严重过敏反应而在 2021 年 1 月被加利福尼亚州政府紧急召回。《新英格兰医学杂志》撰文分析认为疫苗中的 PEG 辅料极有可能是罪魁祸首，[62]美国 CDC 在后续接种筛查时排除了具有已知或潜在 PEG 过敏史的志愿者。综上，PEG 的慢性毒副作用及抗 PEG 抗体所导致的药物加速清除效应和人体的严重过敏反应已逐渐成为阻碍 PEG 化蛋白临床应用的巨大障碍和必须解决的临床问题。值得一提的是，PEG 的种种局限性与其难以降解的化学本质有紧密关联。

2.3.2 潜在的 PEG 替代高分子材料

随着 PEG 化药物的临床困境逐渐为人们所认识，研究者试图发展新的策略，其中寻找合适的 PEG 替代高分子材料（图 2 - 10）成为研究的热点。[51]目前，已有多种生物相容性较好的高分子如聚 2 -甲基丙烯酰氧乙基磷酰胆碱［poly（2 - methacryloyloxyethyl phosphorylcholine），PMPC]等被 FDA 批准作为食品包装材料的添加剂、医疗器械的涂层或者药物载体使用，[63, 64]但其在药物蛋白质-高分子偶联物中的应用尚未得到临床实验的证明。

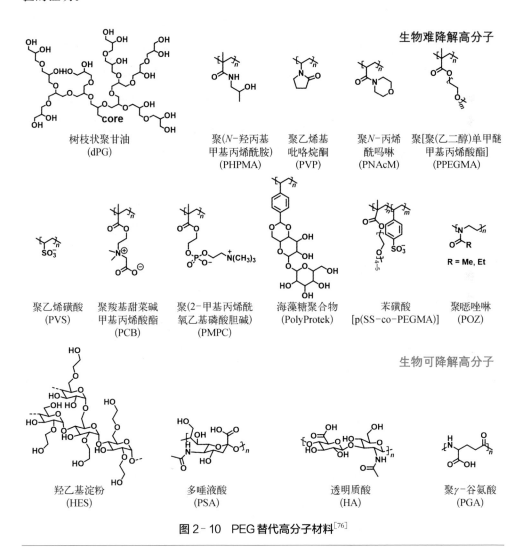

图 2-10　PEG 替代高分子材料[76]

德国柏林自由大学的 Haag 教授提出用树枝状聚甘油（dendritic polyglycerol, dPG）作为 PEG 的替代物。[65]与 PEG 类似，该聚合物的主链结构亦为聚醚，高度枝化的三维立体结构提供了大量分子内部空穴和末端官能团等，有利于纳米药物的封装、末端多价性修饰及生物隐身等，如末端磺酸基修饰的 dPG 可作为肝素的替代物，且相比于肝素，末端磺酸基化 dPG 能够更有效地延长部分促凝血酶原激酶和凝血酶的激活时间，抑制补体激活带来的免疫反应。[66] 自由基聚合如 ATRP 或者 RAFT 所制备的主链为碳碳双键的聚（甲基）丙烯酸酯（酰胺）是另一大类潜在的 PEG 替代高分子；得益于其侧链的可修饰性，结构较为丰富多样。聚（N-羟丙基甲基丙烯酰胺）（PHPMA）自 1973 年被美国犹他大学的 Jindrich Kopeček 实验室合成报道以来，[67] 以其良好的水溶性和生物相容性在生物应用中取得了良好进展。[68] 其中，PHPMA-Dox 的偶联物是第一个合成高分子-抗癌药物偶联物，并在 1994 年进入临床研究，而后又有多种 PHPMA-抗癌药物（紫杉醇、喜树碱、铂酸盐等）偶联物进入临床试验。PHPMA 与药物蛋白如白介素-2（IL-2）偶联能够有效改善 IL-2 体内的药学表现。[69] 聚乙烯基吡咯烷酮（PVP）在体内研究中未表现出明显毒性，但 PVP 和 PNAcM 与尿酸酶偶联后，体内第一次给药时即产生了抗高分子抗体。[70] 为了进一步寻找可以替代聚乙二醇的高分子，研究者将抗蛋白吸附能力较好的两性离子用于修饰甲基丙烯酸酯单体，合成了一系列侧链含有两性离子的高分子如 PCB 和 PMPC，且其与蛋白质的偶联物能够显著降低蛋白质类药物的免疫原性，[71, 72] 并提高蛋白质的活性或体内药效。[73] 美国加利福尼亚大学洛杉矶分校的 Maynard 课题组近年来发展了海藻糖聚合物（PolyProtek）[74, 75] 和苯磺酸[p(SS-co-PEGMA)][12] 侧链的聚烯烃类高分子，显著改善了蛋白质的物理性质如热稳定性，且能耐受反复冻-融。聚噁唑啉（POZ）也常被建议作为 PEG 替代物应用于小分子载药和蛋白质偶联；然而与 PEG 类似，POZ 也会发生显著的 ABC 效应。[59] 不过，以上高分子在体内均难以降解，随着 PHPMA 的临床相关研究（PNU166945、PCNU166148）遭遇挫折，如何提高聚合物的可降解性变得越发重要。

为了克服合成高分子不可降解的局限性，部分天然高分子如羟乙基淀粉（HES）、多唾液酸（PSA）和透明质酸（HA）等相继进入研究者的视野。例如 HES 是一种将玉米或土豆中的支链淀粉经羟乙基化后形成的高分子，其在血液中被 α-淀粉酶降解的速率较羟乙基化前显著降低，常被用来扩充失血较多患者的血浆容量。德国费森尤斯卡比（Fresenius-Kabi）公司用 HES 修饰的促红细胞生成素（erythropoietin，EPO）在体内外均表现出与 Mircera（PEG 化 EPO）相当的效果，并且 HES 修饰的其他蛋白质类药物（如 IFNα、G-CSF 等）的效果亦颇为可观。[77] 不过 HES 在使用过程中会累积在肝脏、肾脏甚至骨髓中，导致肾损伤甚至威胁重症病人的生命，[78] 因此其安全性仍然具有一定的争议。其他的天然高分子材料如多唾液酸和透明质酸等都能够在一定程度上改善蛋白质的性质，但受限于以上多糖高分子的异质性，其体内的安全性与免疫原性仍然有待更多证据的阐明。

2.4 蛋白质的聚氨基酸化

合成聚多肽，亦称为聚氨基酸[poly(α-amino acid)，PαAA]，是一类由 α-氨基酸为重复单元、以肽键为主链的仿生高分子，通常由 N-羧基内酸酐(N-carboxyanhydrides，NCA)开环聚合得到。聚氨基酸可在蛋白酶的作用下水解，最终降解为短肽或氨基酸单体，具有良好的生物相容性和生物可降解性。此外，可用于 NCA 合成的氨基酸种类多样，包括天然氨基酸和非天然氨基酸，这极大地丰富了聚氨基酸的侧链结构。聚氨基酸区别于其他合成高分子的一大特征是可形成与蛋白质类似的多级结构(hierarchical structure)：氨基酸序列构成了聚氨基酸链的一级结构，聚氨基酸可通过主链氢键有规则地卷曲折叠形成具有 α-螺旋、β-折叠等规整有序的二级结构，不同侧链之间还可能通过多种非共价相互作用使链段进一步折叠形成特定的三级结构。聚氨基酸的以上特性使其成为极具潜力的 PEG 替代物。

聚氨基酸作为药物、药物载体或其他类型的生物材料已被广泛用于人体或动物实验中。醋酸格拉替雷(glatiramer acetate，商品名 Copaxone®)是基于谷氨酸、丙氨酸、赖氨酸和酪氨酸四种氨基酸的 NCA 单体开环共聚所得到的无规共聚物，在 20 世纪 60 年代末、70 年代初被意外发现可治疗多发性硬化症，并于 1996 年被正式批准为该疾病的一线治疗药物，2012 年全球销售额高达 40 亿美元。聚谷氨酸[poly(L-glutamic acid)，PGA]则是最早作为药物载体被研究的聚氨基酸，现已被 FDA 批准作为食品或化妆品的增稠剂使用，PGA-紫杉醇偶联物则在 2005 年进入Ⅲ期临床试验。[79]日本东京大学的 Kataoka 课题组和日本国立癌症研究中心医院东病院的 Yasuhiro Matsumura 以 PEG-PGA 嵌段高分子作为载体，与 SN-38、顺铂、奥沙利铂等小分子抗癌药形成一系列纳米药物(NK012、NC-6004、NC-4016)，并进入临床研究。[80]临床试验表明，以 PGA 为载体的纳米药物不仅显著提高了小分子的药效，并且降低了药物的毒副作用(例如降低了铂类药物的神经系统毒性和肾毒性等)。此外，还有数个以聚 L-天冬氨酸为载体的纳米药物进入临床研究(NK105、NK911、NC-6300 等)。美国加利福尼亚大学洛杉矶分校的 Deming、[81, 82]得克萨斯大学 MD Anderson 癌症中心的 Chun Li、[79]长春应用化学研究所的陈学思团队、[83]美国伊利诺伊大学香槟分校的 Jianjun Cheng[84-87]等以聚氨基酸为材料，发展了多种药物、质粒和 siRNA 的水凝胶药物缓释体系或纳米药物递送体系，并取得了显著的治疗效果。此外，聚氨基酸在抗菌、凝胶及表面防污等领域均表现出优异的性质和显著的效果,在医疗器械的表面应用及组织再生等方面极具应用潜力。[82, 84, 88, 89]可见,聚氨基酸作为 PEG 的替代材料具有较高的可行性与诱人的应用前景。

2.4.1 聚氨基酸的合成

NCA 开环聚合法能够在短时间内以公斤级制备高分子量的聚 α-氨基酸,是目前制备聚氨基酸最为常用的方法。NCA 单体在 1906 年第一次由 Leuchs 制备,[90]常用的聚合引发剂为伯胺,聚合过程中 NCA 单体被聚合物链末端的氨基亲核进攻生成肽键并释放一分子二氧化碳。[91]Deming 采用零价钴和镍的络合物作为催化剂引发 NCA 聚合得到分子量可控和分散度较低的聚氨基酸,[92]首次真正实现了 NCA 的活性开环聚合。随后,研究者们逐渐发展了多种可控的 NCA 开环聚合体系,如 Hadjichristidis 开发的硫脲与多氟醇催化剂,[93, 94]Schlaad[95] 和 Vicent[96] 分别报道的伯胺盐酸盐和四氟硼酸盐引发体系,Lin[97] 等采用的 Pt(Ⅱ)复合物、浙江大学凌君[98] 等开发的稀土金属引发剂等。美国伊利诺伊大学香槟分校的 Cheng 课题组开发的有机硅胺类引发剂[99]在保证聚合可控度的同时对 NCA 单体具有较好的官能团耐受性和兼容性,进一步丰富了聚氨基酸材料的多样性。NCA 单体对水敏感,其聚合反应通常需要手套箱及无水溶剂,若能在敞开体系用普通溶剂甚至是水相实现 NCA 可控聚合将是该领域的突破性进展。华东理工大学刘润辉研究小组利用六甲基二硅基氨基锂快速引发 NCA 聚合,可在手套箱外敞口容器中实现 NCA 开环聚合。[100]美国伊利诺伊大学香槟分校的 Cheng 在制备刷状聚氨基酸时发现了 NCA 在二氯甲烷等低极性溶剂中聚合时具有特殊的螺旋结构协同自加速效应,[101]该课题组随后利用该效应实现了以 PEG-NH$_2$ 为引发剂,在二氯甲烷-水界面处的 NCA 聚合。[102]该方法操作简单方便,反应速度快,且分子量高度可控,可方便制备多嵌段聚多肽。[103]同济大学杜建忠利用聚乙二醇胺作为大分子引发剂在四氢呋喃中引发 L-苯丙氨酸 NCA 单体聚合,在敞口容器低温(如 10 ℃)的条件下进行聚合诱导自组装(polymerization-induced self-assembly, PISA),得到了基于聚氨基酸的聚合物囊泡结构。该方法操作简便,无须额外的催化剂或链转移剂,规避了 RAFT 等聚合手段进行 PISA 所要求的高温、无氧的严苛条件等。[104]Heise 则以两亲性聚多肽为乳化剂实现了 NCA 在水相中的乳液聚合及自组装。[105]法国波尔多大学的 Lecommandoux 和 Bonduelle 则利用聚乙二醇胺为引发剂和 L-谷氨酸苄酯 NCA 在碳酸氢钠水溶液中(pH=8.5)实现了聚合诱导自组装,得到形态均一的聚合物纳米粒子。[106]总而言之,聚氨基酸制备方法和手段日益丰富且成熟，为蛋白质的聚氨基酸化奠定了坚实的材料基础。

2.4.2　蛋白质-聚氨基酸偶联物合成方法

虽然蛋白质-高分子偶联的研究历史已有将近 50 年，但直至近 10 年蛋白质-聚氨基酸偶联物才渐渐进入科学家的研究视野。2011 年，瑞士苏黎世联邦理工学院的 Peter Walde 课题组将苯肼基团修饰至聚赖氨酸，与带有醛基的糜蛋白酶或辣根过氧化物酶（HRP）反应首次得到蛋白酶-聚赖氨酸偶联物[图 2 - 11(a)]。[107] 随后，加拿大多伦多大学的 Mitchell A. Winnik 课题组利用类似方法制备了抗体-聚谷氨酰胺偶联物。[108] 2014 年，西班牙 Vicent 研究小组利用二硫键交换反应得到了溶菌酶-聚谷氨酸偶联物[图 2 - 11(b)]。[109] 2018 年美国华盛顿大学的 Shaoyi Jiang 通过巯基与马来酰亚胺的迈克尔加成反应[图 2 - 11(c)]成功地将两性离子聚氨基酸修饰至尿酸氧化酶[又称为尿酸酶（uricase，URI）]表面，有效改善了尿酸酶的免疫原性。[72] 遗憾的是以上蛋白质-聚氨基酸偶联反应都是基于传统的偶联方法，缺乏位点选择性。

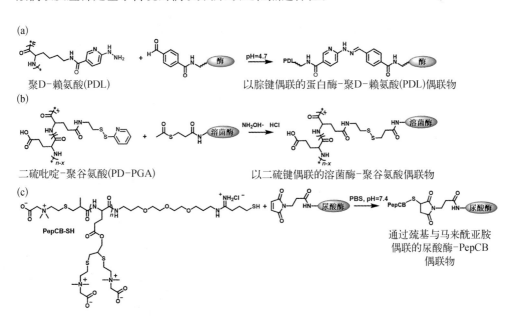

图 2 - 11　无规标记的蛋白质-聚氨基酸偶联 [76]

（a）基于苯肼-醛基反应的蛋白质-聚氨基酸的偶联方法；（b）基于二硫键交换反应的蛋白质-聚氨基酸的偶联方法；（c）基于巯基-马来酰亚胺迈克尔加成反应的蛋白质-聚氨基酸偶联方法［PepCB：聚（羧酸甜菜碱-谷氨酸）］

蛋白质与聚氨基酸的偶联效率通常不佳且缺乏位点控制，导致产物不均一，难以分析其构效关系。为了实现定点偶联并提高步骤经济性，北京大学吕华课题组提出原位官能团化策略，发展了多种简洁且定点的蛋白质偶联方法，显著提高了聚氨基酸与蛋白质拼接的合成效率。他们首先发展了两个基于硫醚的自然化学连接反应（NCA）可控聚合引发剂——三甲基硅苯硫醚与三甲基锡苯硫醚［PhS-TMS 和 PhS-SnMe₃，图 2-12（a）］。以上引发剂可在聚氨基酸末端原位构筑苯硫酯官能团，再通过 NCL 在温和条件下将聚氨基酸与含 N-端半胱氨酸（N-Cys）的蛋白质偶联，两步即可制备 N-端特异的蛋白质-聚氨基酸偶联物（12 h，60%～95% 的转化率）。[110, 111] 由于苯硫酯是一个活泼的官能团，在高分子合成前预先引入会为后续化学转化带来副反应与不确定性。而该方法有效地将活性官能团原位引入聚氨基酸，避免了烦琐的保护-脱保护步骤，显著提高了合成的步骤经济性。他们随后又利用甘氨酸 NCA 聚合制备了原位官能团化的 N-端

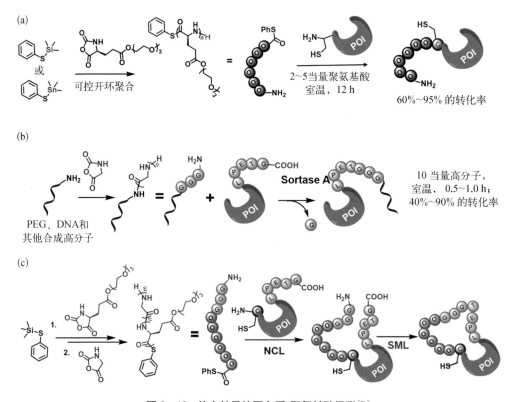

图 2-12　位点特异的蛋白质-聚氨基酸偶联[76]

（a）蛋白质 N-端特异性聚氨基酸化；（b）转肽酶介导的蛋白质 C-端特异性聚氨基酸化；（c）用 NCL 和 SML 制备的大环状蛋白质-聚氨基酸偶联物

寡聚甘氨酸用于分选酶(sortase A)介导的转肽拼接(SML)。如前文所述,Sortase A 是一个转肽酶,催化多肽底物 LPXTG 标签(X 为任意天然氨基酸)与 N-端寡聚甘氨酸(NH_2-G_n)拼接生成 LPXT-G_n(此处"-"为新生成的肽键)。利用 Sortase A 的底物多特异性,他们用甘氨酸 NCA 开环聚合可原位构筑 N-端寡聚甘氨酸(NH_2-G_n),并将其作为底物与含 LPXTG 标签的蛋白质发生酶促反应的 C-端特异性偶联[图 2-12 (b)]。该方法成功地将原本局限于多肽与蛋白质的反应巧妙地拓展至各类合成高分子。更为有趣的是,将上述两种原位官能团化策略联合使用,即可一锅制备出一端为苯硫酯,另一端为 NH_2-G_n 的异遥爪(heterotelechelic)聚氨基酸。将其与同时含 N-端半胱氨酸和 C-端 LPXTG(均可通过标准分子克隆引入)的蛋白质混合,在稀溶液中经过连续的 NCL 及 SML,可得到大环状蛋白质-聚氨基酸偶联物[图 2-12 (c)]。

2.4.3　聚氨基酸化蛋白质类药物的生物医药应用

蛋白质的聚氨基酸化仍然处于起步和探索阶段,其研究进展目前主要体现在延长血液循环时间、拓扑结构增强蛋白质类药物的肿瘤渗透性以及降低蛋白质类药物的免疫原性等方面。

对蛋白质类药物进行高分子修饰,普遍情况下可有效提高蛋白质的稳定性,延长蛋白质类药物的体内循环半衰期,但由于分子尺寸的增大,不可避免地会降低偶联物的药物活性及其组织渗透性。为了平衡蛋白质类药物的药物活性、血液循环时间和组织渗透性,北京大学吕华课题组探讨了蛋白质-聚氨基酸偶联物的拓扑结构效应。他们合成了侧链为三缩乙二醇单甲醚的聚谷氨酸酯[P(EG_3Glu)$_{20}$,摩尔质量≈5 000～6 000 g/mol],以干扰素为模型药物蛋白,[112] 利用 NCL 和 SML 制备了 3 个化学组成相似但空间拓扑结构不同的干扰素-聚氨基酸偶联物,分别为 N-端干扰素-聚氨基酸偶联物[N-P(EG_3Glu)$_{20}$-IFN]、C-端干扰素-聚氨基酸偶联物[C-IFN-P(EG_3Glu)$_{20}$]及大环状干扰素-聚氨基酸偶联物[$circ$-P(EG_3Glu)$_{20}$-IFN][图2-13(a)]。他们还用 SML 制备了干扰素-聚乙二醇偶联物[C-IFN-PEG,PEG 的摩尔质量≈5 000 g/mol]作为阳性对照。在体外研究中,相较于其他偶联物,大环状干扰素-聚氨基酸偶联物在热稳定性、胰蛋白酶耐受性以及抑制肿瘤细胞生长等方面均表现出显著优势。在体内药代动力学研究中,N-P(EG_3Glu)$_{20}$-IFN、C-IFN-P(EG_3Glu)$_{20}$、$circ$-P(EG_3Glu)$_{20}$-IFN 和 C-IFN-PEG 的血液循环半衰期分别为 6.3 h、3.5 h、8.3 h 和4.1 h,分别为野生型干扰素血液循环半衰期

（0.5 h）的 12.6 倍、7.0 倍、16.6 倍和 8.2 倍。这表明聚氨基酸 $P(EG_3Glu)_{20}$ 与相同分子量的 PEG 具有相似的延长血液循环时间的功能。有意思的是 $circ\text{-}P(EG_3Glu)_{20}\text{-}IFN$ 的各项药学性质均优于其他偶联物。在裸鼠体内构建的人卵巢癌肿瘤模型的研究中 [图 2-13（b）]，$circ\text{-}P(EG_3Glu)_{20}\text{-}IFN$ 亦表现出显著优于其他线性偶联物的抑瘤疗效，且大部分小鼠 $\left(\text{约}\frac{2}{3}\right)$ 在给药周期结束后肿瘤消失。利用 Cy5 荧光染料标记各偶联物，在单次给药 24 h 后，通过肿瘤切片 [图 2-13（c）～（f）] 可以观察到 $circ\text{-}P$ $(EG_3Glu)_{20}\text{-}IFN$ 均匀分布在整个肿瘤区域，而其他两种线状偶联物均只分布在肿瘤组织稀疏的区域，在肿瘤组织致密区域（黄色虚线区域）几乎无分布。该工作表明调整偶联物的拓扑结构对其体外及体内的药学性质具有可观的增强效应，揭示了大环拓扑结构促进组织渗透性，为下一代蛋白质类药物设计提供了新的设计理念。

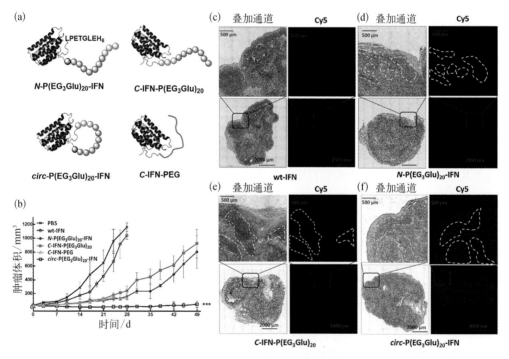

图 2-13　干扰素-聚氨基酸偶联物的拓扑结构药学效应[76]

（a）N-端干扰素-聚氨基酸偶联物 [N-P(EG_3Glu)_{20}-IFN]、C-端干扰素-聚氨基酸偶联物 [C-IFN-P(EG_3Glu)_{20}]、大环状干扰素-聚氨基酸偶联物 [circ-P(EG_3Glu)_{20}-IFN] 以及干扰素-聚乙二醇偶联物（C-IFN-PEG）结构示意图；（b）肿瘤生长曲线；（c）～（f）肿瘤切片成像图，黄色虚线区域为肿瘤组织致密区域美国华盛顿大学的 Shaoyi Jiang 研究小组将两性离子聚氨基酸(PepCB)随机地接枝到尿酸酶表面,对其免疫原性进行了详细的探究。[72]尿酸酶可将尿酸催化氧化为高水溶性产物,从而有效缓解痛风;但目前临床所用的尿酸酶来源于细菌,免疫原性较高。与 PEG 修饰的尿酸酶相比,用 PepCB 修饰尿酸酶[uricase‐PepCB,图 2‐14 (a)]可更显著地降低蛋白的免疫原性,使尿酸酶对各主要脏器的长期毒性更低。在免疫正常的大鼠体内反复注射 uricase‐PepCB 三次后诱导产生的抗尿酸酶抗体滴度为相同条件下聚乙二醇-尿酸酶(uricase‐PEG)偶联物诱发的抗尿酸酶抗体滴度的 $\frac{1}{16}$[图 2‐14 (b)]。同时,uricase‐PepCB 在体内免疫后产生的抗两性离子聚氨基酸抗体水平远低于 uricase‐PEG 在体内免疫后产生的抗聚乙二醇抗体[图 2‐14 (c)]。该实验表明两性离子聚氨基酸能有效降低蛋白质类药物的免疫原性,同时自身对生物机体的免疫刺激性较弱。

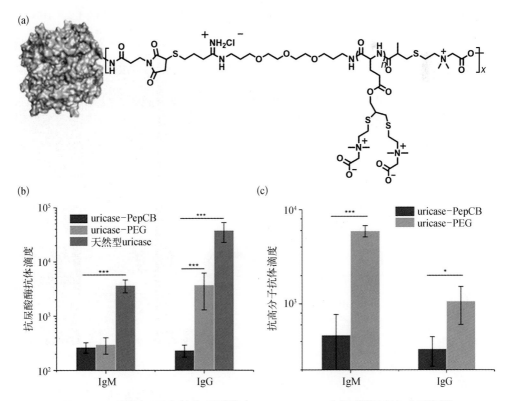

图 2‐14　两性离子聚氨基酸-尿酸酶(uricase‐PepCB)偶联物降低免疫原性[76]

（a）uricase‐PepCB 偶联物的结构；(b) uricase、两性离子聚氨基酸-尿酸酶(uricase‐PepCB)偶联物和聚乙二醇-尿酸酶(uricase‐PEG)偶联物第三次免疫后血清中的抗尿酸酶抗体滴度；(c) uricase‐PepCB 和 uricase‐PEG 第三次免疫后血清中的抗高分子抗体滴度纵观目前的蛋白质-高分子偶联研究，无规卷曲的柔性高分子备受青睐，如经典高分子 PEG 即为无规卷曲构象。而对于一些与 PEG 功能类似的重组聚多肽(如 XTEN)，其氨基酸序列的设计也会刻意排除容易形成明显二级结构的序列。但由于传统高分子多为无规卷曲构象，且难以精确分辨聚合物化学结构及其形成的二级结构各自的生物效应，关于高分子二级结构对蛋白质改性的实际影响我们知之甚少。人们往往基于思维的"惯性"继续将无规卷曲的聚合物应用于蛋白质的偶联。北京大学吕华课题组利用聚氨基酸独特的二级结构，详细探究了聚氨基酸二级结构对蛋白质类药物免疫原性的影响。[113]通过使用单一手性的 L-氨基酸或外消旋 DL-氨基酸为单体原料，他们制备了分子量为 20 kDa 的 α-螺旋形聚氨基酸 L-P(EG$_3$Glu)和无规卷曲聚氨基酸 DL-P(EG$_3$Glu)。通过 N-端定点偶联技术将以上两种聚氨基酸和 PEG 分别与药物蛋白干扰素 α-2b(IFN α-2b)偶联，得到三种同系物 L$_{20k}$-IFN、DL$_{20k}$-IFN 和 PEG$_{20k}$-IFN[图 2-15(a)]。大鼠体内的免疫实验结果表明，修饰有 α-螺旋形聚氨基酸的 L$_{20k}$-IFN 在重复给药后引起的免疫反应最为微弱，具体表现为血液中抗干扰素[图 2-15(b)(c)]与抗聚氨基酸的抗体滴度均较低。此外，这一结论在另一个药物蛋白模型生长激素(GH)-聚氨基酸偶联物中得到一致的验证(图 2-15)。以上研究表明抗生物污染的 α-螺旋形聚氨基酸修饰蛋白质可有效抑制 ADA 产生，且效果显著优于无规卷曲聚氨基酸和 PEG 修饰的蛋白，以上研究为设计新一代隐身高分子及低免疫原性蛋白质类药物提供了新的切入点。

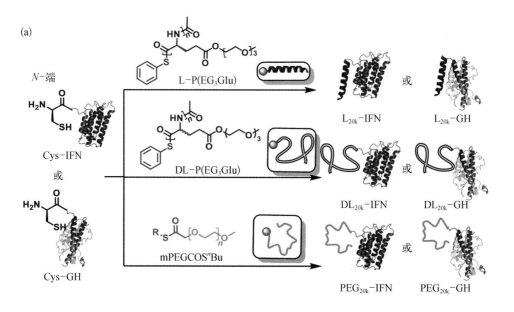

(a)

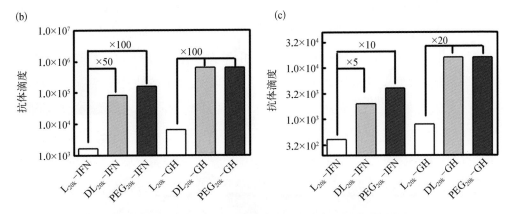

图 2-15　聚氨基酸二级结构在蛋白质偶联物中的免疫效应[76]

(a) 干扰素(IFN)或生长激素(GH)的 *N*-端特异性聚氨基酸化或聚乙二醇化的反应示意图;偶联物在体内连续四次免疫后,血清中的抗蛋白质 IgG 抗体滴度(b)和抗蛋白质 IgM 抗体滴度(c),高分子摩尔质量均约为 20 000 g/mol

门冬酰胺酶(ASNase)是治疗急性淋巴细胞白血病(ALL)及部分恶性淋巴瘤的一线抗肿瘤药物。然而由于其序列源自大肠杆菌,ASNase 的循环时间短,免疫原性极高,即使是 PEG 化的门冬酰胺酶仍然易在临床中诱发过敏反应及 ABC 效应。为此,Shaoyi Jiang 等采用两性离子寡肽(EK)$_{10}$ 通过多次偶联的方法合成了类似树枝状的 ASNase-EK-s/d/t 逐级偶联物[s 为单层,d 为双层,t 为三层;图 2-16(a)],并发现随着 ASNase 外周 EK 寡肽层数的增加,其免疫遮蔽的作用越明显,给药后动物产生的抗体水平也越低。[114]吕华课题组则发展了一种"纳米海胆"似的策略对 ASNase 实施免疫遮蔽[图 2-16(b)]。[115]他们将具有刚性螺旋结构的两性离子聚氨基酸与 ASNase 通过 grafting-to 无规偶联,从而将高免疫原性的蛋白质包裹在外层螺旋形聚氨基酸所形成的保护层内。由于 ASNase 的底物是氨基酸小分子,底物可以较为自由地扩散至酶活中心,该策略对酶活的影响不大;但外层的两性离子聚氨基酸可有效地遮挡免疫细胞及蛋白酶与 ASNase 的接触,从而提高 ASNase 的酶耐受性,并降低其免疫原性。聚氨基酸-ASNase 偶联物循环时间比野生型 ASNase 延长近 20 倍,在 NKYS 皮下肿瘤模型中亦表现出优异的抗肿瘤疗效,最重要的是,与 PEG-ASNase 偶联物相比,聚氨基酸-ASNase 偶联物具有更低的免疫原性,无 ABC 效应,再一次验证了之前抗污的螺旋形聚氨基酸优异的"隐身功能"。

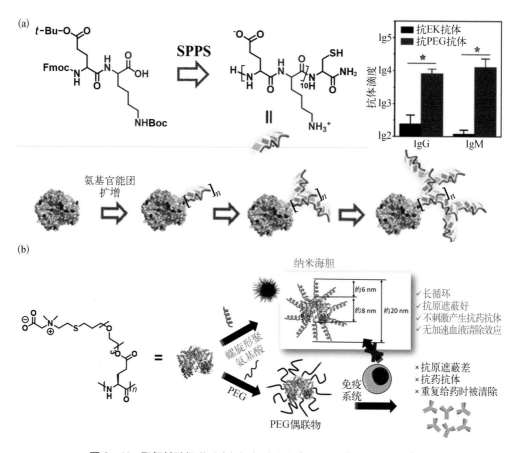

图 2-16 聚氨基酸偶联后降低门冬酰胺酶（ASNase）的免疫原性[115]

（a）将两性离子寡肽(EK)₁₀ 在 ASNase 表面形成多层级偶联物；[114]（b）将具有刚性螺旋结构的两性离子聚氨基酸在 ASNase 表面形成类似"纳米海胆"的偶联物

2.5　结语

　　蛋白质-高分子偶联经过几十年的潜心研究，其合成化学的整体发展趋势为从无规标记走向定点修饰、从 PEG 走向多种类型和结构的合成高分子，从 grafting-to 法推广到 grafting-from 法；其功能从简单的长循环药物逐渐拓展至更丰富、更复杂的应用，包括工业酶工程、蛋白质自组装、蛋白质递送与无痕释放、智能蛋白质功能调控等。未来各类可降解高分子包括聚酯、聚二硫化物、聚氨基酸等将为丰富蛋白质-高分子偶联物的种类提供新颖的分子库。如何进一步提高偶联产率、效率与产物的均一度将是合成化学家们未来面临的重要课题。而在蛋白质-高分子偶联合成化学蓬勃发展的同时，更快捷方便的分离提纯手段与更精准的物理表征方法也将是亟须攻关的前沿领域。

聚氨基酸作为一类极具前景的生物材料，其与蛋白质偶联可起到相辅相成的作用，目前该领域尚处于萌芽阶段，所展现的生物功能应用仅仅是冰山一角，潜力巨大。聚氨基酸与蛋白质偶联化学应更广泛地借助目前已有的各类生物正交反应[116]与成熟的多肽化学（包括各类酶催化偶联[35, 117]）。在聚氨基酸中融入功能性引发剂或者聚合单体，[118]可以成为丰富蛋白质-聚氨基酸应用的强有力手段。而充分利用大数据采集、深度学习等人工智能新技术，借鉴生物信息学与蛋白质从头设计（de novo protein design）[119]的理念与手段，通过控制聚氨基酸的序列、侧链结构、二级结构及其自组装行为和刺激响应性等[120-123]都将为丰富偶联物的结构功能提供富有前瞻性的指导策略。

参考文献

[1] Hoffman A S. Stimuli-responsive polymers: Biomedical applications and challenges for clinical translation[J]. Advanced Drug Delivery Reviews, 2013, 65(1): 10 - 16.

[2] Kontos S, Hubbell J A. Drug development: Longer-lived proteins[J]. Chemical Society Reviews, 2012, 41(7): 2686 - 2695.

[3] Pfister D, Morbidelli M. Process for protein PEGylation[J]. Journal of Controlled Release, 2014, 180: 134 - 149.

[4] Yan M, Du J J, Gu Z, et al. A novel intracellular protein delivery platform based on single-protein nanocapsules[J]. Nature Nanotechnology, 2010, 5(1): 48 - 53.

[5] Mädler S, Bich C, Touboul D, et al. Chemical cross-linking with NHS esters: A systematic study on amino acid reactivities[J]. Journal of Mass Spectrometry, 2009, 44(5): 694 - 706.

[6] Spolaore B, Raboni S, Satwekar A A, et al. Site-specific transglutaminase-mediated conjugation of interferon α - 2b at glutamine or lysine residues[J]. Bioconjugate Chemistry, 2016, 27(11): 2695 - 2706.

[7] Mero A, Grigoletto A, Maso K, et al. Site-selective enzymatic chemistry for polymer conjugation to protein lysine residues: PEGylation of G - CSF at lysine-41[J]. Polymer Chemistry, 2016, 7 (42): 6545 - 6553.

[8] Matos M J, Oliveira B L, Martínez-Sáez N, et al. Chemo- and regioselective lysine modification on native proteins[J]. Journal of the American Chemical Society, 2018, 140(11): 4004 - 4017.

[9] Massa S, Xavier C, De Vos J, et al. Site-specific labeling of cysteine-tagged camelid single-domain antibody-fragments for use in molecular imaging[J]. Bioconjugate Chemistry, 2014, 25(5): 979 - 988.

[10] Chalker J M, Bernardes G J L, Davis B G. A "tag-and-modify" approach to site-selective protein

modification[J]. Accounts of Chemical Research, 2011, 44(9): 730-741.

[11] Hemantha H P, Bavikar S N, Herman-Bachinsky Y, et al. Nonenzymatic polyubiquitination of expressed proteins[J]. Journal of the American Chemical Society, 2014, 136(6): 2665-2673.

[12] Nguyen T H, Kim S H, Decker C G, et al. A heparin-mimicking polymer conjugate stabilizes basic fibroblast growth factor[J]. Nature Chemistry, 2013, 5(3): 221-227.

[13] Jones M W, Mantovani G, Ryan S M, et al. Phosphine-mediated one-pot thiol-ene "click" approach to polymer-protein conjugates[J]. Chemical Communications, 2009(35): 5272-5274.

[14] Griebenow N, Dilmaç A M, Greven S, et al. Site-specific conjugation of peptides and proteins via rebridging of disulfide bonds using the thiol-yne coupling reaction[J]. Bioconjugate Chemistry, 2016, 27(4): 911-917.

[15] Ko J H, Maynard H D. A guide to maximizing the therapeutic potential of protein-polymer conjugates by rational design[J]. Chemical Society Reviews, 2018, 47(24): 8998-9014.

[16] Hooker J M, Kovacs E W, Francis M B. Interior surface modification of bacteriophage MS2[J]. Journal of the American Chemical Society, 2004, 126(12): 3718-3719.

[17] Gavrilyuk J, Ban H, Nagano M, et al. Formylbenzene diazonium hexafluorophosphate reagent for tyrosine-selective modification of proteins and the introduction of a bioorthogonal aldehyde[J]. Bioconjugate Chemistry, 2012, 23(12): 2321-2328.

[18] Joshi N S, Whitaker L R, Francis M B. A three-component Mannich-type reaction for selective tyrosine bioconjugation[J]. Journal of the American Chemical Society, 2004, 126(49): 15942-15943.

[19] Seim K L, Obermeyer A C, Francis M B. Oxidative modification of native protein residues using cerium(IV) ammonium nitrate[J]. Journal of the American Chemical Society, 2011, 133(42): 16970-16976.

[20] Chan A O Y, Ho C M, Chong H C, et al. Modification of N-terminal α-amino groups of peptides and proteins using ketenes[J]. Journal of the American Chemical Society, 2012, 134(5): 2589-2598.

[21] Chen D, Disotuar M M, Xiong X C, et al. Selective N-terminal functionalization of native peptides and proteins[J]. Chemical Science, 2017, 8(4): 2717-2722.

[22] MacDonald J I, Munch H K, Moore T, et al. One-step site-specific modification of native proteins with 2-pyridinecarboxaldehydes[J]. Nature Chemical Biology, 2015, 11(5): 326-331.

[23] Gilmore J M, Scheck R A, Esser-Kahn A P, et al. N-terminal protein modification through a biomimetic transamination reaction[J]. Angewandte Chemie International Edition, 2006, 45(32): 5307-5311.

[24] Witus L S, Netirojjanakul C, Palla K S, et al. Site-specific protein transamination using N-methylpyridinium-4-carboxaldehyde[J]. Journal of the American Chemical Society, 2013, 135(45): 17223-17229.

[25] Agarwal P, van der Weijden J, Sletten E M, et al. A Pictet-Spengler ligation for protein chemical modification[J]. Proceedings of the National Academy of Sciences of the United States of America, 2013, 110(1): 46-51.

[26] Dawson P E, Muir T W, Clark-Lewis I, et al. Synthesis of proteins by native chemical ligation[J]. Science, 1994, 266(5186): 776-779.

[27] Ruttekolk I R, Duchardt F, Fischer R, et al. HPMA as a scaffold for the modular assembly of functional peptide polymers by native chemical ligation[J]. Bioconjugate Chemistry, 2008, 19(10): 2081-2087.

[28] Maza J C, Bader D L V, Xiao L F, et al. Enzymatic modification of N-terminal proline residues

using phenol derivatives[J]. Journal of the American Chemical Society, 2019, 141(9): 3885 - 3892.

[29] Wang L, Brock A, Herberich B, et al. Expanding the genetic code of Escherichia coli[J]. Science, 2001, 292(5516): 498 - 500.

[30] Xiao H, Schultz P G. At the interface of chemical and biological synthesis: An expanded genetic code[J]. Cold Spring Harbor Perspectives in Biology, 2016, 8(9): a023945.

[31] Cho H, Daniel T, Buechler Y J, et al. Optimized clinical performance of growth hormone with an expanded genetic code[J]. Proceedings of the National Academy of Sciences of the United States of America, 2011, 108(22): 9060 - 9065.

[32] Lu H, Wang D L, Kazane S, et al. Site-specific antibody-polymer conjugates for siRNA delivery [J]. Journal of the American Chemical Society, 2013, 135(37): 13885 - 13891.

[33] Zhang B, Xu H, Chen J X, et al. Development of next generation of therapeutic IFN - α2b via genetic code expansion[J]. Acta Biomaterialia, 2015, 19: 100 - 111.

[34] Wu L, Chen J X, Wu Y M, et al. Precise and combinatorial PEGylation generates a low-immunogenic and stable form of human growth hormone[J]. Journal of Controlled Release, 2017, 249: 84 - 93.

[35] Grigoletto A, Maso K, Pasut G. Enzymatic approaches to new protein conjugates[M]//Polymer-Protein Conjugates. Amsterdam: Elsevier, 2020: 271 - 295.

[36] Antos J M, Truttmann M C, Ploegh H L. Recent advances in sortase-catalyzed ligation methodology[J]. Current Opinion in Structural Biology, 2016, 38: 111 - 118.

[37] Glasgow J E, Salit M L, Cochran J R. *In vivo* site-specific protein tagging with diverse amines using an engineered sortase variant[J]. Journal of the American Chemical Society, 2016, 138(24): 7496 - 7499.

[38] Popp M W, Dougan S K, Chuang T Y, et al. Sortase-catalyzed transformations that improve the properties of cytokines[J]. Proceedings of the National Academy of Sciences of the United States of America, 2011, 108(8): 3169 - 3174.

[39] Bhattacharjee S, Liu W G, Wang W H, et al. Site-specific zwitterionic polymer conjugates of a protein have long plasma circulation[J]. Chembiochem, 2015, 16(17): 2451 - 2455.

[40] Qi Y Z, Amiram M, Gao W P, et al. Sortase-catalyzed initiator attachment enables high yield growth of a stealth polymer from the C Terminus of a protein[J]. Macromolecular Rapid Communications, 2013, 34(15): 1256 - 1260.

[41] Muir T W, Sondhi D, Cole P A. Expressed protein ligation: A general method for protein engineering[J]. Proceedings of the National Academy of Sciences of the United States of America, 1998, 95(12): 6705 - 6710.

[42] Xia Y, Tang S C, Olsen B D. Site-specific conjugation of RAFT polymers to proteins via expressed protein ligation[J]. Chemical Communications (Cambridge, England), 2013, 49(25): 2566 - 2568.

[43] Heredia K L, Bontempo D, Ly T, et al. In situ preparation of protein-"smart" polymer conjugates with retention of bioactivity[J]. Journal of the American Chemical Society, 2005, 127(48): 16955 -16960.

[44] Liu J Q, Bulmus V, Herlambang D L, et al. In situ formation of protein-polymer conjugates through reversible addition fragmentation chain transfer polymerization[J]. Angewandte Chemie International Edition, 2007, 46(17): 3099 - 3103.

[45] Isarov S A, Pokorski J K. Protein ROMP: Aqueous graft-from ring-opening metathesis polymerization[J]. ACS Macro Letters, 2015, 4(9): 969 - 973.

[46] Lu J H, Wang H, Tian Z Y, et al. Cryopolymerization of 1, 2 – dithiolanes for the facile and reversible grafting-from synthesis of protein-polydisulfide conjugates[J]. Journal of the American Chemical Society, 2020, 142(3): 1217 – 1221.

[47] Liu X Y, Gao W P. Precision conjugation: An emerging tool for generating protein-polymer conjugates[J]. Angewandte Chemie International Edition, 2021, 60(20): 11024 –11035.

[48] Qi Y Z, Simakova A, Ganson N J, et al. A brush-polymer/exendin-4 conjugate reduces blood glucose levels for up to five days and eliminates poly(ethylene glycol) antigenicity[J]. Nature Biomedical Engineering, 2017, 1: 0002.

[49] Li X, Wang L, Chen G J, et al. Visible light induced fast synthesis of protein-polymer conjugates: Controllable polymerization and protein activity[J]. Chemical Communications (Cambridge, England), 2014, 50(49): 6506 – 6508.

[50] Tucker B S, Coughlin M L, Figg C A, et al. Grafting-from proteins using metal-free PET-RAFT polymerizations under mild visible-light irradiation[J]. ACS Macro Letters, 2017, 6 (4): 452 – 457.

[51] Pelegri-O'Day E M, Lin E W, Maynard H D. Therapeutic protein-polymer conjugates: Advancing beyond PEGylation[J]. Journal of the American Chemical Society, 2014, 136(41): 14323 – 14332.

[52] Pasut G, Veronese F M. State of the art in PEGylation: The great versatility achieved after forty years of research[J]. Journal of Controlled Release, 2012, 161(2): 461 – 472.

[53] Abuchowski A, van Es T, Palczuk N C, et al. Alteration of immunological properties of bovine serum albumin by covalent attachment of polyethylene glycol[J]. Journal of Biological Chemistry, 1977, 252(11): 3578 – 3581.

[54] Foser S, Schacher A, Weyer K A, et al. Isolation, structural characterization, and antiviral activity of positional isomers of monopegylated interferon α – 2a (PEGASYS)[J]. Protein Expression and Purification, 2003, 30(1): 78 – 87.

[55] Finn R F. PEGylation of human growth hormone: Strategies and properties[M] // PEGylated Protein Drugs: Basic Science and Clinical Applications. Basel: Birkhäuser Basel, 2009: 187 – 203.

[56] Abu Lila A S, Kiwada H, Ishida T. The accelerated blood clearance (ABC) phenomenon: Clinical challenge and approaches to manage[J]. Journal of Controlled Release, 2013, 172(1): 38 – 47.

[57] Dams E T, Laverman P, Oyen W J, et al. Accelerated blood clearance and altered biodistribution of repeated injections of sterically stabilized liposomes[J]. The Journal of Pharmacology and Experimental Therapeutics, 2000, 292(3): 1071 – 1079.

[58] Wang X Y, Ishida T, Kiwada H. Anti – PEG IgM elicited by injection of liposomes is involved in the enhanced blood clearance of a subsequent dose of PEGylated liposomes[J]. Journal of Controlled Release, 2007, 119(2): 236 – 244.

[59] Kierstead P H, Okochi H, Venditto V J, et al. The effect of polymer backbone chemistry on the induction of the accelerated blood clearance in polymer modified liposomes[J]. Journal of Controlled Release, 2015, 213: 1 – 9.

[60] Ishida T, Harada M, Wang X Y, et al. Accelerated blood clearance of PEGylated liposomes following preceding liposome injection: Effects of lipid dose and PEG surface-density and chain length of the first-dose liposomes[J]. Journal of Controlled Release, 2005, 105(3): 305 – 317.

[61] Zhang P, Sun F, Liu S J, et al. Anti – PEG antibodies in the clinic: Current issues and beyond PEGylation[J]. Journal of Controlled Release, 2016, 244: 184 – 193.

[62] Castells M C, Phillips E J. Maintaining safety with SARS – CoV – 2 vaccines[J]. The New England Journal of Medicine, 2021, 384(7): 643 – 649.

[63] Yumoto H, Hirota K, Hirao K, et al. Anti-inflammatory and protective effects of 2 –

methacryloyloxyethyl phosphorylcholine polymer on oral epithelial cells[J]. Journal of Biomedical Materials Research Part A, 2015, 103(2): 555 - 563.

[64] Hirota K, Yumoto H, Miyamoto K, et al. MPC-polymer reduces adherence and biofilm formation by oral bacteria[J]. Journal of Dental Research, 2011, 90(7): 900 - 905.

[65] Frey H, Haag R. Dendritic polyglycerol: A new versatile biocompatible material[J]. Reviews in Molecular Biotechnology, 2002, 90(3/4): 257 - 267.

[66] Calderón M, Quadir M A, Sharma S K, et al. Dendritic polyglycerols for biomedical applications [J]. Advanced Materials (Deerfield Beach, Fla), 2010, 22(2): 190 - 218.

[67] Kopeček J, Bažilová H. Poly[N-(2-hydroxypropyl)methacrylamide]—I. Radical polymerization and copolymerization[J]. European Polymer Journal, 1973, 9(1): 7 - 14.

[68] Kopeček J, Kopečková P. HPMA copolymers: Origins, early developments, present, and future [J]. Advanced Drug Delivery Reviews, 2010, 62(2): 122 - 149.

[69] Votavova P, Tomala J, Subr V, et al. Novel IL - 2 - poly(HPMA) nanoconjugate based immunotherapy[J]. Journal of Biomedical Nanotechnology, 2015, 11(9): 1662 - 1673.

[70] Caliceti P, Schiavon O, Veronese F M. Immunological properties of uricase conjugated to neutral soluble polymers[J]. Bioconjugate Chemistry, 2001, 12(4): 515 - 522.

[71] Liu S J, Jiang S Y. Zwitterionic polymer-protein conjugates reduce polymer-specific antibody response[J]. Nano Today, 2016, 11(3): 285 - 291.

[72] Zhang P, Jain P, Tsao C, et al. Polypeptides with high zwitterion density for safe and effective therapeutics[J]. Angewandte Chemie International Edition, 2018, 57(26): 7743 -7747.

[73] Keefe A J, Jiang S Y. Poly(zwitterionic) protein conjugates offer increased stability without sacrificing binding affinity or bioactivity[J]. Nature Chemistry, 2012, 4(1): 59 - 63.

[74] Lee J, Lin E W, Lau U Y, et al. Trehalose glycopolymers as excipients for protein stabilization [J]. Biomacromolecules, 2013, 14(8): 2561 - 2569.

[75] Liu Y, Lee J, Mansfield K M, et al. Trehalose glycopolymer enhances both solution stability and pharmacokinetics of a therapeutic protein[J]. Bioconjugate Chemistry, 2017, 28(3): 836 - 845.

[76] Hou Y Q, Lu H. Protein PEPylation: A new paradigm of protein-polymer conjugation [J]. Bioconjugate Chemistry, 2019, 30(6): 1604 - 1616.

[77] Hey T, Knoller H, Vorstheim P. Half-life extension through HESylation® [M]//Therapeutic Proteins: Strategies to Modulate Their Plasma Half-Lives. Weinheim, Germany: Wiley-VCH Verlag GmbH & Co. KGaA, 2012.

[78] Lameire N, Hoste E. What's new in the controversy on the renal/tissue toxicity of starch solutions? [J]. Intensive Care Medicine, 2014, 40(3): 427 - 430.

[79] Li C, Wallace S. Polymer-drug conjugates: Recent development in clinical oncology[J]. Advanced Drug Delivery Reviews, 2008, 60(8): 886 - 898.

[80] Cabral H, Kataoka K. Progress of drug-loaded polymeric micelles into clinical studies[J]. Journal of Controlled Release, 2014, 190: 465 - 476.

[81] Song B B, Song J, Zhang S S, et al. Sustained local delivery of bioactive nerve growth factor in the central nervous system via tunable diblock copolypeptide hydrogel depots[J]. Biomaterials, 2012, 33(35): 9105 - 9116.

[82] Wollenberg A L, O'Shea T M, Kim J H, et al. Injectable polypeptide hydrogels via methionine modification for neural stem cell delivery[J]. Biomaterials, 2018, 178: 527 - 545.

[83] Song W T, Li M Q, Tang Z H, et al. Methoxypoly(ethylene glycol)-block-poly(L-glutamic acid)-loaded cisplatin and a combination with iRGD for the treatment of non-small-cell lung cancers[J]. Macromolecular Bioscience, 2012, 12(11): 1514 - 1523.

［84］ Gabrielson N P, Lu H, Yin L, et al. Reactive and bioactive cationic α-helical polypeptide template for nonviral gene delivery[J]. Angewandte Chemie International Edition, 2012, 51(5): 1143－1147.

［85］ Yin L C, Tang H Y, Kim K H, et al. Light-responsive helical polypeptides capable of reducing toxicity and unpacking DNA: Toward nonviral gene delivery [J]. Angewandte Chemie International Edition, 2013, 52(35): 9182－9186.

［86］ Zheng N, Yin L C, Song Z Y, et al. Maximizing gene delivery efficiencies of cationic helical polypeptides via balanced membrane penetration and cellular targeting[J]. Biomaterials, 2014, 35(4): 1302－1314.

［87］ Liu Y, Song Z Y, Zheng N, et al. Systemic siRNA delivery to tumors by cell-penetrating α-helical polypeptide-based metastable nanoparticles[J]. Nanoscale, 2018, 10(32): 15339－15349.

［88］ McHale M K, Setton L A, Chilkoti A. Synthesis and in vitro evaluation of enzymatically cross-linked elastin-like polypeptide gels for cartilaginous tissue repair[J]. Tissue Engineering, 2005, 11(11/12): 1768－1779.

［89］ Rasines Mazo A, Allison-Logan S, Karimi F, et al. Ring opening polymerization of α-amino acids: Advances in synthesis, architecture and applications of polypeptides and their hybrids[J]. Chemical Society Reviews, 2020, 49(14): 4737－4834.

［90］ Leuchs H. Ueber die glycin-carbonsäure[J]. Berichte Der Deutschen Chemischen Gesellschaft, 1906, 39(1): 857－861.

［91］ Cheng J J, Deming T J. Synthesis of polypeptides by ring-opening polymerization of α-amino acid N-carboxyanhydrides[M]//Peptide-Based materials. Berlin, Heidelberg: Springer-Verlag, 2011.

［92］ Deming T J. Facile synthesis of block copolypeptides of defined architecture[J]. Nature, 1997, 390(6658): 386－389.

［93］ Zhao W, Lv Y F, Li J, et al. Fast and selective organocatalytic ring-opening polymerization by fluorinated alcohol without a cocatalyst[J]. Nature Communications, 2019, 10: 3590.

［94］ Zhao W, Gnanou Y, Hadjichristidis N. Organocatalysis by hydrogen-bonding: A new approach to controlled/living polymerization of α-amino acid N-carboxyanhydrides[J]. Polymer Chemistry, 2015, 6(34): 6193－6201.

［95］ Dimitrov I, Schlaad H. Synthesis of nearly monodisperse polystyrene-polypeptide block copolymers via polymerisation of N-carboxyanhydrides [J]. Chemical Communications (Cambridge, England), 2003(23): 2944－2945.

［96］ Conejos-Sánchez I, Duro-Castano A, Birke A, et al. A controlled and versatile NCA polymerization method for the synthesis of polypeptides[J]. Polymer Chemistry, 2013, 4(11): 3182－3186.

［97］ Peng Y L, Lai S L, Lin C C. Preparation of polypeptide via living polymerization of Z-Lys-NCA initiated by platinum complexes[J]. Macromolecules, 2008, 41(10): 3455－3459.

［98］ Peng H, Ling J, Shen Z Q. Ring opening polymerization of α-amino acid N-carboxyanhydrides catalyzed by rare earth catalysts: Polymerization characteristics and mechanism[J]. Journal of Polymer Science Part A: Polymer Chemistry, 2012, 50(6): 1076－1085.

［99］ Zhang H Y, Nie Y Z, Zhi X M, et al. Controlled ring-opening polymerization of α-amino acid N-carboxy-anhydride by frustrated amine/borane Lewis pairs[J]. Chemical Communications (Cambridge, England), 2017, 53(37): 5155－5158.

［100］ Wu Y M, Zhang D F, Ma P C, et al. Lithium hexamethyldisilazide initiated superfast ring opening polymerization of alpha-amino acid N-carboxyanhydrides[J]. Nature Communications, 2018, 9: 5297.

[101] Baumgartner R, Fu H L, Song Z Y, et al. Cooperative polymerization of α-helices induced by macromolecular architecture[J]. Nature Chemistry, 2017, 9(7): 614 - 622.

[102] Song Z Y, Fu H L, Wang J, et al. Synthesis of polypeptides via bioinspired polymerization of in situ purified N-carboxyanhydrides[J]. Proceedings of the National Academy of Sciences of the United States of America, 2019, 116(22): 10658 - 10663.

[103] Wang X F, Song Z Y, Tan Z Z, et al. Facile synthesis of helical multiblock copolypeptides: Minimal side reactions with accelerated polymerization of N-carboxyanhydrides[J]. ACS Macro Letters, 2019, 8(11): 1517 - 1521.

[104] Jiang J H, Zhang X Y, Fan Z, et al. Ring-opening polymerization of N-carboxyanhydride-induced self-assembly for fabricating biodegradable polymer vesicles[J]. ACS Macro Letters, 2019, 8(10): 1216 - 1221.

[105] Jacobs J, Pavlović D, Prydderch H, et al. Polypeptide nanoparticles obtained from emulsion polymerization of amino acid N-carboxyanhydrides[J]. Journal of the American Chemical Society, 2019, 141(32): 12522 - 12526.

[106] Grazon C, Salas-Ambrosio P, Ibarboure E, et al. Aqueous ring-opening polymerization-induced self-assembly (ROPISA) of N-carboxyanhydrides[J]. Angewandte Chemie International Edition, 2020, 59(2): 622 - 626.

[107] Grotzky A, Manaka Y, Kojima T, et al. Preparation of catalytically active, covalent α-polylysine-enzyme conjugates via UV/vis-quantifiable bis-aryl hydrazone bond formation[J]. Biomacromolecules, 2011, 12(1): 134 - 144.

[108] Lu Y J, Ngo Ndjock Mbong G, Liu P, et al. Synthesis of polyglutamide-based metal-chelating polymers and their site-specific conjugation to trastuzumab for auger electron radioimmunotherapy[J]. Biomacromolecules, 2014, 15(6): 2027 - 2037.

[109] Talelli M, Vicent M J. Reduction sensitive poly (l-glutamic acid) (PGA)-protein conjugates designed for polymer masked-unmasked protein therapy[J]. Biomacromolecules, 2014, 15(11): 4168 - 4177.

[110] Hou Y Q, Yuan J S, Zhou Y, et al. A concise approach to site-specific topological protein-poly (amino acid) conjugates enabled by in situ-generated functionalities[J]. Journal of the American Chemical Society, 2016, 138(34): 10995 - 11000.

[111] Yuan J S, Zhang Y, Li Z Z, et al. A S-Sn lewis pair-mediated ring-opening polymerization of α-amino acid N-carboxyanhydrides: Fast kinetics, high molecular weight, and facile bioconjugation[J]. ACS Macro Letters, 2018, 7(8): 892 - 897.

[112] Hou Y Q, Zhou Y, Wang H, et al. Macrocyclization of interferon-poly (α-amino acid) conjugates significantly improves the tumor retention, penetration, and antitumor efficacy[J]. Journal of the American Chemical Society, 2018, 140(3): 1170 - 1178.

[113] Hou Y Q, Zhou Y, Wang H, et al. Therapeutic protein PEPylation: The helix of nonfouling synthetic polypeptides minimizes antidrug antibody generation[J]. ACS Central Science, 2019, 5(2): 229 - 236.

[114] Yuan Z F, Li B W, Niu L Q, et al. Zwitterionic peptide cloak mimics protein surfaces for protein protection[J]. Angewandte Chemie International Edition, 2020, 59(50): 22378 - 22381.

[115] Hu Y L, Wang D D, Wang H, et al. An urchin-like helical polypeptide-asparaginase conjugate with mitigated immunogenicity[J]. Biomaterials, 2021, 268: 120606.

[116] Li J, Chen P R. Development and application of bond cleavage reactions in bioorthogonal chemistry[J]. Nature Chemical Biology, 2016, 12(3): 129 - 137.

[117] Nguyen G K T, Wang S J, Qiu Y B, et al. Butelase 1 is an Asx-specific ligase enabling peptide

macrocyclization and synthesis[J]. Nature Chemical Biology, 2014, 10(9): 732-738.

[118] Huesmann D, Klinker K, Barz M. Orthogonally reactive amino acids and end groups in NCA polymerization[J]. Polymer Chemistry, 2017, 8(6): 957-971.

[119] Huang P S, Boyken S E, Baker D. The coming of age of de novo protein design[J]. Nature, 2016, 537(7620): 320-327.

[120] Lu H, Wang J, Song Z Y, et al. Recent advances in amino acid N-carboxyanhydrides and synthetic polypeptides: Chemistry, self-assembly and biological applications [J]. Chemical Communications (Cambridge, England), 2014, 50(2): 139-155.

[121] Song Z Y, Han Z Y, Lv S X, et al. Synthetic polypeptides: From polymer design to supramolecular assembly and biomedical application[J]. Chemical Society Reviews, 2017, 46 (21): 6570-6599.

[122] He C L, Zhuang X L, Tang Z H, et al. Stimuli-sensitive synthetic polypeptide-based materials for drug and gene delivery[J]. Advanced Healthcare Materials, 2012, 1(1): 48-78.

[123] Shen Y, Fu X H, Fu W X, et al. Biodegradable stimuli-responsive polypeptide materials prepared by ring opening polymerization[J]. Chemical Society Reviews, 2015, 44(3): 612-622.

Chapter 3

晶体中的聚合

马玉国　李雪

北京大学化学与分子工程学院

3.1 引言

晶体是实现热、电、磁、光、力等能量形式相互作用和转换及物质转化的重要载体，是近代科学技术发展中不可缺少的重要材料。相比于非晶体材料，晶体材料表现出更好的可控性、稳定性和重复性，在光电器件、磁性材料、导电材料等领域展现出广阔的应用前景。晶体的结构确定和长程有序的特点，使其更有利于对材料的结构与性能之间的构效关系进行深入明确的研究，认知材料的本质，并进一步通过合理的分子设计制备相应的功能性材料，提高材料的性能。与无机化合物和有机小分子不同，由于长链柔性骨架的缠结，聚合物更倾向于形成无定形或者半结晶相，因此获得大尺寸的聚合物晶体相对困难，这也是高分子科学领域的一大挑战。

共价键的生成因其可以构建结构复杂的分子在有机合成化学中占据着重要地位，有机化学家也持续致力于发展产率高、副产物少、浪费少的高效合成方法。固相反应因其高效及环境友好的特性，已经成为一种绿色的调控化学反应的方法[1]。早期的固相反应以光反应为主，近年来已经拓展到热反应、气相-固相转化及固相-固相转化等领域[2]。在固相中，分子仍然保持一定的运动能力以进行化学反应，又被有效地限制在一定区域内，从而实现了最优的区域选择性。此外，分子甚至可以在固相中以一些溶液中无法实现的构象存在，实现溶液中所不能实现的反应区域选择性和立体选择性[3]。

关于晶体中的反应类型的文献报道有很多，比如顺反异构化、烯烃二聚、酰基迁移、亲核取代反应以及光学活性化合物的分离等。其中，烯烃的二聚反应很早即被发现，但直到 1964 年，随着 X 射线衍射技术的发展，Schmidt 等才将不同晶型的肉桂酸晶体和不同光反应性及对应不同构型的光致二聚产物之间的关系解释清楚[4]。肉桂酸在溶液中并不能发生[2+2]环加成反应，而在晶体中共有三种晶型：α 型、β 型、γ 型。在 α 型、β 型晶体中，由于分子间双键距离小于 4.2 Å 且位置合适，肉桂酸可以发生[2+2]环加成反应。由于分子排列方式不同，所得产物为不同加成产物的异构体，产物的立体选择性与底物烯烃在晶格中的立体选择性相同。而 γ 型晶体中，分子间双键距离为 4.7～5.1 Å，在光照条件下不能发生反应。该课题组继续考查了不同取代基取代的肉桂酸衍生物及其反应性质，基于此类反应的结果和特征，提出了经验性的[2+2]环加成反应的拓扑反应假设：(1) 距离上，具有光反应活性的两个烯烃底物的反应中心的距离在

3.5～4.2 Å;(2) 构象上,距离最近的相邻反应分子的双键要处于平行的构象。除了肉桂酸之外,关于香豆素、取代苯基亚甲基环戊酮及其衍生物的研究工作也很多。值得指出的是,有一些化合物的光反应活性偏离拓扑反应假设。但是,这些准则仍然是判断未知化合物光反应活性的强有力的工具。此外,反应底物分子周围的自由空间,也就是分子在晶格中可以自由移动的程度也会影响晶体的反应性。反应的孔腔和晶格是影响固相光反应活性的重要因素之一。

Schmidt 等关于反式肉桂酸不同晶体的光反应性不同的研究直接揭示了晶体结构与光化学行为之间的关系。基于拓扑反应假设,Hirshfeld 和 Schmidt 在 1964 年提出,如果晶体中相邻分子的反应中心处于合适的距离并在反应过程中维持该距离,则可以发生拓扑化学聚合反应。拓扑化学聚合,是指聚合反应发生在一定限定条件的固体中,通常产物的结构与反应物的结构存在某种关联,反应物需要借助非共价相互作用进行预组织以便反应通过原子和分子以最小的运动方式进行,这也是获得聚合物晶体的一种行之有效的策略。

1958 年,Koelsch 和 Gumprecht 报道了 2,5-二苯乙烯吡嗪(2,5-distyrylpyrazine,DSP)在紫外光照下变为不可溶的聚合物,该单体分子中含有两个可以进行分子间光加成的双键。1967 年,该分子在太阳光下诱导环化发生加聚反应形成具有环丁烷衍生物结构的线性高分子量聚合物,该反应被命名为四中心光致聚合。同年,Holm 和 Zienty 申请了一系列二苯亚甲基苯二苯乙腈衍生物在固相中反应生成晶态线性聚合物的专利,并在 1972 年报道了相关的工作[5]。这些新型固相光致聚合反应的发现促使科研工作者开始研究此类反应的普适性,基于此,出现了大量关于二烯烃晶体在晶体中形成线性高分子量聚合物的研究工作,包括聚合行为、聚合晶体特征、聚合晶体动力学以及生成聚合物的特征等。晶体中四中心光致聚合是共轭二烯烃晶体光反应的普遍特征,其光致聚合的线性聚合物主链中,四元环环丁烷和芳香化合物交替排列。基于反应机理和晶体特征,四中心光致聚合是典型的拓扑聚合反应,聚合过程中若保持反应二烯烃的晶体点群,底物二烯烃可以定量转化为聚合物晶体。近年来,除了[2+2]环加成反应之外,通过合理的分子设计及晶体工程策略,丁二炔的聚合反应、[4+4]环加成反应以及叠氮-炔基的 1,3-偶极环加成反应等都被发展成晶体中聚合反应常见的反应类型。下面将对以上反应的条件及特性分别进行介绍。

3.2　拓扑聚合物的反应体系

3.2.1　烯烃及其衍生物

在烯烃及其衍生物体系中,聚合反应主要通过 C═C 的加成反应来实现。[2+2]环加成反应是目前研究最多的晶体反应类型,在构建天然产物等领域有重要的应用。在溶液中,含双键的烯烃单体在光照下发生[2+2]环加成反应时产物为 *cis*-异构体和 *trans*-异构体的混合物,而在固相中,受到晶格中分子排列的影响,其光照加成产物具有立体选择性。由于固相反应特殊的区域和立体选择性,同时考虑到反应物在固态下运动受限,就要求官能团以合适的距离和方向排列,按照一定的方式进行预组织。晶体工程中对分子晶体的设计及调控是解决这一问题的重要途径,通常采用的两种策略如下。

1. 通过官能团之间的非共价相互作用实现底物分子的预组织

Schmidt 课题组对肉桂酸及其衍生物的光致[2+2]环加成反应研究发现通过超分子相互作用来调控共价键构象的方法非常高效,可以应用于构筑具有高区域选择性的环丁烷结构。近年来,非共价相互作用逐渐被引入晶体工程中,作为一种有效的驱动力[6],使分子在晶体中以利于反应发生的构象排列。这些非共价相互作用主要包含氢键、卤键、π-π 相互作用、芳烃-氟代芳烃相互作用以及阳离子-π 相互作用等。

Schmidt 及其合作者发现肉桂酸及其衍生物被氯等卤素取代后,更倾向于形成 β 型晶体,双键之间的距离约为 4 Å,在一定条件下可以发生[2+2]环加成反应。晶体学数据显示这可能是由于分子间存在卤素之间的相互作用[7]。例如 1,3-丁二烯的氯代物和溴代物在晶体中可以形成良好的柱状堆积,晶体结构表明双键处于适合反应的方向和距离,在光照条件下发生 1,4-加成反应,得到立体结构规整的反式构型聚合物[8]。Zheng 等系统地研究了卤代的苯并呋喃苯乙烯的固相[2+2]环加成反应中卤素原子取代基的预组织作用[9]。对位卤素取代的分子间不存在卤素之间的相互作用,但其吸电子效应使得芳香环上的电子云密度降低,减弱分子间的 π-π 相互作用使得分子间倾向于以能够发生[2+2]环加成反应的头-尾构象进行排列。而邻位和间位取代的分子降低了苯环的对称性,同时芳香环的电子云密度较高不利于分子间通过 π-π 相互作用预组织成能够发生反应的二聚体。但是这一方法的普适性和可预测性较差。

芳香化合物苯环之间的 π-π 相互作用在 DNA 的稳定性、分子识别中具有重要的作用[10]。简单的苯环倾向于边对面堆积而非面对面堆积，因此未取代苯环的烯烃底物很难以发生反应的方式预组织。例如，苯乙烯及其衍生物在固态条件下为光稳定底物[11]。但缺电子的芳环和富电子的芳环之间倾向于面对面堆积，因此双键两端一侧取代为富电子的芳环，另一侧取代为缺电子的芳环的不对称烯烃倾向于以能够发生反应的头对尾的排列方式堆积。Coates 等[12]利用晶体中的芳烃-氟代芳烃相互作用调控苯、五氟苯取代乙烯的堆积方式，实现了区域选择性的光致[2+2]环加成反应。在晶体中，苯、五氟苯取代乙烯中的苯和五氟苯片段以面对面方式交替堆积，双键作为反应官能团可以按照 Schmidt 规则中合适的位置排列，在光照的条件下发生晶体内的[2+2]环加成。由于底物在晶体中的运动受到限制，发生反应的官能团只能与相邻的官能团发生反应，从而提高了反应选择性，得到了单一的环加成产物。

氢键作为较常用的超分子相互作用，被应用于调控反应物的预组织。Campbell 等合成了萘衍生物修饰的肉桂酸，并在萘片段引入羧基，两分子间的羧基可以形成氢键二聚体，见图 3-1，进而实现底物的定量[2+2]环加成反应[13]。研究者将参与预组织的羧酸进行酯化，得到其甲酯的产物作为参照，该分子在光照下是稳定的，即证明氢键在官能团预组织中的重要性。

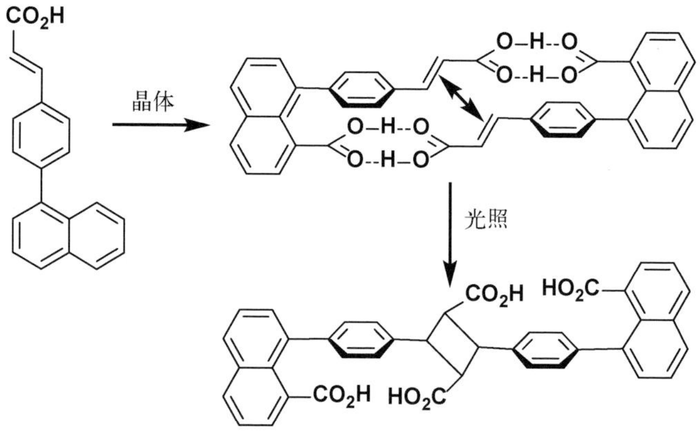

图 3-1 氢键调控的 [2+2] 环加成反应[13]

相比于 π-π 相互作用和氢键，阳离子-π 相互作用是另一种在超分子化学和晶体工程中应用较多的分子间相互作用。Yamada 等发现反式苯乙烯吡啶分子在中性的甲醇溶液中光照的主要产物为顺式苯乙烯吡啶,但随着溶液中盐酸浓度增加,由于芳香环和吡啶环之间的阳离子-π相互作用,主要产物变为 *syn* - HT 产物。将其中的苯环取代为萘环之后,*syn* - HT 产物仍随盐酸浓度增加而增加,证明了阳离子-π相互作用在预组织中的普适性[14]。

2. 通过模板法实现底物分子的预组织

前面提到,合理引入超分子相互作用,可以实现反应官能团预组织,从而得到特定的环加成产物,这样可以通过分子设计来实现目标产物的合成。但以上例子中,将具有超分子相互作用的片段引入底物中,会使得反应普适性较差。为了解决这一问题,研究者们提出利用"模板法"来实现晶体中的化学反应,这一方法的普适性、规律性强,使用后模板可方便除去。

Ito 课题组选用具有一定"刚性"结构的胺作为模板,胺的骨架结构类似于"夹子",利用模板胺和底物有机酸成盐所形成的库仑力进行缔合,使得底物的双键处于合适的位置和距离,进而实现含有双键的有机酸的[2+2]环加成反应,反应后模板可除去[15]。

近年来,研究者发现金属离子可以作为模板,实现[2+2]环加成反应(图 3-2)。在金属离子与孤对电子之间的配位、金属离子之间的相互作用以及 π-π 相互作用等的协同作用下,可实现官能团双键的预组织,进而发生[2+2]环加成反应。Champness 等报道了将银离子(Ag^+)作为模板,利用 Ag^+ 与吡啶氮的孤对电子的相互作用、Ag^+ - Ag^+ 相互作用、π-π 相互作用,实现二吡啶乙烯的环加成反应[16]。采用类似策略,可以实现一系列的[2+2]环加成反应[17-19]。

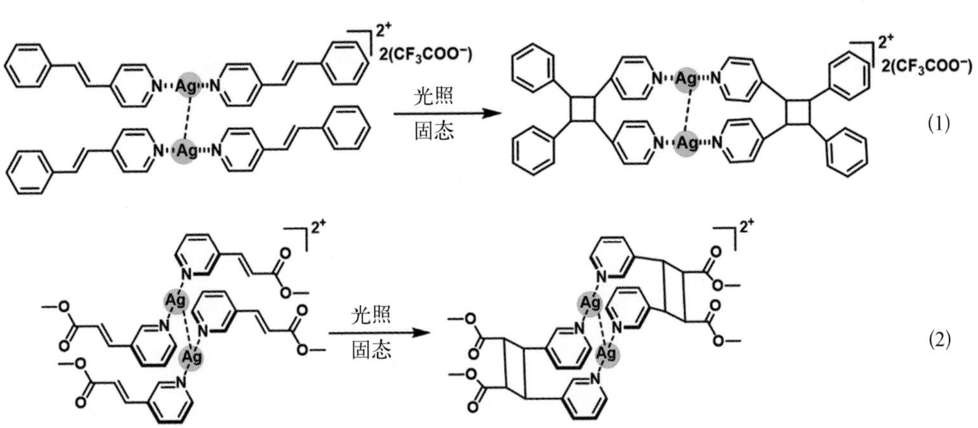

图3-2　模板与底物之间通过金属离子和孤对电子配位调控的 [2+2]环加成反应[16]

在模板法中,研究较多的还有利用氢键作为模板与底物之间组装的非共价相互作用驱动力。MacGillivray课题组利用间苯二酚等含有两个氢键基元的分子作为模板,通过与吡啶的氢键作用,以调控底物的堆积方式,实现了对底物二吡啶取代烯烃的预组织[20](图3-3)。这一方法可以适用于一系列具有不同双键个数以及含有不同官能团的底物分子,得到梯状聚合物和官能化的环丁烷产物,证明晶体中的化学反应可应用于构建特殊拓扑结构的化合物。

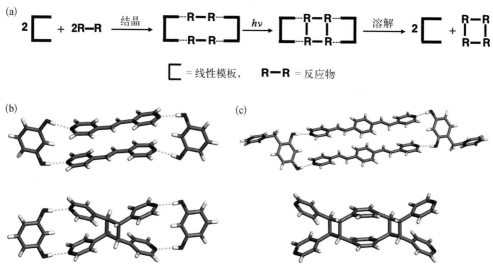

图3-3 模板与底物之间通过氢键作用调控的[2+2]环加成反应[20]

为了进一步提升模板法的普适性,Ramamurthy课题组利用硫脲作为模板,实现了11种底物的[2+2]环加成反应,产率均在90%以上[21]。除此之外,Toda等利用丁二炔的二醇衍生物作为模板,和底物通过氢键和π-π相互作用形成笼状的主客体结构,从而实现了底物高产率、高选择性的[2+2]环加成反应[22]。

因此,当反应底物中含有两个及以上共轭或者非共轭的具有反应活性的双键时,采用以上的分子设计策略,则能够生成基于晶体中[2+2]环加成反应的聚合物。

Coates等利用苯-氟苯相互作用,实现了晶体中的聚合反应[23],见图3-4。其与二聚反应采用了相同的分子设计策略。另外,通过模板法,也能够实现晶体中的聚合反应,见图3-5,化合物1和2借助氢键,以自身为模板,实现了单晶(反应物)到单晶(产物)的聚合反应[24],得到的含有吡啶单元的聚合物可溶解在有机溶剂中,并且具有一定的拉伸强度,有望应用于塑料薄膜。

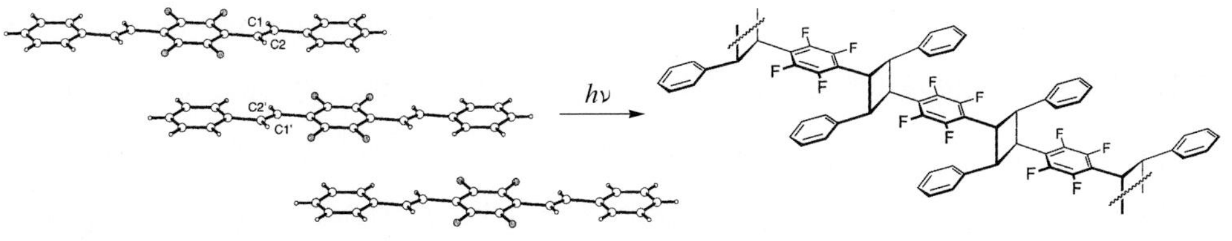

图 3-4 以苯-氟苯相互作用为预组织驱动力的拓扑聚合反应[23]

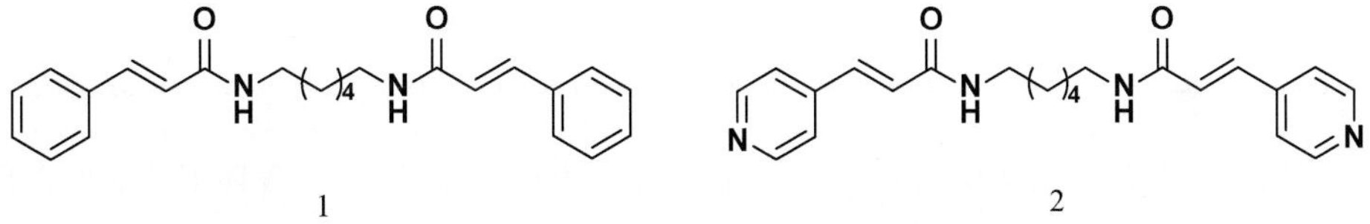

图 3-5 以自身为模板发生晶体中聚合反应的化合物 1 和 2[24]

对于通过[2+2]环加成生成的四元环连接的金属配位聚合物来说,要求配体骨架中含有一个及以上烯烃官能团,如简单的单齿配体 4-苯乙烯吡啶。为了得到一维的配位聚合物,通常金属配合物中有两个含 C=C 的配体。固态条件下,晶体中烯烃双键有两种排列方式,即面对面的排列方式或两双键间存在一定的滑移位错。面对面的排列方式发生光致二聚生成二聚体而不是聚合物。通常来说,配位作用、桥连或者螯合的阴离子配体会影响这种面对面的排列方式。而滑移位错的排列方式则是生成配位聚合物需要的预组织结构,大部分情况下 π-π 相互作用在晶体滑移位错的自组装过程中起到非常重要的作用。通过这种方式,可以合成单晶或者多晶的配位聚合物。另外,可以通过引入合适的金属离子调节聚合物的性质。在早期的研究工作中,以二甲氨基苄丙酮(trans,trans-dibenzylideneacetone,dba)为配体的铀、锡(Ⅳ)等配合物,dba 配体中的双键与相邻金属配合物的 dba 配体的双键发生光致环化反应,生成相应的金属聚合物[25]。

金属有机框架(MOFs)和共价有机框架(COFs)结构由于其高的比表面积和高度结晶性,在诸多领域具有广泛的应用。将有机聚合物引入 MOFs 中,可能使材料同时具有 MOFs 结构的规整性和有机聚合物的功能性。但由于其溶解性较差,配位聚合物本身通过常规的溶液方法结晶很困难,因此将其引入 MOFs 中更是一个很大的挑战,同时通过单晶 X 射线衍射的方法对其结构的表征也十分困难。[2+2]环加成反应可用于构建含有有机聚合物链的 MOFs 结构,采用的策略与金属配合物类似。含有两个双键的烯烃配体(1,4-二[2-(4-吡啶)乙烯基]-苯)(bpeb)可用于构建 MOFs 结构,连接基元间隔的双键的预组织方式会影响光产物的结构。当 bpeb 的双键是面对面排列或者部分呈发生反应的排列时,会发生双光环化或者单光环化反应导致生成聚合物链,只有当 bpeb 的烯烃双键无限滑移位错排列时,才会发生一致的环化反应生成含有机聚合物的 MOFs 结构,如图 3-6(a)所示。在具有六重互穿金刚烷拓扑结构的 MOFs [Zn(bpeb)(bdc)]·H$_2$O·0.1DMA 中,bpeb 的双键错开排列,苯环与吡啶环中心的距离为 3.62 Å,双键中间的距离为 3.68 Å。这种完全错开的排列方式使得该 MOFs 结构在紫外光照下发生[2+2]环加成反应,并且该反应是一个单晶到单晶的转变,如图 3-6 (b)(c)所示。在产物结构中,环丁烷的生成使得所有的 bpeb 形成了含环丁烷的聚合物,六重互穿金刚烷拓扑结构也转变成互穿网络结构,同时该结构还能在加热的条件下解聚合发生逆-[2+2]环加成反应成烯烃[26]。

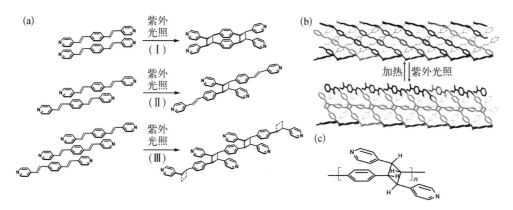

图 3-6　(a)晶体中 bpeb 的三种堆积形式的光反应:(Ⅰ)面对面双光环加成,(Ⅱ)部分规整排列发生单光环化,(Ⅲ)烯烃双键无限滑移位错光环化;(b)以 bpeb 为配体的含有机聚合物的 MOFs 的聚合和解聚合的形成;(c)形成的有机聚合物的结构式[26]

这种通过[2+2]环加成构建含环丁烷结构聚合物的配位聚合物或者 MOFs 结构的方式,将金属离子、有机聚合物和配位聚合物整合在同一晶相中,可以用来构建具有特殊的物理化学性质的材料,也为基于其他类型的有机聚合物设计提供了思路。但该领域同时也存在一定的挑战,比如光反应后单晶结构能否保留、产物单晶结构的确认等。

除了[2+2]环加成反应,也有一些底物烯烃含有环内双键,在晶体中发生 C=C 双键的加成聚合反应,生成晶体聚合物。通常来说,由于反应后期晶体结晶度的变化以及晶体本身的透光性和厚度的影响,光照聚合反应不是完全定量的。因此,获得大尺寸的聚合物单晶也并不容易。Dou 和 Wudl 等通过共轭染料分子的可见光照拓扑聚合实现了单晶线性聚合物的制备。单体的晶体在太阳光或紫外光的辐射下会由橙色变为浅黄色,产物不溶于常见有机溶剂。通过单晶 X 射线衍射结果分析,底物分子间发生了 C＝C 双键间的加成聚合反应,碳原子从 sp^2 杂化变成 sp^3 杂化,生成了单晶聚合物[27],如图3-7 所示。由于底物分子双键的反应活性较高,聚合反应几乎定量发生(＞99%),并且研究发现,侧链 R 影响底物分子的预组织行为,从而影响反应活性。短链或带有支链的长链都不能在光照下发生晶体中的聚合,只有长直链的体系才能发生反应。在对生成的聚合物进行应力-应变曲线的机械性能测试时,发现聚合物的行为与单向的纤维加固的成分类似,纤维方向强度提高,但横截面几乎没有机械强度。这种特征使得聚合物晶体在拉伸条件下变为分立的条状结构,条与条之间发生滑移位错。类似于石墨烯层与层之间的范德瓦耳斯力很弱,形成的聚合物组成上,链之间几乎没有缠结,链之间的非共价相互作用较弱。

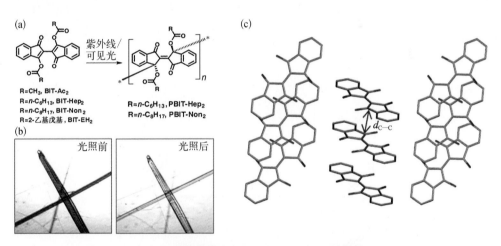

图 3-7　(a)底物单体的光照聚合反应;(b)光照前后 BIT-Hep$_2$
晶体的光学显微照片;(c)BIT-Hep$_2$ 的晶体结构[27]

3.2.2　丁二炔的聚合反应

聚丁二炔类聚合物作为 π-共轭聚合物的一种,具有准一维的结构,由于其非线性光学和高光导通的特性,在传感、生物电子材料及光电器件领域具有重要的潜在应用。这些特征使得聚丁二炔成为值得研究的重要材料之一,因此发展合理的制备聚丁二炔的合成方法尤为重要。自从 Wegner 等首次[28]通过拓扑聚合的方式光照制备聚丁二炔之后，越来越多的制备聚丁二炔的方法被报道[1]。

丁二炔的聚合反应一般只能发生在聚集体或本体条件下，对于确定的丁二炔类化合物晶体来说，在加热、光照或者压力等条件下发生拓扑聚合反应需要满足一定的条件，如图 3-8 所示。丁二炔晶体的晶格参数满足 $d \approx 5\text{ Å}$，$\varphi \approx 45°$，$R_{1,4} < 4\text{ Å}$ 时，才能发生拓扑聚合得到双键、三键交替的主链共轭聚合物，其中 d 为单体的堆积距离，φ 为单体与堆积轴线之间的夹角，$R_{1,4}$ 为反应原子 C 与 C′ 之间的距离。类似于固相中的 [2+2] 环加成反应，为了满足聚合反应发生的条件，通常采取两种策略对底物分子进行预组织。一种是通过引入官能团，如调控侧链基团，使分子间存在非共价相互作用，如氢键、π-π 相互作用等，从分子设计的角度实现对分子预组织行为的有效调控。但这种策略同样存在普适性较差、晶体堆积的不确定性等缺点，因此，通过模板法对底物分子进行可控组装是调控分子堆积行为的另一种常用方式。目前科研工作者已经设计合成出较多的取代丁二炔衍生物，包括单取代、双取代、含多个炔基以及含间隔基的不同类型，制备出许多新型的具有更高共轭程度的丁二炔类高分子晶态材料，在很多领域具有广泛的应用前景。

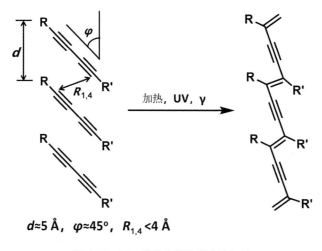

$d \approx 5\text{ Å}$，$\varphi \approx 45°$，$R_{1,4} < 4\text{ Å}$

图 3-8 丁二炔发生拓扑聚合的条件

氢键是丁二炔衍生物预组织基元中常用的一种非共价相互作用。由于氨酯基团之间能够相互形成氢键，氨酯取代的丁二炔类底物是广泛研究的一类材料。对于对称取代的丁二炔衍生物，当烷基链与炔基直接相连时，聚合反应活性受奇偶效应的影响，奇数碳链长的烷基链底物不发生聚合反应，而偶数碳链长的烷基链底物在 γ 射线照射下可以聚合。但当烷基链不和炔基直接相连时，烷基链长度则不会影响聚合反应活性。除氨酯外，磺酸酯基也是基于氢键常被引入丁二炔底物的预组织单元。

为了提高聚丁二炔类材料的性能，进一步拓展其在光电领域的应用，芳烃、杂环芳烃及氮、硫等杂原子与炔基相连可以延伸共轭骨架的长度。为了使得晶体堆积满足拓扑聚合发生的条件，通常采用非对称取代的方式，丁二炔一端取代功能基团，如咔唑、吩噻嗪、四硫富瓦烯等，另一端则取代含特定非共价相互作用的预组织基元，如氨酯、取代苯环等。

Frauenrath 等利用芳烃-氟代芳烃相互作用实现了固相丁二炔的拓扑聚合反应[29, 30]（图 3-9）。他们通过单晶结构解析发现，单体分子中的苯环和氟代苯环作为超分子相互作用预组织基元，形成交替柱状堆积，进而实现丁二炔官能团的预组织，使其空间排列可以满足拓扑聚合反应要求，实现光照下的聚合反应。向两个丁二炔分子中分别引入苯环、氟代苯环，在芳烃-氟代芳烃相互作用的驱动力下得到两分子共晶，通过共晶中的反应同样实现了丁二炔共聚物的合成。

除了在丁二炔两端引入不同的预组织基元外，许多课题组也尝试通过超分子化学或者晶体工程的方式来调控丁二炔衍生物晶体的堆积方式，从而进一步调控拓扑聚合反应。为了利用模板法实现丁二炔的聚合反应，Lauher 课题组发现甘氨酸衍生物通过分子间羧酸 O—H⋯O 的双重氢键可以形成一维线性结构，一维超分子链之间再通过 N—H⋯O 氢键形成二维层状结构，从而形成氢键聚集体[31]。超分子链之间的距离约为 4.9 Å，与丁二炔聚合发生拓扑聚合的距离要求相符合。以该分子为模板，通过吡啶基团与羧酸基团之间的 N—H⋯O 氢键来实现修饰吡啶基团的丁二炔衍生物的预组织，并得到两者的共晶。在共晶中，丁二炔单体在光照下可以发生聚合反应，实现了单晶到单晶的转变过程。通过升温可以加速反应的进行[32]。作者进一步交换羧酸基团和吡啶基团的位置，将吡啶连入甘氨酸衍生物中作为模板，端基为羧酸的丁二炔衍生物为反应物，获得两者的共晶，丁二炔同样很容易发生聚合。这一工作也证明了模板法的普适性[33]。

该课题组进一步利用吡啶和卤原子之间的卤键为模板，通过类似的方法得到了模板化合物与丁二炔衍生物的共晶。但此晶体中丁二炔基团之间的距离不满足拓扑聚合条件，在加热或者光照的条件下均未得到丁二炔的聚合物[34]。随后，他们将压力引入，诱导了聚合反应的发生[35]。利用相同的策略，研究者将吡啶基团改为氰基，通过其与卤原子之间的卤键，实现了共晶中的丁二炔预组织，在常温下即可实现丁二炔的自发聚合反应，得到只含碳、碘元素的共轭聚合物[36]。

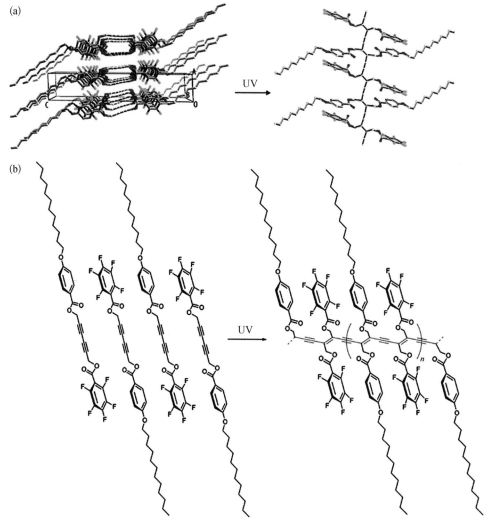

图 3-9　芳烃-氟代芳烃相互作用调控的丁二炔在晶体中的聚合反应[29]

　　Yam 等利用分子间氢键、疏水-疏水相互作用、π-π 堆积和 Pt-Pt 相互作用等的协同作用进行组装,通过 TEM、SEM 和 AFM 表征分子在溶液中组装形成的纤维状有序结构,在紫外光照下发生丁二炔的聚合反应[37]。

　　Lauher 等进一步将丁二炔引入环状结构中(图 3-10),得到丁二炔的大环分子及其单晶[38]。在单晶结构中,大环分子形成堆叠的柱状结构,丁二炔官能团之间的距离为 4.84 Å, 40 ℃ 下反应 35 d,通过丁二炔的聚合反应,得到了纳米管状结构,并发生单晶到单晶的转变过程,得到产物的晶体结构,这也是第一例结构确定的管状聚合物。

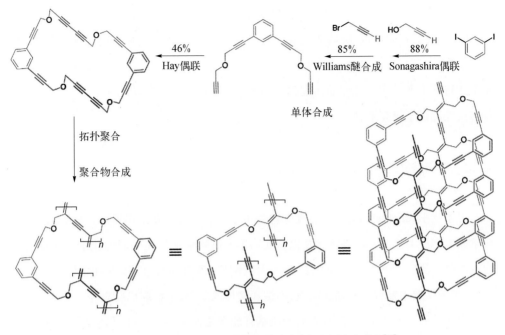

图 3-10 环状丁二炔衍生物的合成及单体中的聚合反应[38]

Shimizu 课题组合成了由两个丁二炔结构通过酰胺键相连的大环分子,并得到了该分子与水形成的 1∶2 的晶体复合物,环状结构之间形成柱状堆积,在加热条件下可以发生丁二炔单晶到单晶的聚合反应,形成聚丁二炔的纳米管状结构,每个管状结构通过酰胺键与周边四个管状结构相连接[39]。这样一种规整的聚合物结构呈现出准一维电子结构,将有望成为导电有机材料。这种聚丁二炔的管状结构可以吸收碘蒸气,研究者认为通过吸收客体分子有望实现对该管状结构分子性质的调控。

利用晶体中的聚合反应,还可以实现特殊拓扑结构分子的构建。Rubin 课题组利用晶体中丁二炔在光照下的拓扑聚合反应,再将其进行连续芳化关环,得到了石墨烯纳米带结构,从而建立一种简单的通过固相反应实现的"由上到下"的石墨烯纳米带的合成[40]。

由于聚丁二炔类材料沿着聚合物链骨架方向的高度离域的 π 电子作用,其优异的光学和电学性能使其在光电领域受到广泛的关注。而固相拓扑聚合的合成方法,是由单晶丁二炔单体得到晶态的聚丁二炔聚合物,由于单体单元和聚合物产物结构的长程有序和确定性,其被认为是研究一维电荷传输的模型体系。聚丁二炔类材料被认为具有高迁移率,是潜在的高迁移率场效应晶体管材料。同时,聚丁二炔类材料还具有高的三阶非线性光学系数,是波导全光开关器件的理想材料。另外,由于在外界条件(如光、温度、机械力、溶剂、电场等）刺激下会发生丁二炔的聚合反应或聚丁二炔聚合物的相变，从而导致材料的颜色（吸收或荧光）发生变化，这种性质的改变可用于传感等应用。丁二炔作为目前报道的唯一一类能够通过拓扑聚合获得共轭高分子晶体的材料，为科研工作者获得大尺寸聚合物晶体提供了有效途径，对于揭示共轭高分子晶体材料的结构与性能提供了研究平台。

3.2.3　炔和叠氮的1，3-偶极环加成反应

点击化学（click chemistry）的概念首先由 Sharpless 在 2001 年提出，之后立即受到科学家的广泛关注。可以将两种及以上底物单元高效地连接在一起的化学反应即可称为点击化学反应。点击化学反应具有适用范围广、高效、副反应较少且立体单一等优点，常见的反应主要包括环加成反应、不饱和键加成反应、亲核取代反应等。

在常见的点击化学反应中，叠氮和炔基官能团之间发生的1，3-偶极环加成作为环加成反应的一种，应用十分广泛。这一简单高效的反应首先由 Michael 开发，再由 Huisgen 进一步发展[41]。然而，叠氮与端炔之间的1，3-偶极环加成反应在无催化剂条件下往往需要较高的反应温度以及较长的反应时间，得到的产物通常是1，4-取代三唑和1，5-取代三唑的混合物，且比例近似为 1：1[42]。这些不利因素大大地限制了1，3-偶极环加成反应的应用。

Sharpless[43]和 Meldal[44]等以一价铜作为催化剂，在温和的反应条件下，高效地实现了叠氮和端炔之间的1，3-偶极环加成反应（CuAAC），得到了区域选择性的1，4-取代三唑产物。Cu(I)催化的1，3-偶极环加成反应具有条件温和、区域选择性高、反应速率快、产率高等优点，成为点击化学中最常用的反应，广泛应用于药物载体合成、细胞成像、表面修饰和功能聚合物合成等领域。

尽管1，3-偶极环加成反应具有诸多优势，但催化剂铜盐的生物毒性使得这一反应在生物体系中的应用具有一定局限性。为了克服这一缺点，设计一种具有较高区域选择性的无金属催化的1，3-偶极环加成反应尤为重要。

大部分拓扑反应的反应官能团为同一类型或者同官能团（如烯烃的二聚、丁二炔的聚合等），拓扑1，3-偶极环加成（TAAC）反应需要反应底物含"互补"的叠氮和炔基反应官能团。这就要求反应底物以头尾相接的方式排列使得反应的叠氮基团和炔基相互靠近。因此需要采用晶体工程的策略对反应底物进行预组织。非共价相互作用基团需要

设计在合适的位置使得叠氮和炔基以能够发生反应的方式进行排列。

　　Ma 课题组实现并发展了一种非铜催化的室温 1,3-偶极环加成聚合反应[45-47]。叠氮和端炔官能团基于晶相中的芳烃-氟代芳烃相互作用实现预组织,从而有利于得到区域选择性的 1,4-取代三唑产物(图 3-11)。晶体结构证明芳烃-氟代芳烃相互作用构建了单体分子交替的面对面柱状堆积,叠氮和炔基反应官能团在晶体中处于相互靠近的位置。在室温条件下,底物可以缓慢发生 1,3-偶极环加成反应,得到不溶的聚合物。将使用亚胺键连接苯和氟苯片段的不溶聚合物用酸水解,得到可溶的三唑小分子,与使用一价铜盐催化的 1,3-偶极环加成反应产物进行对比,证明晶体中进行反应具有区域选择性,得到的是 1,4-取代三唑产物。研究者认为晶体中官能团的预组织使其更接近 1,4-取代三唑产物的过渡态,从而使得该反应具有区域选择性。这是第一例晶体中非铜催化的 1,3-偶极环加成反应。之后,该课题组实现了压力对晶体中 1,3-偶极环加成反

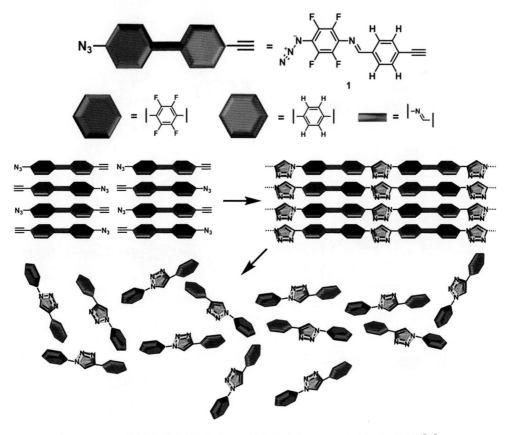

图 3-11　芳烃-氟代芳烃相互作用调控的晶体中的 1,3-偶极环加成反应[45]

应速率的提升,发现在 1.15 GPa 下,该反应的反应速率相对于常压下反应可以提升 10^3 倍,这主要是由于反应过程存在负的活化体积,即过渡态相对于底物来说体积收缩,反应前后化学体积的变化导致外界对体系的做功对反应进程产生影响。

进一步,他们通过调控连接基元的结构变化,实现了构效关系的探究、反应的优化和可溶性聚合物的制备[48]。分子连接基元中亚甲基数量不同,分子在晶体中会采取不同的堆积方式,进而改变叠氮和炔基排列的方向和距离,影响 1,3-偶极环加成反应的区域选择性。以晶体中叠氮和炔基的预组织方式得到 1,4-取代三唑产物较为合适,且考虑到得到 1,5-取代三唑产物的较大的环张力,因此该聚合反应具有一定的区域选择性,如图 3-12 所示。在具有芳烃-氟代芳烃相互作用的苯环和氟代苯环作为预组织单元的基础上,将连接基元中的酯基换为可形成氢键的酰胺键,利用氢键和芳烃-氟代芳烃相互作用的协同调控,实现了无金属催化的高区域选择性的 1,3-偶极环加成反应。单晶结构表明

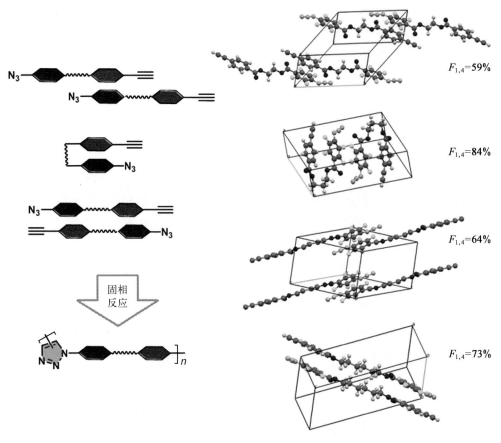

图 3-12 连接基元调控的晶体中的 1,3-偶极环加成反应及构效关系[48]

氢键的加入可以有效地调控反应官能团的预组织方式,提高反应的区域选择性。

晶体的化学反应中,不同组分之间的反应目前仅有几例报道,包括[2＋2]环加成反应、Diels－Alder反应。从这些反应可知,要获得两组分共晶,需要满足两组分的大小、形状接近且两组分之间的相互作用力大于单一分子本身的相互作用力。实现共晶中化学反应的难点在于要克服单组分形成单晶的倾向而实现多组分之间的共晶,同时要保持官能团之间的预组织。实际应用中大多数有机反应是两组分之间的反应,所以研究晶体中多组分反应具有重要意义。Ma课题组通过精巧的分子设计和共晶的构建,成功实现了压力促进下晶体中的两分子1,3-偶极环加成反应,反应过程具有高度的区域选择性,可以得到纯净的1,4-取代三唑产物[49],见图3－13。以4-叠氮四氟苯甲酸和对炔基苯甲酰胺为原料,利用羧酸和酰胺的二重氢键以及芳烃-氟代芳烃相互作用作为驱动力,成功获得了两组分共晶。

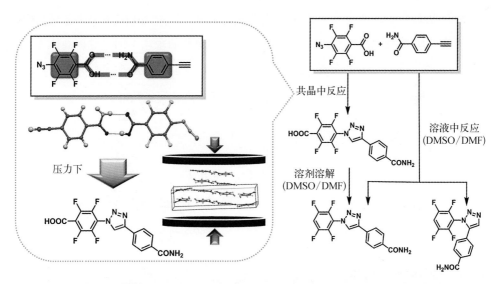

图 3－13　两组分共晶中的 1, 3-偶极环加成反应[49]

晶体结构显示,两组分共晶通过酰胺和羧酸基团的二重氢键,形成了二聚体,二聚体之间进一步通过芳烃-氟代芳烃相互作用形成了交替的柱状堆积。更为重要的是,在晶体结构中,叠氮和炔基官能团可以实现有效的预组织,进而在室温条件下,就可以缓慢发生AAC反应获得区域选择性为近100%的1,4-取代三唑产物。在此基础上,该课题组进一步将压力作为促进反应的方式,采用油压机作为压力设备,在800 MPa的压力下反应10 min就可以实现90%以上的转化率,同时反应的区域选择性可以得到完美的保持。作为对比,在溶液中将两种反应物直接加热,得到的产物则是1,4-取代三唑和1,5-取代三唑的混合物,其比例为1∶1,表明溶液中的反应不具有区域选择性。同时,加成产物在溶液状态下还会发生脱羧反应,因此利用溶液反应几乎不能获得目标的反应产物。这表明,通过合理的分子设计和共晶的构建,压力作用下晶体中的化学反应不仅可以实现高区域选择性,还可以有效避免溶液中可能发生的副反应,这对于合成化学领域具有重要的意义。该研究工作对于设计基于两组分共晶的1,3-偶极环加成反应的晶体中的聚合反应具有指导意义。

Sureshan课题组利用多糖作为连接基元连接叠氮和炔基基团[50, 51],这一小分子在溶液中发生一价铜盐催化的1,3-偶极环加成反应,得到一系列环状三唑寡聚物的混合物(图3-14)。通过对多糖进行修饰,该课题组又实现了具有1,4-区域选择性的单晶-单晶反应。得到的聚合物可溶于常见有机溶剂,通过进一步修饰羟基实现其功能化。此外,还利用晶体的有序排列,通过拓扑聚合,实现了两种聚合物的共混[52]。底物单体中甘露醇为连接基元,两端为叠氮和炔基反应官能团。晶体中该底物单体存在两种构象异构体,均以头尾相接的方式排列,但叠氮基团和炔基的距离不同。对该晶体进行加热,反应产物为等当量的1,5-取代三唑和1,4-取代三唑的共混聚合物,并且该共混聚合物以一条聚合物链被另一种类型的聚合物链包围的方式完美共混。

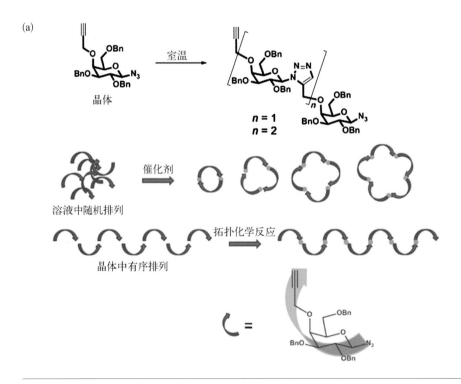

(a)

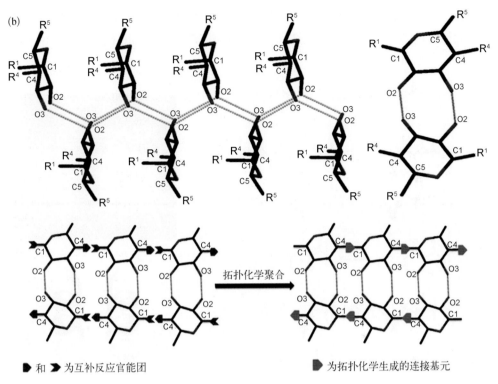

(b)

▶ 和 ➤为互补反应官能团   ▶为拓扑化学生成的连接基元

拓扑化学聚合

图 3-14　氢键调控的晶体中的 1，3-偶极环加成反应[50, 51]

与多糖类似，核苷也能够形成氢键组装体，其晶体中存在 N—H⋯O，N—H⋯N 等氢键作用，并且三唑基团有希望替代核酸中的磷酸二酯作为连接基元。Sureshan 等发现以胞嘧啶为连接基元的衍生物晶体中形成以 N—H⋯N 氢键为预组织驱动力的中心对称的超分子二聚体，垂直于二聚体的方向上存在 N—H⋯O 氢键。分子采取头尾相接的方式排列，叠氮和炔基的位置处于形成 1，5-取代三唑产物过渡态结构，当晶体加热到 100 ℃时，发生具有区域选择性的 TAAC 反应，形成由 1，5-取代三唑连接的 DNA 类似物[53]。除了 β-连接的核苷外，研究者也合成了 α-连接的聚核苷和聚核酸及其类似物[54, 55]。

采用类似的方法，Sureshan 等利用多肽作为预组织基元，发生叠氮和炔基的 1，3-偶极环加成聚合反应，生成由 1，4-取代三唑连接的蛋白质类似物[56]。值得注意的是，该二肽衍生物在室温放置一个月后呈现与新制备矩形晶体不同的右手螺旋状形貌，NMR 实验证明发生了 TAAC 反应。晶体中未发生反应的分子与产物的不均衡分布导致界面张力的存在，当达到某一极限值时，累积张力通过晶体的弯曲释放。发生 TAAC 反应后，L，L-二肽底物晶体呈现右手螺旋扭曲，其对映异构体 D，D-二肽底物晶体呈现左手螺旋扭曲，见图 3-15，这是首例微观分子手性与宏观机械响应相关的报道。

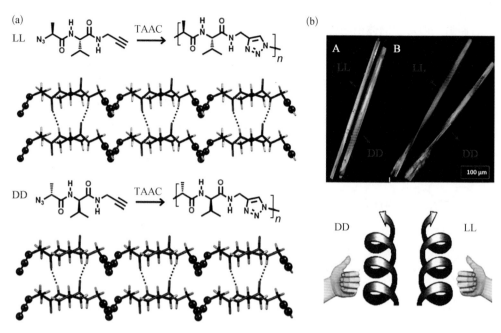

图3-15　以多肽为连接基元的晶体中的拓扑 1，3-偶极环加成（TAAC）反应[56]

Li 课题组选用胆酸连接叠氮和炔基官能团，利用胆酸 α 面的亲水性和 β 面的疏水性，使叠氮和炔基反应官能团在晶体中相互靠近[57, 58]。通过加热引发叠氮和炔基的 1，3-偶极环加成反应，但该反应没有得到良好的区域选择性，这可能是因为晶体中反应官能团所处的位置使得两种环加成方式的过渡态都比较接近。但是胆酸作为连接基元使得聚合物可溶于常见有机溶剂，且反应后晶体可以制作成透明聚合物薄膜。

在 TAAC 反应中，氢键、苯-氟苯相互作用等非共价相互作用为常见的预组织驱动力。叠氮和炔基头尾相接的排列方式为拓扑聚合发生的重要条件，叠氮和炔基的堆积结构接近和类似过渡态的结构是发生反应的理想条件。更多关于 TAAC 反应的应用还有待开发。

3.2.4　压力诱导的拓扑化学反应

传统的化学反应通常以光、热、电化学、辐射等外界刺激作用于反应分子来引发，而机械力作为一种广泛存在于自然界和生物体中的能量传递方式，因其固有的宏观属性和复杂的相互作用较少应用于化学反应的研究。近年来,随着各个科学领域的不断发展和机械力化学取得的一些研究成果,力化学研究领域开始受到广泛的关注,成为化学研究领域的热点之一。压力是我们常见的一种施加机械力的方式,也是热力学中的重要参数。

压力一般对于固体中的化学反应影响不大,但是压力达到足够高时,随着压力的升高,固体被压缩,导致原子间距减小,原子配位数增加,体系内能增大,使得分子或原子之间的电子云发生强烈的相互作用,成键轨道重组,从而影响元素的亲和能和化合物的化学键,进而诱导化学反应的发生、提高反应速率,甚至可能发生常压下所不能发生的化学反应。高压下晶体中分子或原子的移动受到严重限制,分子倾向于沿着特定的方向靠近,当分子足够近时,发生晶体诱导的拓扑化学反应,反应产物能够给出底物分子晶体的晶胞信息,聚合反应是众多高压化学反应中常见的一种。比如,在一定压力下,乙炔、乙腈等简单不饱和脂肪化合物可生成相应的聚合物。

Badding 等发现高压下苯可以聚合生成局部类金刚石结构一维有序饱和纳米材料[59]。室温下,施加 20 GPa 的压力于苯样品,在该压力下保持 1 h,然后以 2 GPa/h 的间隔释放该压力,完全卸去压力后得到不溶于碳氢化合物有机溶剂的样品,并且该样品在 250 ℃ 发生热解。通过 X 射线和中子衍射、拉曼光谱、固体核磁、透射电子显微镜(transmission electron microscope,TEM)等手段表征该产物,发现该一维结构为多个埃级的 sp^3 杂化碳原子形成的密堆积束状结构,二维平面为晶态,并且在三维空间上短程有序,其反应方向可能是沿苯分子 π-π 堆叠方向。该纳米结构的强度和韧性高于 sp^2 杂化碳原子的纳米管和传统高强度聚合物,是第一例通过可控动力学的高压固态反应合成的有序 sp^3 杂化含碳材料。随后,Li 等研究了苯-六氟苯共晶这一典型 π-π 堆叠体系在高压下的相变与聚合。与苯晶体类似,苯-六氟苯共晶在高压下发生了 Diels-Alder 反应、逆-Diels-Alder 和 1-1′偶联反应,生成短程有序的氟代石墨烷结构[60]。

由于高压仪器设备和高压表征手段的限制,压力诱导的晶体中的拓扑聚合反应还处于研究初期,亟须更多的研究内容揭示压力与晶体中的聚合反应之间的关系,并进一步制备含有某些特征性能的功能性材料。

3.3 总结与展望

从以上例子可以看出,通过拓扑聚合反应实现晶体中单体分子的聚合得到晶态聚合物,对于晶体聚合物的基础研究和潜在的应用探索都具有重要的意义。

目前实现的晶体中的化学反应是利用晶体工程和超分子化学提供的信息进行分子设计。配位键、氢键、阳离子-π相互作用、卤键、π-π相互作用均是合适的预组织非共价相互作用,使得拓扑反应发生。模板法也是实现晶体中的拓扑聚合反应常采用的一种策略。虽然目前关于拓扑聚合反应的研究较多,但该领域仍然没有得到足够的重视,也存在诸多挑战:(1) 相比于溶液中的反应来说,目前晶体中的反应的类型和数目仍然相当有限,因此,开发新的拓扑反应类型和分子设计策略是十分必要和迫切的。在目前的反应体系中[2+2]环加成反应的研究最多。聚丁二炔由于其优异的光电特性,需要进一步拓展其应用,改善材料的性能。叠氮和炔基的1,3-偶极环加成反应还处在研究的初步阶段,更多功能性的应用亟须开发。另外,需要开发新的反应类型,如压力诱导的拓扑聚合反应,丰富晶体中的聚合反应类型,从而制备更多类型、更多维度的新型高分子晶体材料。(2) 拓扑化学领域的一个主要挑战是合成目标产物的底物的分子设计,理想的分子堆积方式是实现晶体中拓扑聚合反应的先决条件。未来仍然需要采用合理的分子设计策略,引入合适的预组织基元,不断尝试和研究适用于不同体系的预组织策略,研究晶体堆积与分子结构之间的构效关系,为功能性分子的制备提供强有力的支持。(3) 在目前的反应体系中,由于晶体中的反应伴随着旧键的断裂和新键的形成,聚合过程中可能发生晶体的碎裂或无定形化,导致晶体反应的非定量和非高效,获得大尺寸的聚合物晶体仍然是高分子领域的一大挑战。因此,亟须科研工作者通过合理的分子设计,开发更多的反应类型,并借助压力、温度、光照等调节手段,进一步发展拓扑聚合反应,为光电材料、生物材料等领域提供更丰富的具有特征功能的高分子晶体材料,并推动相关领域的发展。

参考文献

[1] Biradha K, Santra R. Crystal engineering of topochemical solid state reactions[J]. Chemical Society Reviews, 2013, 42(3): 950-967.

[2] Braga D, Grepioni F. Making crystals by design: methods, techniques and applications[M]. Weinheim, Germany: Wiley-VCH Verlag GmbH & Co. KGaA, 2006.

[3] Bučar D K, Papaefstathiou G S, Hamilton T D, et al. Template-controlled reactivity in the organic solid state by principles of coordination-driven self-assembly[J]. European Journal of Inorganic Chemistry, 2007, 2007(29): 4559-4568.

［4］Schmidt G M J. Photodimerization in the solid state[J]. Pure and Applied Chemistry, 1971, 27 (4): 647 - 678.

［5］Hasegawa M. Photopolymerization of diolefin crystals[J]. Chemical Reviews, 1983, 83 (5): 507 - 518.

［6］Liu K, Kang Y T, Wang Z Q, et al. 25th anniversary article: Reversible and adaptive functional supramolecular materials: "Noncovalent interaction" matters[J]. Advanced Materials (Deerfield Beach, Fla), 2013, 25(39): 5530 - 5548.

［7］Cohen M D, Elgavi A, Green B S, et al. Photodimerization and excimer emission in a crystalline 1, 4 - diphenylbutadiene[J]. Journal of the American Chemical Society, 1972, 94(19): 6776 - 6779.

［8］Matsumoto A, Tanaka T, Tsubouchi T, et al. Crystal engineering for topochemical polymerization of muconic esters using halogen-halogen and CH /π interactions as weak intermolecular interactions[J]. Journal of the American Chemical Society, 2002, 124(30): 8891 - 8902.

［9］Cheng X M, Huang Z T, Zheng Q Y. Topochemical photodimerization of (E)- 3 - benzylidene - 4 - chromanone derivatives from β-type structures directed by halogen groups[J]. Tetrahedron, 2011, 67(47): 9093 - 9098.

［10］Hunter C A, Sanders J K M. The nature of .pi.-.pi. interactions[J]. Journal of the American Chemical Society, 1990, 112(14): 5525 - 5534.

［11］Elgavi A, Green B S, Schmidt G M J. Reactions in chiral crystals. Optically active heterophotodimer formation from chiral single crystals[J]. Journal of the American Chemical Society, 1973, 95(6): 2058 - 2059.

［12］Coates G W, Dunn A R, Henling L M, et al. Phenyl-perfluorophenyl stacking interactions: A new strategy for supermolecule construction[J]. Angewandte Chemie International Edition, 1997, 36(3): 248 - 251.

［13］Feldman K S, Campbell R F. Efficient stereo- and regiocontrolled alkene photodimerization through hydrogen bond enforced preorganization in the solid state[J]. The Journal of Organic Chemistry, 1995, 60(7): 1924 - 1925.

［14］Yamada S, Nojiri Y. Water-assisted assembly of (E)-arylvinylpyridine hydrochlorides: Effective substrates for solid-state ［2 + 2］ photodimerization[J]. Chemical Communications, 2011, 47 (32): 9143.

［15］Ito Y, Hosomi H, Ohba S. Compelled orientational control of the solid-state photodimerization of trans-cinnamamides: Dicarboxylic acid as a non-covalent linker[J]. Tetrahedron, 2000, 56(36): 6833 - 6844.

［16］J Blake A, R Champness N, S M Chung S, et al. In situ ligand synthesis and construction of an unprecedented three-dimensional array with silver(i): A new approach to inorganic crystal engineering[J]. Chemical Communications, 1997(17): 1675 - 1676.

［17］Chu Q L, Swenson D C, MacGillivray L R. A single-crystal-to-single-crystal transformation mediated by argentophilic forces converts a finite metal complex into an infinite coordination network[J]. Angewandte Chemie International Edition, 2005, 44(23): 3569 - 3572.

［18］Santra R, Biradha K. Nitrate ion assisted argentophilic interactions as a template for solid state ［2 + 2］ photodimerization of pyridyl acrylic acid, its methyl ester, and acryl amide[J]. Crystal Growth & Design, 2010, 10(8): 3315 - 3320.

［19］Garai M, Maji K, Chernyshev V V, et al. Interplay of pyridine substitution and Ag(I)⋯Ag(I) and Ag(I)⋯π interactions in templating photochemical solid state ［2 + 2］ reactions of unsymmetrical olefins containing amides: Single-crystal-to-single-crystal transformations of coordination polymers[J]. Crystal Growth & Design, 2016, 16(2): 550 - 554.

[20] MacGillivray L R. Organic synthesis in the solid state via hydrogen-bond-driven self-assembly[J]. The Journal of Organic Chemistry, 2008, 73(9): 3311 - 3317.

[21] Bhogala B R, Captain B, Parthasarathy A, et al. Thiourea as a template for photodimerization of azastilbenes[J]. Journal of the American Chemical Society, 2010, 132(38): 13434 - 13442.

[22] Toda F. Solid state organic chemistry: Efficient reactions, remarkable yields, and stereoselectivity [J]. Accounts of Chemical Research, 1995, 28(12): 480 - 486.

[23] Coates G W, Dunn A R, Henling L M, et al. Phenyl-Perfluorophenyl stacking interactions: Topochemical [2 + 2] photodimerization and photopolymerization of olefinic compounds[J]. Journal of the American Chemical Society, 1998, 120(15): 3641 - 3649.

[24] Garai M, Santra R, Biradha K. Tunable plastic films of a crystalline polymer by single-crystal-to-single-crystal photopolymerization of a diene: Self-templating and shock-absorbing two-dimensional hydrogen-bonding layers[J]. Angewandte Chemie International Edition, 2013, 52 (21): 5548 - 5551.

[25] Medishetty R, Park I H, Lee S S, et al. Solid-state polymerisation via [2 + 2] cycloaddition reaction involving coordination polymers[J]. Chemical Communications, 2016, 52(21): 3989 - 4001.

[26] Park I H, Chanthapally A, Zhang Z J, et al. Metal-organic organopolymeric hybrid framework by reversible [2 + 2] cycloaddition reaction[J]. Angewandte Chemie International Edition, 2014, 53 (2): 414 - 419.

[27] Dou L T, Zheng Y H, Shen X Q, et al. Single-crystal linear polymers through visible light-triggered topochemical quantitative polymerization[J]. Science, 2014, 343(6168): 272 - 277.

[28] Wegner G. Topochemical reactions of monomers with conjugated triple bonds. IV. Polymerization of bis-(p-toluene sulfonate) of 2.4 - hexadiin-1.6 - diol[J]. Macromolecular Chemistry and Physics, 1971, 145(1): 85 - 94.

[29] Xu R, Schweizer W B, Frauenrath H. Perfluorophenyl-phenyl interactions in the crystallization and topochemical polymerization of triacetylene monomers[J]. Chemistry - A European Journal, 2009, 15(36): 9105 - 9116.

[30] Xu R, Gramlich V, Frauenrath H. Alternating diacetylene copolymer utilizing perfluorophenyl-phenyl interactions[J]. Journal of the American Chemical Society, 2006, 128(16): 5541 - 5547.

[31] Coe S, Kane J J, Nguyen T L, et al. Molecular symmetry and the design of molecular solids: The oxalamide functionality as a persistent hydrogen bonding unit[J]. Journal of the American Chemical Society, 1997, 119(1): 86 - 93.

[32] Curtis S M, Le N, Fowler F W, et al. A rational approach to the preparation of polydipyridyldiacetylenes: An exercise in crystal design[J]. Crystal Growth & Design, 2005, 5(6): 2313 - 2321.

[33] Curtis S M, Le N, Nguyen T, et al. What have we learned about topochemical diacetylene polymerizations? [J]. Supramolecular Chemistry, 2005, 17(1/2): 31 - 36.

[34] Goroff N S, Curtis S M, Webb J A, et al. Designed cocrystals based on the pyridine-iodoalkyne halogen bond[J]. Organic Letters, 2005, 7(10): 1891 - 1893.

[35] Wilhelm C, Boyd S A, Chawda S, et al. Pressure-induced polymerization of diiodobutadiyne in assembled cocrystals[J]. Journal of the American Chemical Society, 2008, 130(13): 4415 - 4420.

[36] Sun A W, Lauher J W, Goroff N S. Preparation of poly (diiododiacetylene), an ordered conjugated polymer of carbon and iodine[J]. Science, 2006, 312(5776): 1030 - 1034.

[37] Fang S S, Leung S Y L, Li Y G, et al. Directional self-assembly and photoinduced polymerization

of diacetylene-containing platinum (II) terpyridine complexes[J]. Chemistry - A European Journal, 2018, 24(58): 15596 - 15602.

[38] Hsu T J, Fowler F W, Lauher J W. Preparation and structure of a tubular addition polymer: A true synthetic nanotube[J]. Journal of the American Chemical Society, 2012, 134(1): 142 - 145.

[39] Xu W L, Smith M D, Krause J A, et al. Single crystal to single crystal polymerization of a self-assembled diacetylene macrocycle affords columnar polydiacetylenes[J]. Crystal Growth & Design, 2014, 14(3): 993 - 1002.

[40] Jordan R S, Wang Y, McCurdy R D, et al. Synthesis of graphene nanoribbons via the topochemical polymerization and subsequent aromatization of a diacetylene precursor[J]. Chem, 2016, 1(1): 78 - 90.

[41] Huisgen R. 1, 3 - dipolar cycloadditions. past and future[J]. Angewandte Chemie (International Edition in English), 1963, 2(10): 565 - 598.

[42] Gothelf K V, Jørgensen K A. Asymmetric 1, 3 - dipolar cycloaddition reactions[J]. Chemical Reviews, 1998, 98(2): 863 - 910.

[43] Rostovtsev V V, Green L G, Fokin V V, et al. A stepwise huisgen cycloaddition process: Copper (I)-catalyzed regioselective "ligation" of azides and terminal alkynes[J]. Angewandte Chemie International Edition, 2002, 41(14): 2596 - 2599.

[44] Tornøe C W, Christensen C, Meldal M. Peptidotriazoles on solid phase: [1, 2, 3]-triazoles by regiospecific copper(I)-catalyzed 1, 3 - dipolar cycloadditions of terminal alkynes to azides[J]. The Journal of Organic Chemistry, 2002, 67(9): 3057 - 3064.

[45] Ni B B, Wang C, Wu H X, et al. Copper-free cycloaddition of azide and alkyne in crystalline state facilitated by arene-perfluoroarene interactions[J]. Chemical Communications, 2010, 46(5): 782 - 784.

[46] Chen H, Ni B B, Gao F, et al. Pressure-accelerated copper-free cycloaddition of azide and alkyne groups pre-organized in the crystalline state at room temperature[J]. Green Chemistry, 2012, 14 (10): 2703 - 2705.

[47] Ni B B, Wang K, Yan Q F, et al. Pressure accelerated 1, 3 - dipolar cycloaddition of azide and alkyne groups in crystals[J]. Chemical Communications, 2013, 49(86): 10130 - 10132.

[48] Meng X, Chen H, Xu S, et al. Metal-free 1, 3 - dipolar cycloaddition polymerization via prearrangement of azide and alkyne in the solid state[J]. CrystEngComm, 2014, 16(43): 9983 - 9986.

[49] Meng X, Chen C Q, Deng X Y, et al. Building a cocrystal by using supramolecular synthons for pressure-accelerated heteromolecular azide-alkyne cycloaddition[J]. Chemistry - A European Journal, 2019, 25(29): 7142 - 7148.

[50] Pathigoolla A, Gonnade R G, Sureshan K M. Topochemical click reaction: Spontaneous self-stitching of a monosaccharide to linear oligomers through lattice-controlled azide-alkyne cycloaddition[J]. Angewandte Chemie International Edition, 2012, 51(18): 4362 - 4366.

[51] Pathigoolla A, Sureshan K M. A crystal-to-crystal synthesis of triazolyl-linked polysaccharide[J]. Angewandte Chemie International Edition, 2013, 52(33): 8671 - 8675.

[52] Hema K, Sureshan K M. Solid-state synthesis of two different polymers in a single crystal: A miscible polymer blend from a topochemical reaction[J]. Angewandte Chemie International Edition, 2019, 58(9): 2754 - 2759.

[53] Pathigoolla A, Sureshan K M. The topochemical synthesis of triazole-linked homobasic DNA[J]. Chemical Communications, 2016, 52(5): 886 - 888.

[54] Ni G C, Du Y Q, Tang F, et al. Review of α-nucleosides: From discovery, synthesis to properties

and potential applications[J]. RSC Advances, 2019, 9(25): 14302 - 14320.

[55] Pathigoolla A, Sureshan K M. Synthesis of triazole-linked homonucleoside polymers through topochemical azide-alkyne cycloaddition[J]. Angewandte Chemie International Edition, 2014, 53 (36): 9522 - 9525.

[56] Krishnan B P, Rai R, Asokan A, et al. Crystal-to-crystal synthesis of triazole-linked pseudo-proteins via topochemical azide-alkyne cycloaddition reaction [J]. Journal of the American Chemical Society, 2016, 138(45): 14824 - 14827.

[57] Li W N, Li X S, Zhu W, et al. Topochemical approach to efficiently produce main-chain poly (bile acid)s with high molecular weights[J]. Chemical Communications (Cambridge, England), 2011, 47(27): 7728 - 7730.

[58] Li W N, Tian T, Zhu W, et al. Metal-free click approach for facile production of main chain poly (bile acid)S[J]. Polymer Chemistry, 2013, 4(10): 3057 - 3068.

[59] Fitzgibbons T C, Guthrie M, Xu E S, et al. Benzene-derived carbon nanothreads[J]. Nature Materials, 2015, 14(1): 43 - 47.

[60] Wang Y J, Dong X, Tang X Y, et al. Pressure-induced Diels-alder reactions in C_6H_6—C_6F_6 cocrystal towards graphane structure[J]. Angewandte Chemie International Edition, 2019, 58(5): 1468 - 1473.

Chapter 4

第 4 章

嵌段共聚物有序网络组装结构的调控和应用

沈志豪

高分子化学与物理教育部重点实验室

北京大学化学与分子工程学院

4.1 引言

嵌段共聚物(block copolymer，BCP)是由两种或两种以上不同结构的高分子链段通过化学键连接而成的。链段间的不相容性足够大时，它们会发生微相分离，形成有序的自组装纳米结构。例如，典型的柔-柔(coil-coil)型二嵌段共聚物 AB 在本体中可以形成层状(LAM)相、六方排列的柱状(HEX)相、双连续的双螺旋二十四面体(double gyroid，DG 或 OBDG)相、体心立方结构的球状(BCC)相等，具体结构由嵌段共聚物整体分子量(N)和两种链段之间的相互作用参数(χ，与温度的倒数呈线性关系)的乘积 χN 以及链段 A 的体积分数(f_A)决定(图 4-1)[1]。这些有序纳米结构的周期尺寸取决于嵌段共聚物的总体分子量，一般在 20～100 nm,高分子量样品的自组装结构的周期尺寸可以大至 200 nm 以上，而特殊设计的具有强相分离能力的低分子量体系也可以形成小至10 nm 以下的自组装结构。

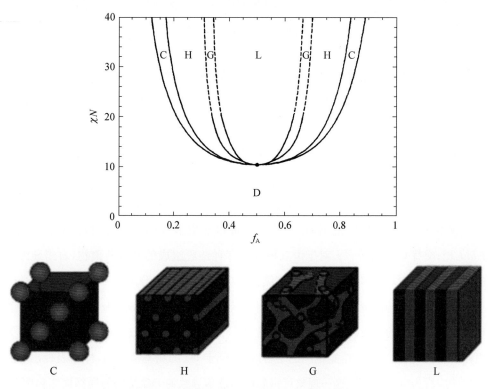

图 4-1　柔-柔型二嵌段共聚物的理论预测相图及自组装结构示意图（C：球状相；
　　　　H：柱状相；G：DG相；L：层状相；D：无序相）[1]。

上述 DG 相是一种三维(3D)网络结构,作为少数相的链段构成两个相互交叉但互不连接的网络结构,分布在多数相链段的基质中。如果将其中一种链段通过化学或物理方法选择性刻蚀除去,则可以获得具有中空管道结构的有序纳米多孔材料或者由少数相链段构成、两个网络结构作为支柱支撑的多孔材料,后者的两个网络结构由于不相互连接有可能出现相对移动而使最终结构的对称性降低,得到新的结构,如变动的 DG (shifted DG,SDG)结构,该结构具有单螺旋二十四面体(single gyroid,SG)结构的性质。

DG 相是二嵌段共聚物中最早发现的网络结构,是一种属于 $Ia\overline{3}d$ 空间群的立方结构。在之后的理论工作和实验工作中发现了二嵌段共聚物的另外一些网络结构,如 $Fddd$(O^{70})相、有序双连续双金刚石(double diamond,DD 或 OBDD,对称性为 $Pn\overline{3}m$,Schwarz D 曲面)结构、有序双连续简单立方(double primitive,DP 或 OBDP,也被称作"管道工的噩梦"结构,对称性为 $Im\overline{3}m$,Schwarz P 曲面)结构,其中 $Fddd$ 相是一种单网络结构,其正交晶格中的晶胞尺寸具有特定的比例关系,导致其(111)衍射峰、(004)衍射峰、(022)衍射峰在小角 X 射线散射(small-angle X-ray scattering,SAXS)谱图中基本重合。

而三嵌段及多嵌段共聚物在本体中还能形成更复杂的结构,特别是一些复杂的网络结构,如双网络、$Ia\overline{3}d$ 对称性的核-壳 DG(core-shell gyroid,CSG)结构以及交替网络、$I4_132$ 对称性的交替 G 结构(alternative gyroid)等。例如,T. H. Epps、F. S. Bates 等研究了线形三嵌段共聚物聚异戊二烯-b-聚苯乙烯-b-聚环氧乙烷(PI-b-PS-b-PEO,ISO)的本体相结构,绘制了其相图,发现分散度在 1.08 以下、分子量在 15~25 kDa 的嵌段共聚物,在 PI 体积分数为 0.20~0.58、PS 体积分数为 0.25~0.58、PEO 体积分数为 0~0.37 的组成范围内,一些样品可以形成多种网络结构,包括 CSG 结构、$Fddd$ 相、交替 G 结构等[2]。对于由三种或更多种链段组成的嵌段共聚物,自组装形成的纳米网络结构具有多连续性,如三连续结构等,一般一种组分形成一个连续的畴区。

具有网络结构的嵌段共聚物具有特殊的流变行为。M. F. Schulz、F. S. Bates 等发现具有 DG 结构的嵌段共聚物的弹性模量(G')在交叉频率 ω_{xx}(在 ω_{xx} 处 $G' = G''$,G'' 为损耗模量)以上会出现一个宽范围的平台区;而低于 ω_{xx} 的频率范围内,样品表现出非弹性的响应行为($G' < G''$),这一现象可以归因为涨落导致的 DG 结构的局部损坏和重组。最近,X. Y. Feng、G. M. Grason、E. L. Thomas 等报道了具有 DG 结构的嵌段共聚物软物质晶体中的形变[3]。他们使用切片观测(slice-and-view)显微镜技术重构了聚苯乙烯-

b-聚二甲基硅氧烷(PS-b-PDMS)的微米尺度畴区形貌,发现这类 DG 结构的软物质晶体对于力的响应在结构上的弛豫与硬晶体相比有所不同,支撑网络骨架的支柱相对是软的,而角度几何关系是刚性的。

嵌段共聚物在溶液中组装或与小分子共混进行共组装时,可以在溶剂存在的情况下或溶剂挥发时得到有序的纳米结构,包括一些网络结构如 DG 结构。溶剂挥发组装的过程通常被称为溶剂挥发诱导自组装[4]。溶剂挥发过程中,如嵌段共聚物中至少有一链段的玻璃化温度较高,则结构可以在大部分溶剂挥发后被固定,因此所得结构主要是由动力学冻结的。最终得到的含有序结构的嵌段共聚物可以是块体材料,也可以是薄膜材料。

另一方面,两亲性嵌段共聚物在溶液中自组装一般形成热力学稳定的常规相结构,如层状结构、柱状胶束、球形胶束及囊泡等。而将不良溶剂加入具有较大不对称性(链段在构象上不对称,例如刚-柔嵌段共聚物,或者在组成上不对称)的两亲性二嵌段共聚物的溶液中,聚合物在聚集过程中组装时,由于堆积参数 $P\left(P=\dfrac{V}{a_0 l_c}\right.$,其中 V 和 l_c 分别为疏水部分的体积和长度,而 a_0 为亲水部分的分子面积)大于 1,可以形成多种有序的反相结构,如具有 DD 结构的 $Pn\bar{3}m$ 立方晶、具有 DP 结构的 $Im\bar{3}m$ 立方晶以及属于 $p6mm$ 空间群的六方晶,以上两种立方晶都具有双连续的双网络结构(图 4-2)[5]。

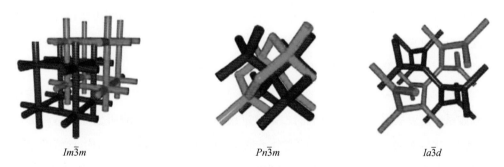

$Im\bar{3}m$ $Pn\bar{3}m$ $Ia\bar{3}d$

图 4-2　两亲性二嵌段共聚物在溶液中组装形成的反相立方网络结构骨架的示意图[6]

一般而言,用上述溶液组装方法得到的纳微粒子的量比较有限。最近 F. Lv、Z. S. An、P. Y. Wu 报道了一种可大量制备反相双连续 BCP 粒子的方法[7]。他们使用高浓度的分散聚合,结合聚合诱导自组装(PISA),得到了由聚 N,N-二甲基丙烯酰胺(PDMA)链段以及聚苯乙烯和聚五氟苯乙烯的交替共聚物[P(St-alt-PFS)]链段构成的两亲性嵌段共聚物 PDMA-b-P(St-alt-PFS)粒子。粒子的形貌包括简单的胶束、囊泡结构和有序反相立方晶,结构由聚合物分子量、固体含量以及共溶剂的性质决定。P. C. Yang、Y. Ning、S. P. Armes 等也用 PISA 方法直接制备了具有反相双连续相的嵌段共聚物微粒[8]。所得有序粒子有望作为新的有机遮光剂用于涂料和油漆中。

嵌段共聚物的本体或其与溶剂/小分子的共组装体系形成的自组装网络结构通过选择性刻蚀可得到有序的纳米多孔结构。而很多溶液组装结构形成时较高沸点的溶剂还未完全挥发,除去这些溶剂小分子后其本身就是有序纳米多孔网络结构。因此,它们都可以作为纳米多孔结构源在纳米模板、光子材料、高效催化、选择性分离、吸附和包载及可控释放、能源等方面具有潜在的应用价值。

本章着重介绍近十年在嵌段共聚物网络结构的调控和应用方面的进展,主要分为以下两个部分:(1) 调控这些网络组装结构的方法;(2) 网络组装结构的应用。

4.2 网络组装结构的调控

原则上,嵌段共聚物的本体自组装结构可以通过改变链段间的相互作用(χ)、分子量(N)及组成(f_A)加以调节。具体而言,可以通过改变化学结构、任一链段的聚合度、嵌段组成(包括共混少量均聚物)等方式进行调控。而本体自组装结构的周期尺寸主要通过改变分子量来实现调控,还可以使用选择性溶剂进行溶胀以及添加小分子添加剂(如通过氢键引入易于除去的配体小分子)等方法来实现调控。

有些本体自组装的网络结构本身就是热力学稳定的,如 DG 相,而有些网络结构在多数体系中是亚稳定,甚至不稳定的。亚稳定或不稳定的网络结构可以通过各种方法实现稳定化。例如,除了可以通过改变分子量调控 BCP 的本体自组装结构,改变分散度也可以调节结构。A. J. Meuler、M. A. Hillmyer、F. S. Bates 等报道了三嵌段共聚物 ISO 本体由于分散度高($Đ$ = 1.31)导致的 $Fddd$ - LAM 转变[9]。他们认为有两个原因导致这样的转变。一方面,对于多分散性样品而言,畴区界面弯向多分散的链段(PS),$Fddd$ 相中 I/S 和 S/O 界面弯向 PS 畴区有利于降低链构象的受限程度,导致向 LAM 相转变;另一方面,网络结构中畴区有不同的尺寸,因而存在堆积受挫,而多分散性样品中的短链的伸长和长链的压缩会增大堆积受挫的程度,在能量上不利于形成网络结构。但多分散性并不总是使网络结构的稳定性降低。A. J. Meuler、M. A. Hillmyer、F. S. Bates

等通过实验和自洽场理论(self-consistent field theory，SCFT)计算发现，将多分散 PEO 链段引入 ABC 线形三嵌段共聚物 ISO 中可以稳定其 CSG 相[10]。他们将这种稳定化作用与按链长分布的链伸展程度的总和相关联。进一步研究了 PS 或 PEO 的多分散性对 ISO 相结构、尺寸、界面等的影响后，他们发现，边上链段 PEO 的多分散性增大时，与二嵌段共聚物中的结果一致，畴区周期尺寸增大，界面弯向多分散组分 PS；但中间链段 PS 的多分散性增大时，则不是都和二嵌段共聚物中的结果一致。F. J. Martinez-Veracoechea 和 F. A. Escobedo 的 SCFT 计算结果表明"管道工的噩梦"结构(DP 相)可以通过二嵌段共聚物和均聚物的共混稳定化[11]。他们发现 DP 相的稳定性可以通过调节二嵌段共聚物的组成和构象的不对称性以及均聚物的形状和链长来实现，其中均聚物链长相对而言在实验上是一个比较方便调节的因素。

而两亲性嵌段共聚物的溶液组装网络结构除了可以简单地通过改变化学结构来控制，还可以通过改变嵌段共聚物的构象不对称性、溶剂的性质、温度等进行调控。溶液组装结构尺寸的调控则可以通过改变嵌段共聚物的分子量、溶液的浓度或者使用共混等方法来实现。

4.2.1　通过改变 BCP 的结构和组成调控组装结构

改变 BCP 的化学结构可以直接调节链段间的相互作用，影响 BCP 的相分离能力，进而影响各种组装结构的稳定性及其在相图中的位置。有时对 BCP 的化学结构进行微小的改变也可以引起组装结构的变化，因而是一种非常有效的调控手段。

S. H. Lin、C. C. Ho、W. F. Su 研究了刚-柔(rod-coil)型二嵌段共聚物聚 3-烷基噻吩-b-聚甲基丙烯酸甲酯(P3ATH-b-PMMA)的本体自组装[12]。他们发现通过改变烷基链的化学结构来调节体系中 rod-coil 和 rod-rod 相互作用之间的竞争、BCP 的构象不对称性以及 P3ATH 链段的结晶作用进而可以调控结构。由于该 BCP 中两种链段之间的构象不对称，即使在对称组成(两种链段的体积分数均为 0.5)时，聚合物除了有 LAM 相，还有 HEX 相，并能观察到 HEX-DG 转变。

H. H. Liu、C. I. Huang 等使用三维(3D)SCFT 构建了线形 ABCBA 三组分五嵌段共聚物的相图(图 4-3)[13]。相较于二嵌段和三嵌段共聚物中 G 相区域较窄的情况，此共聚物可以形成多种连续网络结构，包括 D 相、Fddd 相和 G 相。和 ABC 型嵌段共聚物相比，ABCBA 可以自组装形成不同的有序排列结构，比如在 B 基质中由 A 嵌段和 C 嵌段交替组成球状或柱状结构。改变 B 的长度和 A/C 的组成比例,可以形成多种具有不同对称性的有序结构。这一工作预示 ABCBA 可能是形成功能材料的一种有效的路线。

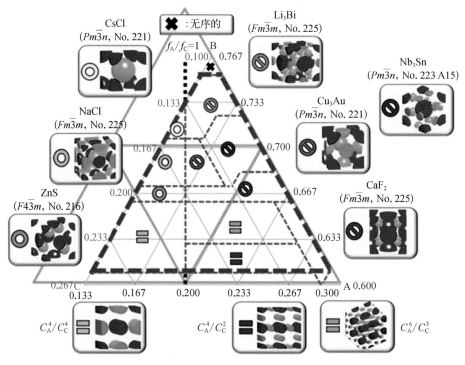

图 4-3　用三维 SCFT 预测的 ABCBA 的相图[13]

B. E. McKenzie、N. A. J. M. Sommerdijk 等利用两亲性二嵌段共聚物聚环氧乙烷-b-聚甲基丙烯酸丁酯(PEO-b-PBMA)在溶液中组装得到了双连续纳米球[5]。在该体系中,改变 BCP 的嵌段比例及共溶剂可以控制组装结构。Y. J. La、K. T. Kim 等合成了一系列由含短链聚乙二醇(PEG)的不同结构的树枝状链段和聚苯乙烯构成的两亲性树枝状-线形二嵌段共聚物,利用它们在二氧六环和水中组装获得了孔道表面功能基团可调的反相立方晶(图 4-4)[6]。不同嵌段共聚物化学结构和形状上的差异导致得到的立方晶是具有不同结构的双连续立方相($Im\bar{3}m$、$Pn\bar{3}m$、$Ia\bar{3}d$)。他们进一步考查了这类嵌段共聚物在溶液中自组装成反相立方网络的结构要求,认为 BCP 的形状在决定堆积参数 P 上具有重要影响。BCP 中的树枝状结构对结构参数如分子面积等影响很大,可以在组成不变的情况下改变 P,进而可以调控反相结构的类型和周期尺寸。

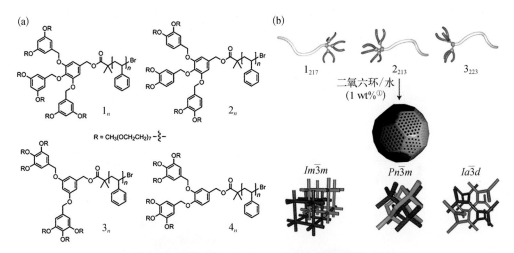

图4-4　不同结构两亲性树枝状-线形二嵌段共聚物的
化学结构（a）及其形成的反相立方晶（b）[6]

Z. X. Lin、L. Han、X. L. Feng、Y. Y. Mai 等利用更简单的两亲性嵌段共聚物聚苯乙烯-b-聚环氧乙烷（PS-b-PEO），通过溶液组装也得到了具有反相结构的胶体粒子[14]。通过改变 PS 的链长或溶液浓度，聚合物可以可控组装成多种结构，包括纳米多孔的 $Im\bar{3}m$ 和 $Pn\bar{3}m$ 立方晶。认识到 BCP 的组成和构象上的不对称性有利于形成反相结构，最近我们利用含甲壳型聚合物的两亲性 rod-coil 二嵌段共聚物聚环氧乙烷-b-聚乙烯基对苯二甲酸双对甲氧基苯酯（PEO-b-PMPCS），通过溶液组装获得了聚合物立方晶和六方晶[15]。BCP 的头尾不对称性（或构象不对称性）是决定组装结构的关键因素。保持 PEO 分子量不变，增加占绝大多数组分的 PMPCS 的链长时，嵌段共聚物的头尾不对称性变大，堆积参数 P 变大，组装结构发生顺序变化，可以得到纳米多孔的 $Im\bar{3}m$ 和 $Pn\bar{3}m$ 立方晶（图4-5）。

(a)

---

① 1 wt%是指质量分数为 1%。

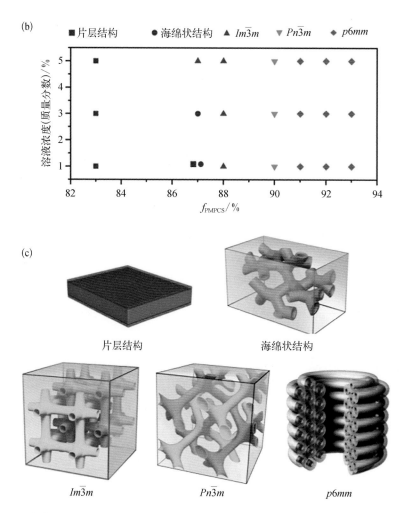

图 4-5 （a）两亲性 rod‐coil 二嵌段共聚物 PEO‐b‐PMPCS 的化学结构；（b）其随溶液浓度和 PMPCS 体积分数变化的相图；（c）不同组装结构的示意图[15]

4.2.2 通过调节分子量调控组装结构

因为嵌段共聚物的总体分子量是决定其本体微相分离行为的重要因素，改变分子量也能直接影响其结构。在上述线形 ABCBA 三组分五嵌段共聚物的工作中，B 的长度被作为一个重要变量对自组装结构进行调控（图 4‐3）[13]。

X. Cao、L. Han、S. Che 等近期报道了由 ABC 型三组分三嵌段共聚物模板制备多种大孔 SiO$_2$ 结构的方法[16]。他们利用两亲性 ABC 嵌段共聚物聚环氧乙烷‐b‐聚苯乙烯-b-聚丙烯酸叔丁酯(PEO-b-PS-b-PtBA)与前驱体原硅酸四乙酯(TEOS)在四氢呋喃/盐酸混合溶液中通过溶剂挥发诱导自组装及随后的烧结得到 SiO₂。通过改变疏水 PS 链段的聚合度,可以调控 SiO₂ 的结构。实验结果表明这些大孔 SiO₂ 结构由堆积参数 P 和 χN 决定。

最近 P. C. Yang、Y. Ning、S. P. Armes 等用 PISA 方法制备了具有反相双连续相的嵌段共聚物微粒[8]。他们以聚 N,N-二甲基丙烯酰胺(PDMAA)为稳定剂,在乙醇和甲乙酮的混合溶剂中用可逆加成-裂解链转移(RAFT)方法合成苯乙烯(St)和 N-苯基马来酰亚胺(NPMI)的交替共聚物 P(St-alt-NPMI),通过 PISA 直接制备了嵌段共聚物 PDMAA-b-P(St-alt-NPMI)的微米尺寸粒子。通过调节疏水 P(St-alt-NPMI)链段的聚合度,可以调控得到反相双连续相。

4.2.3　通过控制分散度调控组装结构

在最近的一个工作中,S. Ha 和 K. T. Kim 考查了疏水链段的分散度对具有树枝状亲水链段的两亲性嵌段共聚物 bPEG-b-PS 形成反相立方晶的影响[17]。bPEG-b-PS 中亲水链段 bPEG 的分散度保持为 1,而疏水链段的分散度在 1.08～1.72 间变化。他们发现疏水链段的分散度是影响立方晶内部有序度的主要参数。通过控制疏水链段的分散度,可以实现对组装结构的调节。当疏水 PS 链段的分散度从 1.08 增大到 1.72 时,立方晶内部结构的有序性降低,嵌段共聚物发生从立方晶到无序的立方结构再到海绵状结构的转变。此外,保持嵌段共聚物分子量不变而将 PS 的分散度从 1.1 增大到 1.3 时,所得立方晶的主导对称性从 $Pn\overline{3}m$ 变为 $Im\overline{3}m$,与本体组装中主要组分分散度的增大使界面曲率降低导致的结构变化一致。

4.2.4　利用链段的特殊构象调控组装结构

H. L. Chen、T. Hashimoto 等报道了二嵌段共聚物中由构象规整性导致的 DD 结构稳定化[18]。在等规聚丙烯-b-聚苯乙烯(IPP-b-PS)和间规聚丙烯-b-聚苯乙烯(SPP-b-PS)两种嵌段共聚物中,都观察到在降温时发生 DG 到 DD 的结构转变。以上两种结构分别是高温和低温时的平衡稳定相,说明构象规整性(立构规整性)对本来不稳定的 DD 结构能起到稳定化作用。他们提出了这种稳定化作用的几个原因,非常重要的一点是螺旋链及其有序结构的形成所引起的焓的降低,可以弥补 DD 网络结构中堆积受挫导致的熵减。

我们在 rod－coil 嵌段共聚物方面的一个工作也表明引入刚性链段间的相互作用有利于稳定网络结构[19]。我们发现含刚性甲壳型聚合物链段 PMPCS 和柔性链段 PDMS 的嵌段共聚物 PDMS－b－PMPCS 较容易形成网络结构(图 4－6)。

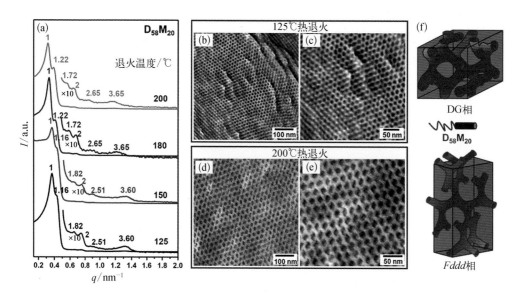

图 4-6　一个 PDMS－b－PMPCS 样品在不同温度退火后的 SAXS 谱图（a）和不同放大倍数的透射电子显微镜结果［（b）(c)：125℃；(d)(e)：200℃］,以及 DG 相和 Fddd 相（f）的示意图[19]

4.2.5　利用共混调控组装结构

由更宽的界面面积引起的伸展能和界面能会导致高能垒,而因为能垒高,所以三连续 DD(tricontinuous double diamond,TDD)相一般也被认为是不稳定结构。Y. Asai、Y. Matsushita 等通过共混两个 ABC 型三嵌段共聚物样品首次在本体中获得了稳定的 TDD 网络结构[20]。他们将两个聚异戊二烯-b-聚苯乙烯-b-聚 2-乙烯基吡啶(PI-b-PS-b-P2VP)样品按不同比例共混,因为共混物中不同长度高分子链的存在可能降低了其自由能,使得 TDD 相在较宽组成范围内成为稳定结构。

H. F. Wang、X. B. Wang、R. M. Ho 等通过添加低聚物的方法实现了对二嵌段共聚物聚苯乙烯-b-聚 L-乳酸(PS-b-PLLA)本体自组装结构的调控[21]。他们将形成手性柱状(H*)相的 PS-b-PLLA 与 PS 的低聚物共混,其中低聚物的分子量小于 BCP 中 PS 的 10%,使 H* 相转变成 DG 相。低分子量低聚物链段的加入增加了 PS 链的运动性,使有序-有序转变(order-order transition,OOT)加速。

与本体自组装类似,通过共混也可以调控溶液组装的结构。T. H. An、K. T. Kim 等研究了含树枝状 PEG 亲水链段的二嵌段共聚物 bPEG-b-PS 在二氧六环和水中组装形成的反相双连续立方相[22]。他们发现,自组装结构可以通过与线形二嵌段共聚物 PEG-b-PS 共混进行调控。当共混物中线形 PEG-b-PS 含量增加时,共组装所得立方晶的尺寸变小,而结构则由 Schwarz D 曲面的 $Pn\bar{3}m$ 立方晶变成 Schwarz P 曲面的 $Im\bar{3}m$ 立方晶(图 4-7)。他们认为结构的变化主要是由于线形二嵌段共聚物 PEG-b-PS 的加入降低了有效分子面积,从而使得堆积参数 P 减小。

A. Cho、K. T. Kim 等还研究了两个含树枝状 PEG 链段的二嵌段共聚物 bPEG-b-PS 的共混物在溶液中的混合和匹配(mix-and-match)组装[23]。两个 bPEG-b-PS 样品中的 bPEG 链相同而 PS 链长不同。共组装的结构可以通过改变共混比例

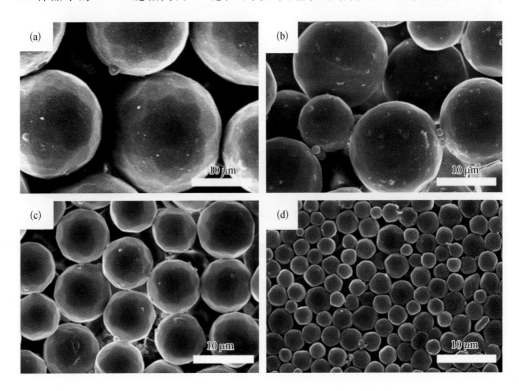

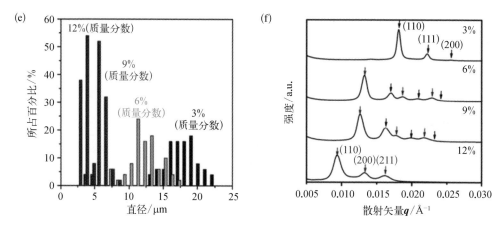

图 4-7 共组装立方晶随共混物中二嵌段共聚物 PEG-b-PS 含量增大时的结构变化：（a）~（d）分别为 PEG-b-PS 的质量分数是 3%、6%、9%、12% 的扫描电子显微镜（scanning electron microscope，SEM）结果；（e）随 PEG-b-PS 浓度增大时立方晶粒子直径分布的变化；（f）立方晶发生从 $Pn\bar{3}m$ 到 $Im\bar{3}m$ 的结构变化的 SAXS 结果，黑色箭头指示 $Pn\bar{3}m$ 立方晶而红色箭头指示 $Im\bar{3}m$ 立方晶[22]

来调控。共混物组成的变化导致堆积参数 P 变大，结构会按照球状、棒状、囊泡、层状、海绵状（L3）、$Im\bar{3}m$ 立方晶、$Pn\bar{3}m$ 立方晶、$p6mm$ 六方晶的顺序发生变化（图 4-8）。

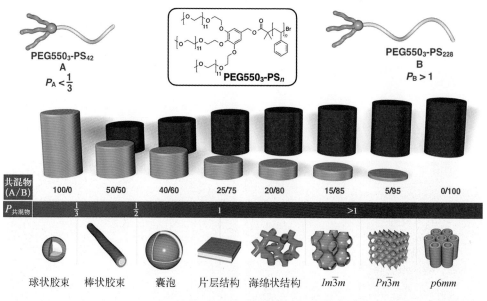

图 4-8 两个 bPEG-b-PS 样品组成的共混物在溶液中的混合和匹配组装结果的示意图[23]

4.2.6　使用溶剂退火调控组装结构

　　T. Y. Lo、R. M. Ho 等通过调节溶液浇筑时所用溶剂的选择性实现了对嵌段共聚物组装结构的控制[24]。他们发现热力学稳定结构为 LAM 相的聚苯乙烯-b-聚二甲基硅氧烷(PS-b-PDMS)样品从氯苯和甲苯溶液中浇筑得到的结构分别是本体中处于亚稳态的柱状相和 DG 相。而由于浇筑得到的组装结构是溶剂挥发时动力学冻结的结果，热退火后又可以得到热力学稳定的 LAM 相。他们使用 3D 透射电子显微镜直接观察到了这个 OOT。

　　W. B. Bai、C. A. Ross 等也研究了嵌段共聚物薄膜在溶剂退火条件下的相行为[25]。本体为 DG 相的 PS-b-PDMS 薄膜在溶剂退火后可以得到球状相、柱状相、穿孔层状相及 DG 相，这些结构的形成取决于薄膜的厚度及其与微区周期尺寸的相对关系，以及混合溶剂的比例。薄膜中的结构具有很好的长程有序性，可望用于纳米图案化。

4.2.7　通过调节溶剂的溶解性调控溶液组装结构

　　B. E. McKenzie、N. A. J. M. Sommerdijk 等通过改变非选择性共溶剂对前述 PEO-b-PBMA 的溶液组装结构进行了调控[5]。和直接改变嵌段共聚物的结构类似，改变亲水链段的共溶剂也起着重要的作用。

　　Y. J. La、C. Park、K. T. Kim 等也利用共溶剂调控了两亲性树枝状-线形嵌段共聚物的溶液组装反相结构(图 4-9)[26]。通过使用共溶剂调控混合溶剂与 PS 的相容性，他们实现了在同一个聚合物样品中囊泡—层状相—反相结构($Im\bar{3}m$、$Pn\bar{3}m$、$p6mm$)的

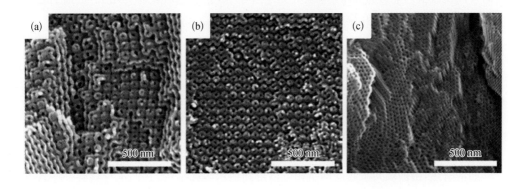

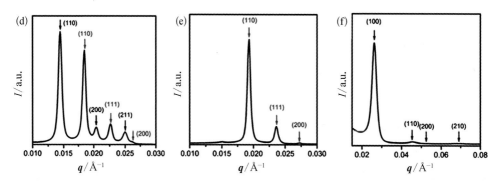

图 4-9 利用共溶剂调控两亲性树枝状-线形嵌段共聚物的溶液组装反相结构,(a)~(c):SEM 结果;(d)~(f):SAXS 结果。(a)(d): $Im\bar{3}m$ 和 $Pn\bar{3}m$ 的混合相;(b)(e): $Pn\bar{3}m$;(c)(f): $p6mm$[26]

转变。在我们的工作中,可以通过调节混合有机溶剂的比例来控制溶剂的选择性,也可以通过调控 rod-coil 嵌段共聚物 PEO-b-PMPCS 的头尾不对称性,从而控制所得反相结构及其周期尺寸[15]。

4.2.8　通过改变温度调控组装结构

因为改变温度会改变相互作用参数 χ 的大小,因而温度的变化会影响本体自组装行为。因此,改变温度也是调控网络结构的一个直接且重要的手段。例如,通过升高退火温度,我们在 rod-coil 嵌段共聚物 PDMS-b-PMPCS 中实现了 DG 相到 $Fddd$ 相的转变(图 4-6)[19]。

此外,温度也同样影响溶液组装行为。我们通过改变溶液组装时的温度实现了对两亲性 rod-coil 二嵌段共聚物 PEO-b-PMPCS(其中 PMPCS 为绝大多数组分)的溶液组装反相结构的调控[27]。由于聚合物链段与溶剂的相容性会随温度而发生变化,温度的升高使嵌段共聚物的头尾不对称性进一步增大,导致堆积参数 P 增大,进而引起组装结构的变化,例如海绵状结构到 $Pn\bar{3}m$ 立方晶再到 $p6mm$ 六方晶的变化。

4.3　自组装网络结构的应用

如前所述,由嵌段共聚物的网络相可以得到纳米多孔结构,它们本身具有一些特殊的功能,如选择性吸附能力、尺寸或化学选择性分离能力、特殊的光学性质等。它们也可以作为模板制备各种化学组成的纳米多孔材料,如无机材料、金属材料、杂化材料等,所得纳米多孔材料也可能具备各种特殊的功能,如高效催化性能、控制释放功能等。

人们很早就认识到嵌段共聚物的网络结构是制备纳米多孔材料的模板。A. Avgeropoulos、N. Hadjichristidis、E. L. Thomas 等通过刻蚀含聚异戊二烯(A 链段)和一种含硅聚合物(B 链段)的三嵌段共聚物 ABA 形成的 DG 相,得到了纳米多孔结构[28]。从具有 DG($Ia\bar{3}d$)和反相 DG 结构的含 Si 三嵌段共聚物前体出发,他们还使用臭氧分解和紫外辐射(UV)同时除去碳氢链段并将含 Si 链段转变成 SiOC 陶瓷,分别得到了具有 3D 连通孔道的纳米多孔材料或者 3D 相连的纳米网络结构陶瓷材料。A. Jain、U. Wiesner 等报道了一种可制备无机光子带隙材料的方法[29]。他们将 PEO 为少数相的聚异戊二烯- b -聚环氧乙烷(PI - b - PEO)样品与有机改性陶瓷的前驱体混合共组装,通过溶胶-凝胶合成方法结合后续的高温烧结,得到无机陶瓷为支柱的多孔网络结构,该结构为相对无序的 DG 相。

近十年来,很多学者在嵌段共聚物网络结构应用方面开展了很多很好的工作,以下将从"不同化学结构的网络及其衍生结构的制备"和"功能材料"两个方面予以综述。

4.3.1 不同化学结构的网络及其衍生结构的制备

4.3.1.1 碳材料

J. G. Werner、U. Wiesner 等利用嵌段共聚物自组装形成的 DG 相和交替 G 相为模板制备了具有 DG 结构和 SG 结构的多孔碳材料,其孔径均一且可调[4]。他们将两亲性三组分线形三嵌段共聚物 ISO 和低聚酚醛树脂溶于四氢呋喃和氯仿的混合溶剂中,经过溶剂挥发诱导自组装得到 DG 相或交替 G 相。所得有机/有机杂化物通过固化和碳化后可以得到 DG 结构或 SG 结构的介孔碳块体材料。他们制备了多种不同孔径的介孔碳,其孔径主要由嵌段共聚物 ISO 的分子量决定。这类具有 3D 贯通孔道的介孔碳材料可用作电池、超级电容器等的电极。

最近 J. G. Li、S. W. Kuo 等也报道了用 BCP 模板制备的介孔碳材料[30]。他们首先使用两亲性二嵌段共聚物聚环氧乙烷- b -聚己内酯(PEO - b - PCL)与低聚酚醛树脂共组装得到柱状和 DG 结构的有机/有机杂化物,然后经过固化及碳化,得到介孔碳材料。

4.3.1.2 SiO₂

H. Y. Hsueh、R. M. Ho 等利用嵌段共聚物自组装形成的有序模板制备了具有极低折射率的无机 SDG 结构(图 4 - 10)[31]。他们选用两段均可降解的二嵌段共聚物 PS -
b - PLLA。先使二嵌段共聚物自组装形成 DG 结构,PLLA 作为管道分布在 PS 基质中。水解 PLLA 后,得到纳米多孔 PS。将其作为溶胶-凝胶反应的模板,得到 DG 结构以及 SiO₂ 分散在 PS 基质中形成的有机/无机杂化物。利用 UV 使 PS 基质降解后,两个 SiO₂ 网络由于失去了基质的支撑,发生了平移,形成了 SDG 结构的 SiO₂ 纳米多孔网络。由于其具有极高孔隙率,所以折射率很低,只有 1.1。该纳米多孔 SDG 结构 SiO₂ 有望用作抗反射材料。

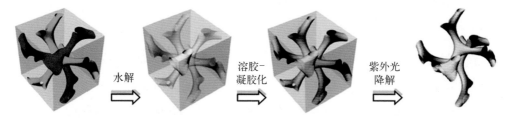

图 4 - 10　利用嵌段共聚物自组装形成的有序模板制备 SDG 结构 SiO₂的示意图[31]

在另一个工作中,X. B. Wang、R. M. Ho 等报道了二嵌段共聚物 PS - b - PLLA 中的双网络相和单网络相[32]。除了 DG 相,在这一体系中还观察到 Fddd 相,该结构可以通过 SAXS、TEM 等结果确定,其单网络、三重节点的特征还可以用 3D TEM 直接观察到。而偏光显微镜结果显示其具有双折射,与 Fddd 相的正交晶体特征相符。该二嵌段共聚物的 Fddd 结构为稳定相,其稳定性被归因于手性 PLLA 链段构象的内在不均一性。他们用这两种网络结构制备了纳米多孔 PS 模板,随后使用溶胶-凝胶过程结合刻蚀除去 PS 得到含开放孔、具有高比表面积的纳米多孔 SiO₂材料。

此外,H. Y. Hsueh、R. M. Ho 等成功地实现了网络结构从 DG 结构到 SDG 结构的转变[33]。他们使用 DG 结构的 PS - b - PLLA 制备了纳米多孔 DG 相 PS 模板,随后使用溶胶-凝胶过程得到 PS/SiO₂有机/无机杂化物,并保持 DG 结构。烧结后得到的 SiO₂结构对称性降低,变为 SDG 网络(图 4 - 11)。该工作提供了一种制备变动网络结构的途径。他们还利用含 PDMS 的 BCP 制备了纳米多孔 DG 结构块体材料模板[34]。使用的 PS - b - PDMS 样品的本体自组装结构为 LAM 相,用 PS 的选择性溶剂通过溶液浇筑成膜后变为 DG 相。PDMS 链段用氢氟酸刻蚀后得到纳米多孔 PS 模板。该模板被用来制备了多种具有明确 G 结构的有机或无机纳米多孔材料,如 SiO_2。在此基础上,H. F. Wang、X. B. Wang、R. M. Ho 等还提出了一种可用于构筑纳米杂化物的 DG 聚合物模板的便捷制备方法[21]。他们将 PS - b - PLLA 与 PS 低聚物进行共混,将 H^* 相转变成 DG 相,并利用该方法得到的 DG 结构作为模板,成功得到了纳米多孔的 SDG 相 SiO_2。

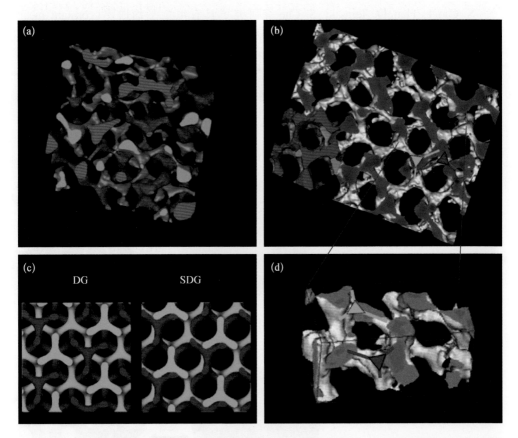

图 4 - 11 (a) 重构的 DG 结构 PS/SiO_2 杂化物沿<111> 方向的投影,展示了绿色和红色的一对网络;(b) 重构的热处理 PS/SiO_2 杂化物所得 SDG 相 SiO_2 的 3D 图像沿<111> 方向的投影;(c) 相应模拟的 DG 相和 SDG 相 SiO_2 网络的投影;(d) 放大的 SDG 相 SiO_2 微区图像。 从三重节点构建的独立 SiO_2 网络用红色和绿色骨架标记[33]

C. Park、K. T. Kim 等利用含短链 PEG 的树枝状链段和聚苯乙烯构成的树枝状-线形二嵌段共聚物在水和二氧六环中通过溶剂扩散挥发诱导自组装,制备了具有反相 $Pn\bar{3}m$ 立方晶结构的介孔块体材料[35]。该介孔材料具有 $Pn\bar{3}m$ 的结构,孔径大于 25 nm,并且可以在内部网络孔道的表面修饰功能基团,从而可以使较大的客体分子如蛋白质复合物进入孔中，实现包载。他们进一步利用该多孔块体材料制备得到了自支撑、内部具有多级孔道结构的 3D 介孔 SiO_2（mS‑SiO_2）骨架结构。可能由于烧结过程中高分子链运动性的增强，制备所得的 mS‑SiO_2 变成 $Fd\overline{3}m$ 结构。所得 mS‑SiO_2 包含 $Fd\overline{3}m$ 网络结构的介孔和 $p6mm$ 柱状结构的微孔，BET 测试结果证明其比表面积是作为模板的多孔块体材料的 13 倍。

X. Cao、L. Han、O. Terasaki、S. Che 等研究了具有恒定平均曲率（constant mean curvature，CMC）曲面的周期结构 DD 相和单螺旋二十四面体 SG 相之间的相互转化[36]。他们将两亲性 ABC 三嵌段共聚物 PEO‑b‑PS‑b‑PtBA 与 SiO_2 的前驱体四乙氧基硅烷（TEOS）溶于四氢呋喃/盐酸的混合溶液中，经过溶剂挥发诱导自组装及随后的烧结得到 SiO_2 骨架。SAXS 和电镜分析结果表明，有机/无机杂化物为双连续的核‑壳型 DD 结构，转化成 SiO_2 骨架后，变为变动的 DD（SDD）结构和少部分的 SG 结构（图 4‑12）。作者认为

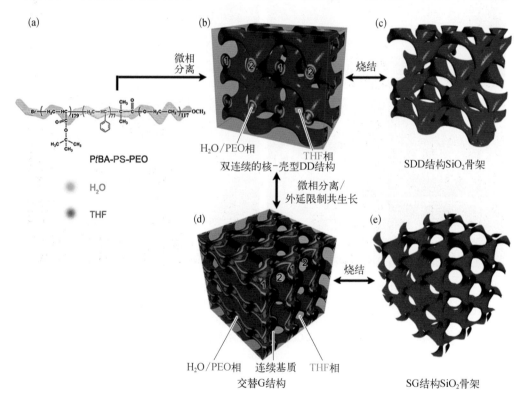

图 4‑12　多层核‑壳微相分离和 SG 结构形成的示意图

（a）模板分子的化学结构；（b）微相分离形成的多层双连续的核‑壳型 DD 结构；（c）溶剂挥发和烧结得到的 SDD 结构 SiO_2 骨架；（d）微相分离形成的交替 G 结构；（e）溶剂挥发和烧结得到的 SG 结构 SiO_2 骨架。数字"1"和"2"代表交织的两个少数相网络[36]

上述单网络结构是经由一种新的交替 G 结构通过限制性的外延生长而形成的。近期他们由 PEO-b-PS-b-PtBA 模板制备了多种多孔 SiO$_2$ 结构[16]。他们共得到 8 种不同结构的 SiO$_2$,包括三种反相立方网络结构:SDD 相、SG 相及变动的双简单立方(shifted DP,SDP)相。

Y. J. La、K. T. Kim 等利用两个两亲性树枝状-线形二嵌段共聚物样品 bPEG-b-PS 在溶液中通过自组装得到了两种立方晶,通过电镜观测及计算机模拟确定它们的结构分别为 $Im\bar{3}m$ 和 $Pn\bar{3}m$(图 4-13)[37]。随后他们以这两种聚合物立方晶为模板,

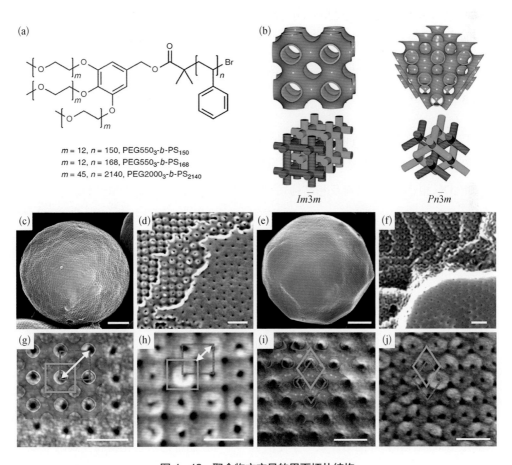

图 4-13 聚合物立方晶的界面拓扑结构

(a)所用 BCP 的化学结构;(b)$Im\bar{3}m$ 立方晶和 $Pn\bar{3}m$ 立方晶的结构,其中不同颜色标记的骨架代表立方晶内部两个相互交叉但互不连接的网络;(c)~(j)立方晶的 SEM 结果[(c)和(e)分别表示 PEG550$_3$-b-PS$_{150}$ 和 PEG550$_3$-b-PS$_{168}$ 形成的 $Im\bar{3}m$ 和 $Pn\bar{3}m$ 立方晶的球形形貌,标尺是 1 μm;(d)和(f)分别表示裂开的 $Im\bar{3}m$ 和 $Pn\bar{3}m$ 立方晶界面的双层结构和内部的立方结构,标尺是 200 nm;(g)和(i)分别表示 $Im\bar{3}m$ 和 $Pn\bar{3}m$ 立方晶的表面拓扑结构,其中分别重合了计算机产生的 Schwarz P 曲面的(100)面和 Schwarz D 曲面的(111)面,标尺是 100 nm;(h)和(j)分别为 $Im\bar{3}m$ 和 $Pn\bar{3}m$ 立方晶内部的 Schwarz P 和 D 曲面,显示其中一个网络是被界面覆盖的,标尺是 100 nm][37]

在其中渗入 SiO$_2$ 的前驱体 TEOS，在酸性条件下交联无机部分，再洗去有机模板后得到 SiO$_2$ 网络结构。结构分析表明这两种 SiO$_2$ 网络结构由有机模板的双网络结构（$Im\bar{3}m$ 的双简单立方网络结构和 $Pn\bar{3}m$ 的双金刚石网络结构）分别变为属于 $Pm\bar{3}m$ 空间群的简单立方（single primitive，SP）网络结构和属于 $Fd\bar{3}m$ 空间群的单金刚石（single diamond，SD）网络结构，这两种结构均为单网络结构。他们还使用含高分子量 PS 链段的嵌段共聚物样品制备得到了 $Pn\bar{3}m$ 聚合物立方晶，并使用同样的方法得到了具有更大周期尺寸的 SiO$_2$ 单金刚石（$Fd\bar{3}m$）网络。最近，我们以 $Pn\bar{3}m$ 结构的立方晶为硬模板，先在其孔道中渗入 TEOS，烧结后得到 SiO$_2$ 骨架，其结构仍然保持为 $Pn\bar{3}m$[27]。

4.3.1.3　SiOC

T. Y. Lo、R. M. Ho 等研究了 PS‐b‐PDMS 在不同选择性溶剂中的相转变[38]。该工作提供了一种利用不同选择性溶剂通过溶液浇筑法来获得多种有序结构（如球状相、柱状相、DG 相、层状相，甚至反相结构）的简单方法。由于含硅的 PDMS 链段与 PS 的高刻蚀对比度，这些有序结构经一步氧化刻蚀后可以得到纳米结构的 SiOC，如 HEX 结构的纳米柱、纳米多孔 DG 结构等，因此该工作也提供了一种获得无机纳米结构的便捷方法。

4.3.1.4　金属及金属氧化物

使用与制备纳米多孔 SiO$_2$ 网络相似的策略，H. Y. Hsueh、R. M. Ho 等以 PS‐b‐PLLA 为模板，通过无电电镀方法获得了纳米多孔的 SDG 相 Ni[39]。嵌段共聚物先自组装形成 DG 结构，水解作为少数相的 PLLA 网络后得到纳米多孔 PS。随后使用无电电镀方法获得 DG 结构的 PS/Ni 杂化物，最后使用四氢呋喃溶解除去 PS 基质后就得到纳米多孔、SDG 结构的 Ni 网络。该工作提供了一种可控制备纳米杂化物和金属纳米多孔材料的新途径。他们还利用 DG 结构的 PS‐b‐PLLA 模板得到了结构精确的树枝状金[40]。他们在由 DG 结构的 PS‐b‐PLLA 得到的纳米多孔 PS 中，通过可控的成核与生长，得到 Au/PS 杂化物，除去 PS 基质后得到 Au。通过控制生长时间，可以得到 Au 纳米粒子、树枝状 Au、三维有序多孔 Au 粒子以及完全生长的 G 结构纳米多孔 Au 粒子（图 4‐14）。

C. F. Cheng、R. M. Ho 等利用由 DG 相 PS‐b‐PLLA 得到的纳米多孔模板通过前

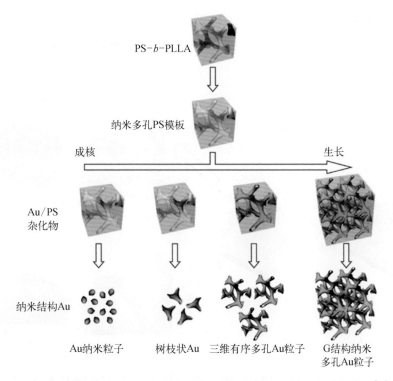

PS-b-PLLA

纳米多孔PS模板

成核 生长

Au/PS
杂化物

纳米结构Au

Au纳米粒子　　　树枝状Au　　三维有序多孔Au粒子　　G结构纳米
多孔Au粒子

图 4-14　利用由 DG 相 BCP 得到的多孔模板制备多种金纳米粒子的示意图[40]

述无电电镀方法得到了 DG 相纳米多孔 Pt[41]。他们还利用由 PS-b-PDMS 制备的纳米多孔 DG 结构块体材料模板制备了 G 结构的纳米多孔 Ni[34]。利用 DG 相的 PS-b-PLLA 或 PS-b-PDMS 模板，最近 K. C. Yang、H. Y. Hsueh、R. M. Ho 等制备了 SG 结构的纳米多孔金属球[42]。通过 Pd 离子还原形成核，在 DG 结构的 PS 多孔模板中利用成核与生长过程得到纳米 Ni 和 PS 的杂化物，除去 PS 基质后得到纳米多孔金属 Ni 材料。通过控制成核密度，可以得到不同结构的纳米多孔 Ni 球。在成核密度较低时，得到了 SG 结构的 Ni 球，球的大小可以通过控制 Ni 的生长时间来调控。Ni 球中孔的大小可以通过使用不同分子量和组成的模板聚合物来调控。

　　W. C. Ma、R. M. Ho 等从 DG 结构的 PS-b-PLLA 模板出发，通过原子层沉积（atomic layer deposition，ALD）方法得到了具有可控厚度和组成的纳米多孔 G 相氧化物（图 4-15）[43]。他们将自组装成 DG 相的 PS-b-PLLA 薄膜通过水解除去 PLLA 后得到 DG 结构纳米孔道的 PS。随后利用 ALD 方法制备了 G 相 PS/ZnO 杂化物，除去 PS 基质后得到纳米多孔 G 结构 ZnO。纳米 ZnO 管的厚度可以通过控制 ALD 循环次数进行精确的调控。以 PS/ZnO 杂化物为模板进行下一步 ALD 还可以得到核-壳结构的氧化物合金。利用这一方法，他们制备了 $Al_2O_3@ZnO$ 的透明薄膜，其机械性能很好，能自支撑，可望应用在光电领域。

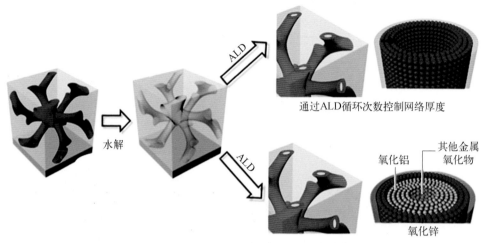

通过ALD循环次数控制网络厚度

其他金属氧化物

氧化铝

氧化锌

通过交替ALD过程控制网络组成

图 4 - 15　利用由 DG 相 BCP 得到的多孔模板制备纳米多孔 ZnO 及其复合物的示意图[43]

C. Park、K. T. Kim 等利用内部结构为 $DD(Pn\bar{3}m)$ 网络的多孔块体材料制备了自支撑的 3D 结晶性 $TiO_2(S\text{-}TiO_2)$ 骨架结构[35]。制备所得的 $S\text{-}TiO_2$ 变成了 $Fd\bar{3}m$ 结构。利用与前述制备 SiO_2 网络结构类似的方法，Y. J. La、K. T. Kim 等通过使用四异丙基钛酸酯$[Ti(OPr)_4]$作为前驱体，得到了同样为单金刚石($Fd\bar{3}m$)网络的大孔 TiO_2[37]。

H. Li、L. Han、C. Jiang、S. N. Che 等利用溶剂挥发诱导自组装得到了具有双连续的核-壳型结构的有机/无机杂化物，通过烧结制备了具有 SDD 结构的 TiO_2 骨架[44]。他们将二烷基苯封端的线形两亲性二嵌段共聚物 $PEG\text{-}b\text{-}PS(DNPE\text{-}PEO_{75}\text{-}b\text{-}PS_{393}$，DOS，其中 PEO 和 PS 的体积分数分别为 7.39% 和 91.7%)和 TiO_2 的前驱体二(乙酰丙酮基)钛酸二异丙酯(TIA)混合后，在四氢呋喃和水的混合溶剂中共组装，得到双连续的核-壳型 DD 结构的有机/无机杂化物。烧结后得到 TiO_2 网络，通过 SEM、TEM、电子衍射(electron diffraction，ED)等结构表征手段，发现其是 SDD 结构，由一个网络沿 c 轴移动 $0.25c$ 得到。

在近期发表的一个工作中，Y. Liu、D. Y. Zhao 等利用两亲性二嵌段共聚物 $PEO\text{-}b\text{-}PMMA$ 与 Al_2O_3 的前驱体异丙醇铝在四氢呋喃/盐酸的混合溶液中共组装，四氢呋喃和水挥发后得到了基于铝盐的凝胶-嵌段共聚物复合物[45]。该复合物具有 DD 结构，基于铝盐的凝胶构成了嵌段共聚物基质中两个不相连接的网络。将这一有机/无机复合物在900 ℃下烧结,得到的Al_2O_3网络对称性降低,变成SDD($Fd\bar{3}m$对称性)结构。相比于烧结前的复合物,所得具有SDD网络和高度有序的介孔γ相Al_2O_3微球具有较大的介孔,可以作为纳米金的载体。

4.3.1.5 复合材料

最近Q. Zhang、U. B. Wiesner等报道了一种制备具有SG结构的介孔树脂/碳杂化薄膜材料的方法(图4-16)[46]。他们利用两亲性三组分线形三嵌段共聚物ISO和作为碳源的低聚酚醛树脂在溶剂退火条件下共组装,得到G结构的杂化物。通过改变ISO

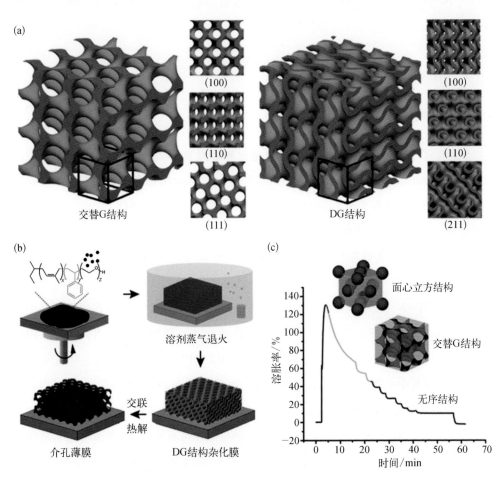

图4-16 (a)交替G结构和DG结构的示意图以及它们从特定晶面观察到的代表性表面图案;(b)制备介孔树脂/碳杂化薄膜的步骤;(c)BCP/树脂杂化薄膜在溶剂退火过程中的结构演变[46]

的分子量和组成以及碳源种类,可以得到 DG 结构或交替 G 结构。将低聚酚醛树脂进一步交联及热分解后即可得到 DG 结构或 SG 结构的介孔树脂/碳杂化薄膜材料,孔径可以通过改变 BCP 的分子量来控制。所得介孔材料在惰性气氛中具有高温稳定性。薄膜的亲水性可以通过控制热降解温度来调节。他们还以 SG 结构的薄膜材料为例,实现了其在不同基底上的转移。在更高温度热降解后,介孔杂化薄膜的电导率增大,表明其有望作为功能性 3D 模板应用于纳米材料。

最近 C. F. Cheng、R. M. Ho、Y. Zhu 等从嵌段共聚物自组装的 DG 结构模板出发,制备了纳米多孔 SDG 相 Ni/NiO/C 纳米复合物[47]。聚合物模板由 PS - b - PLLA 自组装得到的 DG 相通过水解 PLLA 获得,随后使用无电电镀技术及烧结,得到 SDG 结构的 Ni/NiO。再涂上碳层后,就得到相互连通的纳米多孔 SDG 相 Ni/NiO/C 纳米复合物。

4.3.2　功能材料

4.3.2.1　光子晶体

SG 和 SD 网络结构被认为是潜在的超材料以及能够用来制备具有全光子带隙(complete photonic bandgap)的 3D 光子晶体。H. Y. Hsueh、R. M. Ho 等使用 DG 结构的 PS - b - PLLA 制备了 SDG 结构的 SiO_2[33]。模拟结果显示此 SDG 结构的 SiO_2 具有和蝴蝶翅膀结构类似的纳米光子性质。

另外,具有足够大周期尺寸的有序结构可以呈现光子晶体的性质,显示一定的颜色。L. Han、T. Ohsuna、C. Jiang、S. N. Che 等通过两亲性 ABC 型线形三嵌段共聚物 PtBA - b - PS - b - PEO 与 SiO_2 的前驱体 TEOS 在酸性的四氢呋喃/水的混合体系中的共组装及随后在高温下的烧结,获得了介孔 SiO_2 骨架[48]。通过分析 SAXS、SEM、TEM、ED 等实验结果以及利用高分辨 TEM 结果重构 3D 结构,发现所得介孔 SiO_2 骨架具有 SDD 结构,是其中一个网络沿 c 轴移动 $0.25c$ 得到的。通过控制制备条件,可以得到具有不同 a 值(168～240 nm)的结构,孔径也可以在 100～140 nm 变化。这种 SiO_2 骨架是一种新的光子晶体结构,周期尺寸较大的样品的带隙在可见光范围,因而在光学显微镜中显示紫色或蓝色(图 4 - 17)。他们计算了 SDD 结构的 TiO_2 骨架的光子带隙,发现其中一个网络沿 c 轴移动 $0.332c$ 时,所得结构的全光子带隙最大,为 7.71%,而制备所得网络结构 TiO_2 的全光子带隙为 2.05%～3.78%[44]。

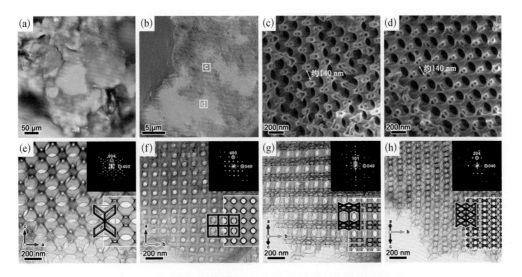

图 4-17　具有大晶胞的 SiO₂ 网络的光学性质和相应的结构

（a）烧结所得 SiO₂ 的光学图像，显示紫色到蓝色的颜色变化；（b）低放大倍数的 SEM 图像与光学图像的结合图，其中标记的"c""d"为得到相应的高分辨 SEM 图像的区域；（c）（d）显示两套相互附着的空心 SDD 框架；（e）～（h）分别为沿 [010]、[001]、[101]、[201] 方向得到的 TEM 图像，（f）～（h）是同一粒子沿 [010] 轴倾斜后得到，内插的小图显示了模拟的 TEM 图像及棒状模型[48]

Y. J. La、K. T. Kim 等以含高分子量 PS 链段的两亲性树枝状-线形二嵌段共聚物形成的立方晶为模板，得到了周期尺寸在 200 nm 以上的 SD 网络结构的 SiO₂[37]。其也具有光子晶体的性质，光学图像呈现蓝色。利用类似的方法，通过使用 Ti(OPr)₄ 为前驱体，他们还得到了 SD 网络结构的 TiO₂ 光子晶体，其光学图像呈现蓝绿色。

4.3.2.2　催化剂载体

C. F. Cheng、R. M. Ho 等使用由 DG 相 PS-b-PLLA 得到的纳米多孔模板，制备得到了 DG 相的纳米多孔 Pt，其具有高催化活性[41]。他们的实验结果表明，与商业化 Pt 纳米粒子相比，得到的纳米多孔 Pt 具有优异的宏观稳定性和峰值比活性。它们在催化性能上的优势源自其精确的网络结构和 Pt 沿着低指数晶面生长。K. C. Yang、H. Y. Hsueh、R. M. Ho 等利用 DG 相 PS-b-PLLA 或 PS-b-PDMS 模板制备的 SG 结构的纳米多孔 Ni 球具有高比表面积，可用作催化剂[42]。实验结果表明其作为环己烯加氢反应的催化剂具有较高的活性和选择性，性能优于工业上使用的 Raney-Ni 催化剂，且在安全性上具有明显的优势。此外，这种 Ni 球还具有另一个优势，即它们可以用磁场回收。

C. Park、K. T. Kim 等由介孔块体材料制备了具有光催化活性的结晶性立方结构介孔 S‑TiO_2[35]。他们发现其对于亚甲基蓝(MB)的光降解效率明显优于商用 TiO_2 纳米粒子，主要原因为介孔 S‑TiO_2 的高比表面积以及催化活性晶面的高可接近性。Y. Liu、D. Y. Zhao 等使用具有 SDD 网络和高度有序的介孔 γ 相 Al_2O_3 微球负载金纳米粒子，研究了所得 Au/Al_2O_3 复合物的催化性能[45]。他们将该复合物催化剂用于对硝基苯酚的还原反应，实验结果表明其具有较高的动力学常数，说明这种微米粒子是一种很好的催化剂载体。

4.3.2.3　选择性分离材料

H. Z. Yu、K. V. Peinemann 等利用两亲性二嵌段共聚物聚苯乙烯‑ b ‑聚丙烯酸 (PS‑ b ‑PAA)在甲苯和甲醇的混合溶剂中组装，经过三个步骤(先形成层状结构，再变为 Schoen G 曲面的 DG 中间相，最后形成 Schwarz P 曲面的 $Im\bar{3}m$ 粒子)形成 Schwarz P 曲面的 $Im\bar{3}m$ 粒子[49]。这些多孔嵌段共聚物粒子可以吸附蛋白质，表面的纳米孔还具有 pH 响应的开关特性，因此可以看作是一类具备超高蛋白质吸附能力的仿生粒子。利用这些粒子的 pH 响应性和内部孔道表面电荷的不同，他们将其用于分离尺寸相近的蛋白质——牛血清白蛋白(BSA)和免疫球蛋白‑ γ(IgG)，以及分离尺寸基本相同的蛋白质——牛血红蛋白(BHb)和 BSA。

4.3.2.4　具有表面等离子体共振（surface plasmon resonance， SPR）效应的纳米结构

H. Y. Hsueh、R. M. Ho 等利用 DG 结构的 PS‑ b ‑PLLA 模板制备的树枝状 Au 在近红外(near‑infrared，NIR)区具有 SPR[40]。通过控制生长时间得到的 Au 纳米粒子、树枝状 Au、三维有序多孔 Au 粒子以及完全生长的 G 结构纳米多孔 Au 粒子均具有显著的 SPR。由于树枝状 Au 和 3D 有序多孔 Au 粒子在 NIR 区的 SPR 及生物相容性，可以将其应用到癌症靶向治疗的光热治疗剂中。而双网络 G 结构纳米多孔 Au 在 525 nm 处的 SPR 虽然很强，但由于纳米结构边缘密度的减小而导致 NIR SPR 消失。这些具有 SPR 的纳米结构 Au 可能应用于光子晶体、超材料、表面增强拉曼光谱(surface enhanced Raman spectroscopy，SERS)、催化剂及传感器等。

随后他们测试了含树枝状 Au 的聚合物基底的 SERS 活性[50]。他们用前述无电电镀方法制备了 G 结构的 Au/PS 杂化物，其中 Au 构成了 PS 基质中的网络结构。将大部分 PS 用 UV 刻蚀后，得到了基于聚合物的 3D SERS 活性基底。实验结果证明其具有优异的 SERS 检测灵敏度，平均增强系数高达 10^8，且有很好的重复性和稳定性(图 4‑18)。

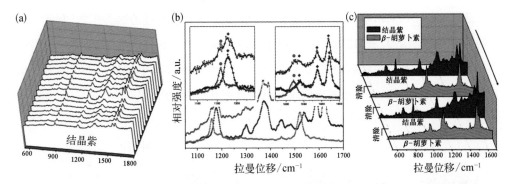

图 4‑18　(a) 三维 SERS 活性基底上 15 个随机区域处结晶紫（浓度为 10^{-8} mol /L）的 SERS；
(b) 三维 SERS 活性基底上结晶紫（浓度为 10^{-8} mol /L）和 β‑胡萝卜素（浓度为
10^{-5} mol /L）混合物的 SERS（黑线），紫线和黄线分别为结晶紫和 β‑胡萝卜素的光谱对
比图，小图为对应区域的放大图；(c) 三维 SERS 活性基底上两次循环滴加结晶紫和 β‑
胡萝卜素测试其循环利用性[50]

4.3.2.5　生物功能材料

　　H. C. Lee、R. M. Ho 等利用基于 PS‑b‑PLLA 自组装的 DG 结构为模板，制备了
具有双重响应性的功能化纳米多孔 SDG 结构 SiO$_2$[51]。他们在 SDG 相 SiO$_2$ 网络结构的
表面接枝上具有温度和 pH 双重响应性的聚甲基丙烯酸 2‑（二甲氨基）乙酯
（PDMAEMA），得到了兼具高比表面积和生物相容性的 3D 多孔网络（图 4‑19）。他们
利用变温 SAXS 监测了多孔网络对环境刺激的响应特性，证明这种功能化纳米多孔
SiO$_2$ 可以作为一种环境刺激响应性的控制释放系统。

　　Y. J. La、K. T. Kim 等将两亲性树枝状‑线形二嵌段共聚物 bPEG‑b‑PS 与用氨基或巯
基修饰了 PEG 端基的两亲性二嵌段共聚物 PEG‑b‑PS 在溶液中进行共组装，得到了网络
结构表面修饰有不同功能化基团的聚合物立方晶，从而可以用来锚定大的客体分子(如蛋白
质和酶)[6]。他们研究了在双网络立方晶水通道表面的辣根过氧化物酶(HRP)对 $2,2'$‑联氮
双(3‑乙基苯并噻唑啉‑6‑磺酸)二铵盐(ABTS)的酶氧化活性，发现吸附在聚合物立方晶中
的 HRP 的催化常数显著高于其他文献报道的吸附在介孔 SiO$_2$ 颗粒(SBA‑15)内的 HRP 的
催化常数。他们认为主要原因是这些立方晶结构比介孔 SiO$_2$ 结构具有更大的孔径。

　　H. Z. Yu、K. V. Peinemann 等利用两亲性二嵌段共聚物 PS‑b‑PAA 制备了
$Im\overline{3}m$ 结构的纳米多孔、具有 pH 响应性的粒子，这些粒子可以大量包载 IgG，并能实现
IgG 抗体的可持续释放[49]。因此这类多孔粒子也可用于吸附、运载和可持续释放药物

中。最近 Z. X. Lin、F. Caruso 等以具有 $Im\overline{3}m$ 结构的聚合物立方晶为模板，制备了有序的金属-苯酚介孔粒子，其结构变为 SP 相（$Pm\overline{3}m$ 对称性）[52]。其较大的孔径和网络中的酚羟基使其可以包载多种蛋白质（图 4-20）。包载在粒子中的蛋白质在溶液中仍具有很高的活性，并且在经历五次回收后仍具有相当高的活性。

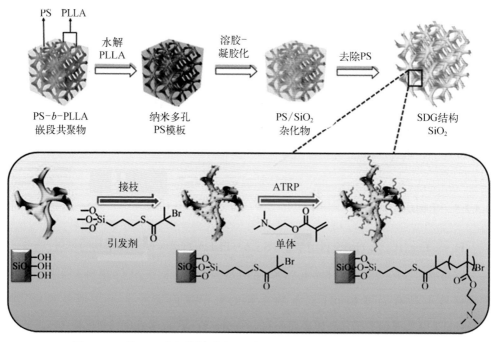

图 4-19 从 BCP 自组装得到的纳米多孔 PS 模板制备具有双重响应性的功能化纳米多孔 SDG 结构 SiO₂ 的示意图[51]

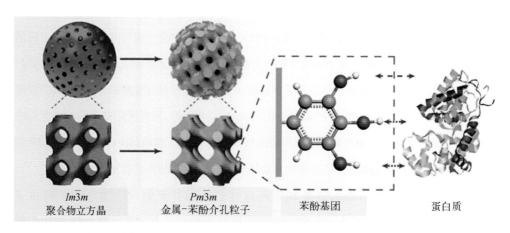

图 4-20 以具有 $Im\overline{3}m$ 结构的聚合物立方晶为模板制备有序的金属-苯酚介孔粒子的示意图[52]

4.3.2.6　能源材料

D. Wei、U. Steiner 等制备了一种具有电致变色性质的 DG 相纳米结构 V_2O_5 超级电容器(图 4-21)[53]。首先部分氟化的聚苯乙烯与聚乳酸(PLA)的二嵌段共聚物自组装形成 DG 结构,将作为少数相的 PLA 水解后得到纳米多孔的模板。随后在孔道中沉积 V_2O_5,再将有机模板洗去后得到电致变色 V_2O_5 网络,其网络结构的直径为 11 nm,该结构具有较高的单位体积比表面积。以此 V_2O_5 网络制备的超级电容器具有高比容量,而其电致变色特性可以指示其充电状态。

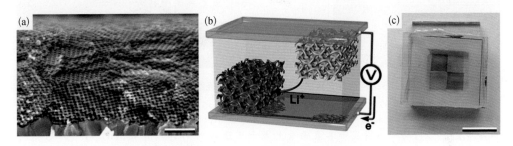

图 4-21　电致变色超级电容器的纳米结构和器件结构设计

(a) 在 FTOR(掺杂氟的 SnO_2)基底上的 V_2O_5 介孔 DG 薄膜的截面 SEM 图像,标尺是 200 nm;(b) 超级电容器结构设计示意图;(c) 完全透明的电致变色超级电容器的照片,包括氧化的黄色上电极和还原的灰绿色下电极,标尺是 1 cm[53]

最近 J. G. Werner、U. Wiesner 等报道了一种从嵌段共聚物自组装模板出发得到的可用于电能储存的多功能纳米杂化物(图 4-22)[54]。该杂化物具有 3D 互通的五连续的 CSG 相网络结构,可以制备具有有序 3D 结构的 Li 离子电池。他们利用三嵌段共聚物 ISO 和低聚酚醛树脂的共组装,经过处理后得到 DG 结构的介孔碳块体材料,以作为电池的负极。随后使用电化学聚合方法在介孔碳的表面和内壁涂上薄层(8~10 nm 厚)聚苯醚(PPO)电解质。再使硫渗入上述复合材料,并将其浸入聚(3,4-乙撑二氧噻吩)(PEDOT)的单体溶液中,使用氧化聚合方法得到硫/PEDOT 复合材料,作为电池的正极,从而完成了 3D 互通的纳米结构电能存储器件的构建。每一层材料的厚度都小于 20 nm,同时又形成了连续互通的 3D 网络,从而将 Li 离子的扩散长度有效降低至几十纳米。该工作提供了一种制备纳米 3D 电池的方法。

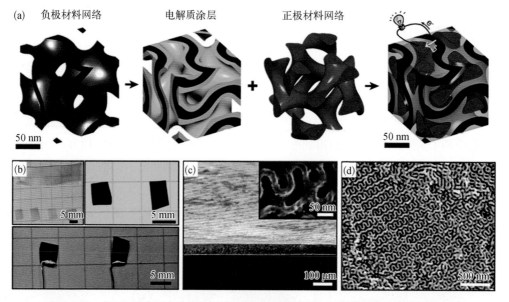

（a）负极材料网络　　　　电解质涂层　　　　正极材料网络

图 4-22　由 DG 结构的介孔碳块体材料组装成的五连续、相互穿插的纳米结构杂化物

（a）合成电池路线的示意图；（b）制备的 BCP/有机杂化物（左上）、碳化后的介孔碳块体材料（右上）以及边缘连接电极的介孔碳块体材料（下）的照片；（c）介孔碳块体材料的 SEM 照片，显示其厚度均一，内插的小图显示其表面含开放和可进入的 G 结构介孔；（d）均一的 G 结构截面[54]

　　C. F. Cheng、R. M. Ho、Y. Zhu 等报道了从 DG 结构 PS-b-PLLA 模板得到的纳米多孔 SDG 相 Ni/NiO/C 纳米复合物可以作为 Li 离子电池的负极[47]。该纳米复合物负极具有高比容量和优异的循环性能。该工作表明可控的嵌段共聚物自组装可以提供一种普适的制备纳米电极的途径。最近 J. G. Li、S. W. Kuo 等使用 PEO-b-PCL 模板制备的介孔碳材料，可以用来制备超级电容器电极[30]。他们用 KOH 活化的介孔碳作为电极，并测试了其性能，发现无论在有机溶剂还是在水溶液中，DG 结构的碳材料的比容量都比柱状结构的高 10%～15%，他们认为这可能是由于 DG 网络中的双连续介孔孔道提供了相对更大的有效吸附面积。

4.4　总结与展望

　　具有 Schoen Gyroid、Schwarz Diamond 及 Schwarz Primitive 曲面等三维周期性曲

面的结构和相关材料在自然界中已经被发现了很多,如蝴蝶翅膀、象鼻虫外骨骼等生物体内的结构色,这些结构由于其独特的性质和广泛的应用,对它们的研究是横跨数学、物理、生物、化学、材料等多个学科的。虽然到目前为止,对于这些网络结构在生物体内的形成机理还了解得相对较少,但是通过自上而下或者自下而上的方法已经在不少人造体系中制备了具有类似结构的材料。自上而下法可以精确控制结构的取向和缺陷,而自下而上法则可以对结构的形成机理,尤其是自然界中相关结构的形成,有更深刻的理解,并且可以全方位地对材料的合成进行调控。嵌段共聚物自组装目前是自下而上法中用来制备有序网络结构的理想平台之一,本章内容综述了嵌段共聚物在本体和溶液中组装形成的各种网络结构。因其晶格的不同,这些网络结构在光学等方面表现出不同的性质。网络结构可以利用多种手段进行调节,如添加溶剂、低聚物、均聚物、嵌段共聚物等进行共混,以及改变链段的分散度,引入刚性链段等。经过选择性刻蚀,这些网络结构都可以转变成纳米多孔材料,利用溶液组装制备的网络结构还可以得到含多级孔的纳米多孔材料。刻蚀后,可能保持原来的结构,也可能由于网络之间没有基质支撑导致网络的相对滑动而变成新的网络结构,引起对称性降低,因此选择性刻蚀也是一种得到变动的网络结构的有效方法。刻蚀得到的纳米多孔材料本身可能是功能材料,如光子晶体、多孔载体、分离材料等,也可以作为模板用来制备功能材料,如介孔碳材料、纳米多孔金属粒子、介孔复合材料等,所得到的功能材料可以应用于催化、生物、能源等多个领域。

尽管如此,嵌段共聚物网络组装结构的调控和应用的研究还面临很多挑战,主要在以下几个方面。第一,为更好地对结构进行调控,理解结构间转变的机理特别重要。虽然已经有一些工作揭示了网络结构间转变的中间相以及转变时两种结构晶面间的外延生长关系,但多数还不是实时、直接的观测结果,因此如何利用多维、实时的手段进行这方面的研究还值得进一步探索。随着科技手段的不断进步,这方面的挑战终将会被克服。第二,单网络结构的制备仍然相对较难,虽然已有少量工作报道了利用模板法制备SG、SD 等结构,但晶胞参数都相对较小,要形成具有全光子带隙的大周期尺寸,仍然需要复杂的制备过程。通过上述网络的相对滑移来形成较低对称性的网络结构或者利用大分子量聚合物立方晶作为模板来制备是比较有效的方法;但是,要精确地控制网络的位移方向和位移距离并不简单,而聚合物立方晶在大分子量时也有长程有序程度下降的问题。第三,大晶胞参数的材料合成也存在困难,嵌段共聚物的周期尺寸主要取决于其分子量,但是分子量增大会导致较慢的微相分离动力学。通过添加溶剂来使得体系发生溶胀,这样可以在有效增大周期尺寸的同时减少链缠结并促进组装,是一种相对有效的方法。第四,高介电常数、高对比度材料的制备也仍然具有挑战性,而这对反射光谱波长的红移以及带隙宽度的增加也都非常重要。目前已经有 TiO₂ 等高介电常数、高对比度材料通过模板法进行制备,随着技术的进步相信会有更多的合成策略出现。第五,尽管网络结构有很多潜在的应用,但要真正实现这些应用,还有很多因素需要考虑,包括如何降低材料的化学结构复杂度和成本、减少处理的步骤,如何实现对长程有序性和取向的控制,以及如何减少畴区中的缺陷等。不过,已经有不少研究在朝这方面努力,如通过共混低聚物可以稳定一些网络结构,使用多分散性嵌段共聚物样品也可以得到有序网络结构,利用 PISA 法可以大量制备聚合物立方晶粒子,通过基底修饰、表面图案化、外场导向自组装等方法增强有序性和取向度等。

随着后续研究对这些具有三维周期排列的网络结构以及相应的材料合成的深入了解,可以预计今后会有更多更有实用价值的研究工作被报道,从而更进一步推动多孔材料、光子晶体、光学器件、能源存储等方面的跨学科研究。

参考文献

[1] Matsen M W, Schick M. Stable and unstable phases of a diblock copolymer melt[J]. Physical Review Letters, 1994, 72(16): 2660 - 2663.

[2] Epps T H, Cochran E W, Bailey T S, et al. Ordered network phases in linear Poly(isoprene-*b*-styrene-*b*-ethylene oxide) triblock copolymers[J]. Macromolecules, 2004, 37(22): 8325 - 8341.

[3] Feng X Y, Burke C J, Zhuo M J, et al. Seeing mesoatomic distortions in soft-matter crystals of a double-gyroid block copolymer[J]. Nature, 2019, 575(7781): 175 - 179.

[4] Werner J G, Hoheisel T N, Wiesner U. Synthesis and characterization of gyroidal mesoporous carbons and carbon monoliths with tunable ultralarge pore size[J]. ACS Nano, 2014, 8(1): 731 - 743.

[5] McKenzie B E, de Visser J F, Friedrich H, et al. Bicontinuous nanospheres from simple amorphous amphiphilic diblock copolymers[J]. Macromolecules, 2013, 46(24): 9845 - 9848.

[6] La Y J, Park C, Shin T J, et al. Colloidal inverse bicontinuous cubic membranes of block copolymers with tunable surface functional groups[J]. Nature Chemistry, 2014, 6(6): 534 - 541.

[7] Lv F, An Z S, Wu P Y. Scalable preparation of alternating block copolymer particles with inverse bicontinuous mesophases[J]. Nature Communications, 2019, 10(1): 1397.

[8] Yang P C, Ning Y, Neal T J, et al. Block copolymer microparticles comprising inverse bicontinuous phases prepared via polymerization-induced self-assembly[J]. Chemical Science, 2019, 10(15): 4200 - 4208.

[9] Meuler A J, Ellison C J, Evans C M, et al. Polydispersity-driven transition from the

orthorhombic Fddd network to lamellae in poly(isoprene-*b*-styrene-*b*-ethylene oxide) triblock terpolymers[J]. Macromolecules, 2007, 40(20): 7072 - 7074.

[10] Meuler A J, Ellison C J, Hillmyer M A, et al. Polydispersity-induced stabilization of the core-shell gyroid[J]. Macromolecules, 2008, 41(17): 6272 - 6275.

[11] Martinez-Veracoechea F J, Escobedo F A. The plumber's nightmare phase in diblock copolymer/homopolymer blends. A self-consistent field theory study[J]. Macromolecules, 2009, 42(22): 9058 - 9062.

[12] Lin S H, Wu S J, Ho C C, et al. Rational design of versatile self-assembly morphology of rod-coil block copolymer[J]. Macromolecules, 2013, 46(7): 2725 - 2732.

[13] Liu H H, Huang C I, Shi A C. Self-assembly of linear ABCBA pentablock terpolymers[J]. Macromolecules, 2015, 48(17): 6214 - 6223.

[14] Lin Z X, Liu S H, Mao W T, et al. Tunable self-assembly of diblock copolymers into colloidal particles with triply periodic minimal surfaces[J]. Angewandte Chemie International Edition, 2017, 56(25): 7135 - 7140.

[15] Lyu X L, Xiao A Q, Zhang W, et al. Head-tail asymmetry as the determining factor in the formation of polymer cubosomes or hexasomes in a rod-coil amphiphilic block copolymer[J]. Angewandte Chemie International Edition, 2018, 57(32): 10132 - 10136.

[16] Cao X, Mao W T, Mai Y Y, et al. Formation of diverse ordered structures in ABC triblock terpolymer templated macroporous silicas [J]. Macromolecules, 2018, 51(11): 4381 - 4396.

[17] Ha S M, Kim K T. Effect of the molecular weight distribution of the hydrophobic block on the formation of inverse cubic mesophases of block copolymers with a discrete branched hydrophilic block[J]. Polymer Chemistry, 2019, 10(42): 5805 - 5813.

[18] Chu C Y, Lin W F, Tsai J C, et al. Order-order transition between equilibrium ordered bicontinuous nanostructures of double diamond and double gyroid in stereoregular block copolymer [J]. Macromolecules, 2012, 45(5): 2471 - 2477.

[19] Shi L Y, Zhou Y, Fan X H, et al. Remarkably rich variety of nanostructures and order-order transitions in a rod-coil diblock copolymer[J]. Macromolecules, 2013, 46(13): 5308 - 5316.

[20] Asai Y, Suzuki J, Aoyama Y, et al. Tricontinuous double diamond network structure from binary blends of ABC triblock terpolymers[J]. Macromolecules, 2017, 50(14): 5402 - 5411.

[21] Wang H F, Yu L H, Wang X B, et al. A facile method to fabricate double gyroid as a polymer template for nanohybrids[J]. Macromolecules, 2014, 47(22): 7993 - 8001.

[22] An T H, La Y, Cho A, et al. Solution self-assembly of block copolymers containing a branched hydrophilic block into inverse bicontinuous cubic mesophases[J]. ACS Nano, 2015, 9(3): 3084 - 3096.

[23] Cho A, La Y J, Jeoung S, et al. Mix-and-match assembly of block copolymer blends in solution [J]. Macromolecules, 2017, 50(8): 3234 - 3243.

[24] Lo T Y, Ho R M, Georgopanos P, et al. Direct visualization of order-order transitions in silicon-containing block copolymers by electron tomography[J]. ACS Macro Letters, 2013, 2(3): 190 - 194.

[25] Bai W B, Hannon A F, Gotrik K W, et al. Thin film morphologies of bulk-gyroid polystyrene-block-polydimethylsiloxane under solvent vapor annealing[J]. Macromolecules, 2014, 47(17): 6000 - 6008.

[26] La Y J, An T H, Shin T J, et al. A morphological transition of inverse mesophases of a branched-linear block copolymer guided by using cosolvents[J]. Angewandte Chemie International Edition, 2015, 54(36): 10483 - 10487.

［27］ Lyu X L, Tang Z H, Xiao A Q, et al. Temperature-controlled formation of inverse mesophases assembled from a rod-coil block copolymer[J]. Polymer Chemistry, 2019, 10(44): 6031 - 6036.

［28］ Avgeropoulos A, Z-H Chan V, Lee V Y, et al. Synthesis and morphological behavior of silicon-containing triblock copolymers for nanostructure applications[J]. Chemistry of Materials, 1998, 10(8): 2109 - 2115.

［29］ Jain A, Toombes G E S, Hall L M, et al. Direct access to bicontinuous skeletal inorganic plumber's nightmare networks from block copolymers[J]. Angewandte Chemie International Edition, 2005, 44(8): 1226 - 1229.

［30］ Li J G, Ho Y F, Ahmed M M M, et al. Mesoporous carbons templated by PEO-PCL block copolymers as electrode materials for supercapacitors[J]. Chemistry - A European Journal, 2019, 25(44): 10456 - 10463.

［31］ Hsueh H Y, Chen H Y, She M S, et al. Inorganic gyroid with exceptionally low refractive index from block copolymer templating[J]. Nano Letters, 2010, 10(12): 4994 - 5000.

［32］ Wang X B, Lo T Y, Hsueh H Y, et al. Double and single network phases in polystyrene-block-poly(l-lactide) diblock copolymers[J]. Macromolecules, 2013, 46(8): 2997 - 3004.

［33］ Hsueh H Y, Ling Y C, Wang H F, et al. Shifting networks to achieve subgroup symmetry properties[J]. Advanced Materials (Deerfield Beach, Fla), 2014, 26(20): 3225 - 3229.

［34］ Lin T C, Yang K C, Georgopanos P, et al. Gyroid-structured nanoporous polymer monolith from PDMS-containing block copolymers for templated synthesis[J]. Polymer, 2017, 126: 360 - 367.

［35］ Park C, La Y J, An T H, et al. Mesoporous monoliths of inverse bicontinuous cubic phases of block copolymer bilayers[J]. Nature Communications, 2015, 6: 6392.

［36］ Cao X, Xu D P, Yao Y, et al. Interconversion of triply periodic constant mean curvature surface structures: From double diamond to single gyroid[J]. Chemistry of Materials, 2016, 28(11): 3691 -3702.

［37］ La Y J, Song J, Jeong M G, et al. Templated synthesis of cubic crystalline single networks having large open-space lattices by polymer cubosomes[J]. Nature Communications, 2018, 9: 5327.

［38］ Lo T Y, Chao C C, Ho R M, et al. Phase transitions of polystyrene-b-poly(dimethylsiloxane) in solvents of varying selectivity[J]. Macromolecules, 2013, 46(18): 7513 - 7524.

［39］ Hsueh H Y, Huang Y C, Ho R M, et al. Nanoporous gyroid nickel from block copolymer templates via electroless plating[J]. Advanced Materials (Deerfield Beach, Fla), 2011, 23(27): 3041 - 3046.

［40］ Hsueh H Y, Chen H Y, Hung Y C, et al. Well-defined multibranched gold with surface plasmon resonance in near-infrared region from seeding growth approach using gyroid block copolymer template[J]. Advanced Materials (Deerfield Beach, Fla), 2013, 25(12): 1780 - 1786.

［41］ Cheng C F, Hsueh H Y, Lai C H, et al. Nanoporous gyroid platinum with high catalytic activity from block copolymer templates via electroless plating[J]. NPG Asia Materials, 2015, 7(4): e170.

［42］ Yang K C, Yao C T, Huang L Y, et al. Single gyroid-structured metallic nanoporous spheres fabricated from double gyroid-forming block copolymers via templated electroless plating[J]. NPG Asia Materials, 2019, 11: 9.

［43］ Ma W C, Huang W S, Ku C S, et al. Nanoporous gyroid metal oxides with controlled thickness and composition by atomic layer deposition from block copolymer templates[J]. Journal of Materials Chemistry C, 2016, 4(4): 840 - 849.

［44］ Li H, Liu Y, Cao X, et al. A shifted double-diamond titania scaffold[J]. Angewandte Chemie International Edition, 2017, 56(3): 806 - 811.

[45] Liu Y, Teng W, Chen G, et al. A vesicle-aggregation-assembly approach to highly ordered mesoporous γ-alumina microspheres with shifted double-diamond networks[J]. Chemical Science, 2018, 9(39): 7705 – 7714.

[46] Zhang Q, Matsuoka F, Suh H S, et al. Pathways to mesoporous resin/carbon thin films with alternating gyroid morphology[J]. ACS Nano, 2018, 12(1): 347 – 358.

[47] Cheng C F, Chen Y M, Zou F, et al. Nanoporous gyroid Ni/NiO/C nanocomposites from block copolymer templates with high capacity and stability for lithium storage[J]. Journal of Materials Chemistry A, 2018, 6(28): 13676 – 13684.

[48] Han L, Xu D P, Liu Y, et al. Synthesis and characterization of macroporous photonic structure that consists of azimuthally shifted double-diamond silica frameworks[J]. Chemistry of Materials, 2014, 26(24): 7020 – 7028.

[49] Yu H Z, Qiu X Y, Nunes S P, et al. Biomimetic block copolymer particles with gated nanopores and ultrahigh protein sorption capacity[J]. Nature Communications, 2014, 5: 4110.

[50] Hsueh H Y, Chen H Y, Ling Y C, et al. A polymer-based SERS-active substrate with gyroid-structured gold multibranches[J]. Journal of Materials Chemistry C, 2014, 2(23): 4667 – 4675.

[51] Lee H C, Hsueh H Y, Jeng U S, et al. Functionalized nanoporous gyroid SiO₂ with double-stimuli-responsive properties as environment-selective delivery systems[J]. Macromolecules, 2014, 47(9): 3041 – 3051.

[52] Lin Z X, Zhou J J, Cortez-Jugo C, et al. Ordered mesoporous metal-phenolic network particles [J]. Journal of the American Chemical Society, 2020, 142(1): 335 – 341.

[53] Wei D, Scherer M R J, Bower C, et al. A nanostructured electrochromic supercapacitor[J]. Nano Letters, 2012, 12(4): 1857 – 1862.

[54] Werner J G, Rodríguez-Calero G G, Abruña H D, et al. Block copolymer derived 3 – D interpenetrating multifunctional gyroidal nanohybrids for electrical energy storage[J]. Energy & Environmental Science, 2018, 11(5): 1261 – 1270.

MOLECULAR SCIENCES

Chapter 5

蛋白质拓扑工程

杨婷婷　张文彬

北京大学化学与分子工程学院

5.1 引言

　　蛋白质拓扑工程是一个新兴的研究领域,致力于通过编辑蛋白质主链的连接关系以及结构片段在三维空间的排列关系,制备具有特定拓扑结构的蛋白质,从而实现其功能改性。本章将围绕蛋白质拓扑工程的基本思路,首先介绍天然拓扑蛋白质,然后总结人工拓扑蛋白质的设计合成方法及其在生物医药、材料科学等领域的应用探索,进而探讨其功能优势,并对其现在面临的挑战和将来的发展趋势做了初步的展望。我们认为,蛋白质拓扑工程才刚刚揭开帷幕,更多的拓扑蛋白质正在被合成,其独特功能正在不断涌现,是一个富有活力、值得深入探讨的研究方向。

　　拓扑在数学上指物体在连续形变中所保持不变的空间性质。早在20世纪60年代,Frisch 和 Wasserman 等就将这个概念引入化学领域[1]。时至今日,化学拓扑的概念比之数学上的严格定义已有很大的拓展,被广泛用来描述分子在不断裂化学键的前提下所保有的原子间和链段间的连接关系和空间关系[2]。拓扑是高分子的四个重要结构参数之一,是调控高分子性能的重要手段。链式结构的拓扑构建和转化可以得到千变万化的结构,极大地拓展了高分子的范畴(图5-1)。但由于反应选择性、效率以及产物分

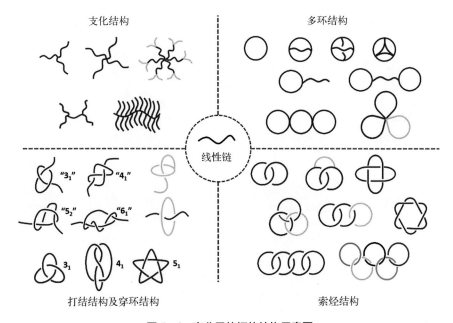

图5-1　高分子的拓扑结构示意图

离和表征方面的困难,目前,仅有很少一部分拓扑高分子可以被合成。另一方面,生物体是杰出的高分子化学家,能通过 DNA 聚合酶、RNA 聚合酶、核糖体等分子机器实现生物大分子的精密合成。然而,尽管细胞合成体现出对大分子序列、长度和立体化学无与伦比的控制能力,但是这些生物大分子(特别是蛋白质)的化学拓扑结构的多样性在很大程度上仍有待被开发。本章将对蛋白质的拓扑工程化进行总结和展望。

5.2 天然拓扑蛋白质

近年来,科学家们相继发现了天然存在的打结蛋白、环肽、环状蛋白、套索肽、蛋白质索烃等多种拓扑结构(图 5-2)[3]。其中环状蛋白是最常见的非线性拓扑蛋白。天然环状蛋白多为含 14～78 个氨基酸残基的环肽,且多是由线性前驱体通过翻译后处理得到的基因产物。主链环化的构象限制以及分子内二硫键的双重作用,带来蛋白质稳定性和活性的双重提高,在很多生命体中行使着宿主防疫的作用。套索肽作为第二类常见的拓扑蛋白质,也多是由线性前驱体经过多步翻译后处理得到的基因产物,其羧基端的一段穿过由异肽键连接所形成的环,并常结合大体积侧基与多肽环形成机械键固定

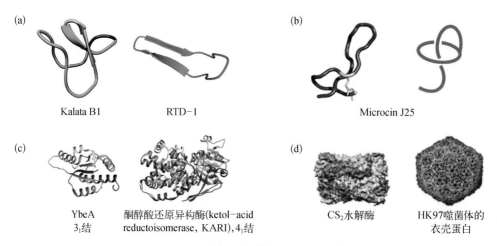

图 5-2　天然存在的生物大分子拓扑结构

(a) 环肽:Kalata B1(PDB:4TTM)和 RTD-1(PDB:1HVZ);(b) 套索肽:Microcin J25(PDB:2MMW);(c) 打结蛋白:YbeA(PDB:1NS5)和酮醇酸还原异构酶(PDB:3FR8);(d) 蛋白质索烃:CS$_2$水解酶(PDB:3TEO)和 HK97 噬菌体的衣壳蛋白(PDB:2FT1)

其拓扑结构。这种拓扑结构不仅稳定性高,具有抗病毒、抗菌、受体拮抗、酶抑制等多种活性,而且通过改变羧基端的侧基尺寸可调控套索肽的穿环和出环的动力学,使其在穿环和出环两态之间或不同的穿环态之间转化。

蛋白质纽结是单链形成的缠结结构。研究表明,有 6% 的折叠蛋白包含纽结结构,如甲基转移酶的 α/β 纽结蛋白超家族中的 YibK 和 YbeA 蛋白[4]。这种打结的拓扑结构经常出现在酶的活性位点附近,打结结构的刚性赋予该区域额外的稳定性,可较好地耐受突变给活性带来的影响。如果考虑二硫键形成的拓扑结构,那么高阶扭结和复杂链环结构(如博罗米恩环和所罗门结)也存在于蛋白质中[4]。链环(link)是多链形成的缠结互锁结构,其中以索烃结构最为典型。自然界中存在的蛋白质索烃结构大多是基于非共价作用的,如牛线粒体过氧化物酶Ⅲ、耐辐射球菌的重组 RecR 蛋白、大肠杆菌1a 类核酸还原酶和嗜酸性氧化硫硫杆菌的 CS_2 水解酶等[5]。而目前发现的共价的天然蛋白质索烃只有两种,分别为耐超高温热棒菌的柠檬酸合成酶[6]和 HK97 噬菌体的衣壳蛋白[7]。其中柠檬酸合成酶是由单个基元通过二硫键形成的同质二聚体索烃,而 HK97噬菌体的衣壳蛋白则是由邻近互锁的环组装进而形成的更为复杂的锁子甲结构。研究指出柠檬酸合成酶的变性温度(T_m)相比线性对照提高了近 10 ℃[6],而 HK97 噬菌体的衣壳蛋白特有的锁子甲结构更是赋予其非比寻常的稳定性[7],证明了蛋白质拓扑结构和机械键对蛋白质稳定性有显著提高作用。

总的来说,大自然已经在有限的例子里展示了拓扑工程的强大与魅力。基于其在热稳定性等方面的优势,天然拓扑蛋白质是自然选择与进化的结果,而对蛋白质进行拓扑调控则是独特的工程化策略,有望将拓扑的优势进一步发挥得淋漓尽致。近年来,科学家们受大自然的拓扑蛋白质启发,开始尝试设计新的人工拓扑蛋白质。以下将逐一详述它们的精确合成策略。

5.3　人工拓扑蛋白质的构建和转化

按合成方式划分,拓扑蛋白质的合成可分为有机合成和生物合成。前者依赖于多肽固相合成技术和高效的偶联方法,已被用于实现环肽、套索肽和索烃肽的合成,初步展示出拓扑工程的作用[8, 9]。比如,基于 p53 的索烃肽其 T_m 比线性对照要高出 59 ℃[9]。

但其缺点在于涉及多步骤合成，操作烦琐，产率较低，且不易纯化，并不适用于分子量较大的蛋白质合成。后者则是大分子精密合成的理想平台，拓扑蛋白质的序列、长度均可通过重组 DNA 技术在基因层次上进行调节。基于生物合成的方法，科学家们开发了一系列拓扑工程的手段。

5.3.1　天然拓扑蛋白质的衍生

串联重复结构单元是创造拓扑蛋白质的一种重要方法。Yeates 和同事们成功地在幽门螺杆菌 HP0242 的二聚体的两端接线，设计了一种人工打结蛋白，并通过结晶学明确地证明了这种打结结构[10]。Yeates 等还在人类碳酸酐酶Ⅱ的两个不同位点引入半胱氨酸，在氧化条件下形成"连串扭结聚合物"或"表面扭结聚合物"，并仔细研究了它们对提高热稳定性的影响[11]。

天然拓扑蛋白质的衍生可实现多种有趣的结构。例如，天然套索肽的合成涉及一个基因簇里的多个酶协同实现对前体蛋白质的翻译后处理过程。Link 课题组成功表达出在羧基端融合了大蛋白的套索结构，通过改变连接序列的长度和柔性，可以使剪切后的线性前驱体发生有效套索化，从而得到融合表达的套索蛋白[12]。此外，这些天然拓扑蛋白质的拓扑转化也是制备复杂拓扑结构的简单方法。Allen 和 Link 报道了用套索肽 Microcin J25 作为前驱体制备轮烷和索烃的方法。他们通过基因编辑在 Microcin J25 的链环区成功引入两个反应性半胱氨酸和一个精氨酸。这体现了套索肽的细胞合成可以容忍一定程度的结构突变。在胰酶存在下，精氨酸被识别并酶切，套索肽被转变成轮烷肽，而轮烷肽之间自发形成分子间二硫键，进一步转化成[3]索烃或[4]索烃结构[13]。

基于活性非天然氨基酸的插入[14]，通过精心设计的邻近效应，可促进分子内或分子间反应，因此，多环的蛋白质拓扑结构得以形成，其合成机理主要是基于距离调控的半胱氨酸的亲核性巯基与非天然的亲电性侧基之间的反应，只有当蛋白质折叠将两个活性基团带到邻近位置，反应才能进行，从而形成稳定的"钉合（stapled）"结构。尽管涉及非天然氨基酸，但该方法也完全是可基因编码的，并且反应的最终产物中实际上仅包含很少甚至没有非天然组分。因此，这种工具在拓扑蛋白质领域也具有很重要的应用前景。

5.3.2 组装-反应协同构建人工拓扑蛋白质

组装-反应协同的理念来自超分子化学领域,是一种行之有效的创造特殊分子结构的策略,已被用于合成包括大卫之星(star of David)、五叶结、8_{19}结、索烃等各种分子结构[15]。它通过组装将分子基元按特定关系结合在一起,并通过温和的化学反应进行位点特定性的连接,从而创造出独特的拓扑结构。其中,组装过程可以被看成是预组织的"模板",而反应则是固定拓扑结构的方法。相比于小分子片段,大分子不仅构象繁多,而且官能团众多、反应性相似,因此要实现组装和反应的协同分外困难。最近,研究者们利用相互缠绕的蛋白质折叠结构和组装基元作为模板,可基因编码的化学反应作为偶联手段,将这个概念成功地应用到蛋白质体系中,通过组装和反应的协同,实现了多种人工拓扑蛋白质的细胞合成。

1. 可基因编码的蛋白质化学反应

早些年,人们已经发展了一些可基因编码的蛋白质化学反应工具,如分离型内含肽连接化学与分选酶或蝶豆黏酶(butelase 1)介导的连接化学。它们均依赖于特定的识别序列,可实现蛋白质主链的无痕连接,但并不能用于侧链的连接。蛋白质侧链的异肽键偶联可以用转氨酶来实现,但是它并没有序列的特异性,可能发生在任何赖氨酸和天冬氨酸或谷氨酸残基之间,因此并不能算是可基因编码的。Howarth 课题组在这方面做了开创性的工作。2010 年,他们首先对化脓性链球菌的菌毛蛋白 Spy0128 进行工程化,以不同的方式将其拆分为两对多肽-蛋白反应对:菌毛蛋白-C(pilin-C)和异肽标签(isopeptag),菌毛蛋白-N(pilin-N)和异肽标签-N(isopeptag-N)。两对多肽-蛋白反应对的原理都是借助谷氨酸的催化,使天冬酰胺残基和赖氨酸残基发生反应形成异肽键[16]。尽管其效率较低,但是其偶联反应是发生在特定序列之间的侧链偶联,被认为是第一个可基因编码的多肽-蛋白侧链偶联反应对。其后,他们又将化脓性链球菌的纤维连接蛋白结合蛋白(FbaB)中的第 2 个类免疫球蛋白胶原黏附结构域(CnaB2)按照类似的方法进行拆分和优化,得到了由 13 个氨基酸组成的谍标签(SpyTag)和由 138 个氨基酸组成的谍捕手(SpyCatcher),其反应性有了很大的提升。谍反应因此成为此类反应的金标准[图 5-3(a)]。实验表明,谍反应不仅实现了反应位点的高选择性,而且在胞内胞外都能进行,对 pH 和温度变化的容忍性好,不需要加入额外的催化剂[17]。更重要的是,可基因编码的特性使得反应性的定向进化成为可能。结合噬菌体展示技术和理性设计,Howarth课题组又相继发展了第二代和第三代谍标签-谍捕手反应对[18]。值得一提的是,第三代谍标签-谍捕手反应对的反应速率已接近扩散的极限,即使在纳摩尔浓度下,反应也能在几分钟之内完成。如此高的反应速率和反应选择性使得它们被认为是"可基因编码的点击化学"。这事实上组成了一大类可基因编码的多肽-蛋白反应对,包括探标签(SnoopTag)-探捕手(SnoopCatcher)反应对、谍标签-超电荷化的谍捕手反应对、SdyTag-SdyCatcher反应对等。尽管如此,这些反应对的识别序列都比较长,连接后留下较大的冗余片段,有可能会对产物的性质产生一定影响,因此人们希望能够发展具有较短识别序列的可基因编码的反应。

为了减小反应的识别序列,Howarth课题组对谍捕手做进一步拆分和优化,使其催化位点与反应位点分开,发展了谍连接酶-K标签-谍标签(SpyLigase-KTag-SpyTag)[19]等三元化学偶联体系。本课题组以另一种方式对谍捕手进行拆分,得到了谍订书机酶-北大标签-谍标签(SpyStapler-BDTag-SpyTag)三元化学偶联体系[图5-3(b)],发现SpyStapler是一个无序蛋白,但仍可高效催化多肽片段BDTag和SpyTag的偶联[20]。这些方法的出现使得蛋白质特定位点的偶联成为可能,可方便实现支化蛋白、环状蛋白的高效合成。

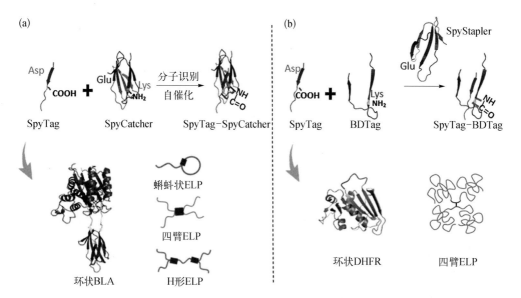

图5-3 可基因编码的多肽-蛋白质反应对工具及其相应可制备的拓扑结构

(a)谍反应及其制备的拓扑结构:SpyTag-SpyCatcher复合物(PDB:4MLI),BLA(PDB:4GZB)[17,24,25];(b)SpyStapler介导的SpyTag-BDTag偶联体系及其制备的拓扑结构:DHFR(PDB:2HQP)[20]

早在 2001 年,Iwai 等就基于分离型内含肽的自剪接原理,让内含肽作为融合成分与底物蛋白质一起表达,在胞内环境下原位实现了绿色荧光蛋白(green fluorescent protein,GFP)的环化[21]。基于分选酶连接化学,可以使氨基端与羧基端分别含有 GGG 与 LPXTG 识别序列的蛋白或蛋白质-聚氨基酸偶联物,在分选酶的催化下完成环化[22]。基于蝶豆黏酶介导的化学连接,可以高效催化三肽片段 NHV 与甘氨酸残基相连,特别适合在体外环境下微痕环化蛋白质[23]。由于以上三种连接工具只能用于主链连接,因此当应用于细胞合成时难以制备支化蛋白,而谍反应是具有优异反应位点选择性的侧链偶联方法,不仅可融合在氨基端和羧基端构建环状蛋白,还可分别放在两个蛋白质的链中或两端的不同位置,构建各种支化蛋白质(如三臂/四臂/蝌蚪状及 H 形支化类弹性蛋白 ELP)[24]。而 SpyStapler 介导的微痕多肽-多肽偶联工具的开发不仅保留了定点偶联构建环状、星状蛋白质等拓扑结构的能力,同时还大大减小了其识别序列[20]。然而,尽管这些工具可通过高选择性的偶联反应实现多种拓扑蛋白质的合成[25],但对于具有复杂空间关系的拓扑结构(如打结蛋白、索烃蛋白等)则无能为力。这需要进一步结合缠结基元作为模板,对链段的空间关系进行预组织,并利用反应进行固定,从而实现更多的拓扑结构。这就是"组装-反应"协同的策略。

2. 缠结基元

缠结基元是决定拓扑结构的关键因素。近年来人们已经发现了不少缠结基元,例如肿瘤抑制因子 p53 就具有独特的 U 形相互交叉的缠绕二聚结构[26]。Dawson 等首先通过固相合成和天然化学连接策略,得到了 p53 的索烃肽[8],并由此衍生出准轮烷肽和异质索烃肽结构[27]。本课题组结合 p53 二聚缠结基元与可基因编码的谍反应,成功实现了蛋白质索烃的原核表达与制备[28]。实验证明,该方法不仅可以实现无序蛋白(如类弹性蛋白)和折叠蛋白(如二氢叶酸还原酶和 GFP)的索烃化,还能在保持蛋白质结构和活性的同时,有效增强折叠蛋白的热稳定性、化学稳定性和酶解稳定性[29]。当谍反应识别序列与 p53 在空间上邻近时(如 SpyX 体系),不仅其索烃化效率进一步提升,而且由于两个单体的氨基端和羧基端都被保留,还可以得到机械互锁的蝌蚪状蛋白二聚体或四臂星状蛋白质索烃[30][图 5 - 4(a)]。通过改变反应性序列在基因中的位置,就可方便地改变产物的拓扑结构。这个策略具有一定的普适性:一方面,如果采用不同的二聚缠结基元和可基因编码的反应对,一样可以形成蛋白质索烃结构;另一方面,如果采用不同的三聚或四聚缠结基元,则将形成不同的拓扑结构。但在这个策略中,缠结基元独立于反应对,属于被动模板,其对于目标蛋白而言,还属于相对冗余的额外结构。如能进一步减少这些缠结和反应工具的尺寸,则可更好地体现拓扑的结构效应,而其中一个方法就是开发结合缠结和反应的"主动模板"。

"主动模板"的概念最早见于小分子机械互锁结构的制备,主要是利用金属离子将各反应组分进行预组织,并行使催化功能,进而形成共价键,从而固定其机械互锁结构[31]。受此启发,课题组重新设计谍复合物中三个片段(SpyTag/BDTag/SpyStapler)之间的连接关系[图 5-4(b)],引入人工设计的链缠结,开发了可用于蛋白质异质索烃合成的"主动模板"方法,在胞外或胞内都能高效实现蛋白质异质索烃的模块化合成[32]。

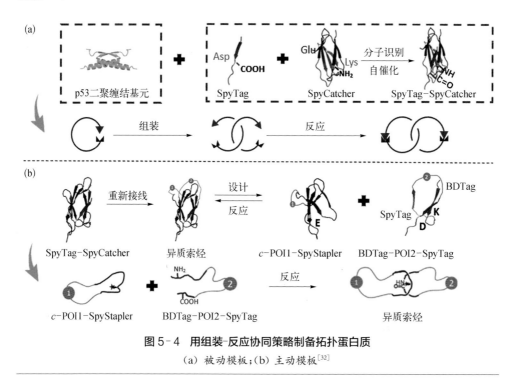

图 5-4 用组装-反应协同策略制备拓扑蛋白质

(a) 被动模板;(b) 主动模板[32]

5.4 拓扑蛋白质的优势与应用

天然拓扑蛋白质,如环肽和套索肽等,常常展示出显著的稳定性和良好的生物活性。打结的拓扑结构增加了局部构象的刚性,提高了蛋白质对突变的耐受性。这与拓扑所带来的结构特征和功能优势一致。受此启发,人们认为人工拓扑蛋白质可同样具有这些功能优势。

第一,拓扑结构可提高蛋白质的稳定性。蛋白质稳定性可体现为热力学稳定性、抗酶解稳定性、抗化学变性稳定性、力学稳定性等多个方面。对于环状蛋白,其主链骨架的环化减小了非折叠态蛋白的熵值,从而提高了折叠态的热力学稳定性[33]。而索烃化还通过链的互锁限制了链的相对运动,提供了另一个额外的稳定化因素[34]。同时,由索烃化带来的集聚效应、结构刚性和链末端的缺失,使得蛋白质索烃的抗酶解稳定性也得到大幅提升[28]。因此,蛋白质拓扑工程有望被应用于延长药用蛋白在体内的循环时间、提高工业酶稳定性等场景。此外,拓扑蛋白质还可能带来较高的力学稳定性。比如,Ikai 等利用原子力显微镜的单分子拉伸试验,证实打结蛋白(如牛碳酸酐酶Ⅱ)具有更高的力学稳定性[35]。

第二,拓扑结构可能通过构象限制或者多价效应带来蛋白质活性的提升。例如,Marahiel 等在 Microcin J25 套索肽的链环区通过定点突变融合 RGD 肽段,得到的新型套索肽对整合素具有更高的亲和性,有望成为高效的整合素拮抗剂[36]。Howarth 课题组对病毒样颗粒进行基因编码,使其在颗粒表面展示谍捕手和探捕手,利用正交反应在单个纳米粒子上同时结合双重疟疾抗原(Pfs25 和 Pfs28),证实其多价效应可以引起更强的抗体应答效果[37][图 5 - 5(a)]。

第三,拓扑蛋白质可以给蛋白质带来更多的动态性质。例如,套索肽 Microcin J25 可以在不同拓扑结构之间转变[13]。这是有别于蛋白质别构效应的动态性质,有望被用于发展基于机械互锁结构的分子开关。

最后,拓扑蛋白质在智能生物材料的制备方面应该大有作为。蛋白质被认为是自然界的功能分子(workhorse of life),与生物体系的相互作用强,而拓扑结构又赋予蛋白质类似于合成高分子的可修饰性和特定的功能,两者协同会得到非常有趣的性质。孙飞课题组将 p53 二聚缠结基元作为调控水凝胶网络应力松弛行为的有效手段,通过对比含有和不含有 p53 二聚缠结基元的谍网络水凝胶,证实拓扑缠结可有效提高水凝胶的应力松弛速度[38]。此外,该课题组还利用大肠杆菌基于 GFP 片段的物理重组合成了四臂星状蛋白(SpyCatcher)₄GFP,制备了可用于细胞 3D 培养且机械性能可调的全蛋白水凝胶,并结合光敏蛋白质 CarHC 和药物蛋白 PslG 开发了智能光敏水凝胶以实现药物蛋白的光控释放[39][图 5 - 5(b)]。这些研究证实了通过直接组装具有独特功能的重组拓扑蛋白质来构建宏观材料的可行性,为拓扑蛋白质在材料科学中的应用提供了新的思路。

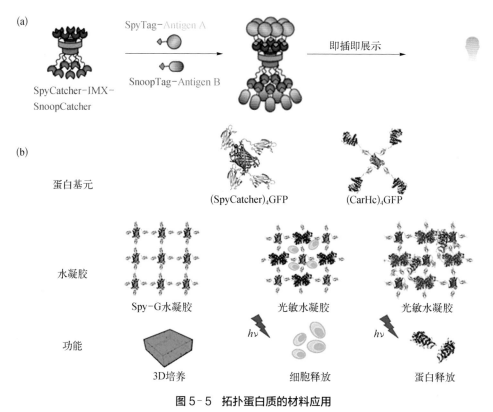

图 5-5　拓扑蛋白质的材料应用

(a) 多元抗体展示疫苗[37];(b) 星状拓扑蛋白质水凝胶用于 3D 培养、细胞释放及蛋白释放[39]

5.5　总结与展望

中心法则定义了严格线性的蛋白质化学拓扑结构。在自然界中,蛋白质通过折叠组装以及广泛的翻译后处理过程来控制基元的空间位置和产生少量的非线性结构,以弥补其拓扑结构种类的不足。人工拓扑蛋白质的设计与合成刚刚起步。这首先得益于可基因编码的蛋白质化学反应的发展,使得环状蛋白、蝌蚪状蛋白、三臂或四臂星状蛋白、H形支化蛋白等非线性蛋白的合成不再困难;而结合缠结基元,通过组装-反应协同,还可以实现对其空间关系的控制,进一步扩展蛋白质的拓扑结构,实现蛋白质索烃、机械互锁星状蛋白等结构的细胞合成。拓扑蛋白质不仅带来了功能的提升,还提供了一类全新而独特的生物材料基元。同时,拓扑蛋白质还是拓扑高分子的模型体系,有助于阐明拓扑高分子的构效关系和功能优势。然而,尽管蛋白质拓扑工程有了一定的进展,这个方向仍然具有很大的挑战。

第一,需要发展更先进的基因挖掘技术,寻找更多的天然拓扑蛋白质范例,追溯其拓扑结构的起源和演化的进程,明确拓扑结构在进化中的功能优势;第二,亟待建立拓扑蛋白质的快速表征手段,虽然核磁结构解析、晶体结构解析、冷冻电镜结构解析都是表征结构的有效手段,但其前提是该结构应该是折叠有序的,对于无序蛋白的拓扑结构表征,酶切等实验方法虽然行之有效,但并不适用于表征那些具有复杂空间关系的拓扑结构;第三,拓扑蛋白质的合成方法需要进一步改进,一方面需要发展更多独特有效的化学连接工具和更多的缠结基元模板,另一方面需要发展无痕的拓扑工程方法,以更好地揭示拓扑效应。人工拓扑蛋白质的不断涌现将为这个方向提供丰富的研究对象。我们相信超分子化学、高分子化学和蛋白质工程的结合将为这个蛋白质工程新方法铺平道路,而拓扑结构的多样化必将赋予蛋白质独特的功能性质。

参考文献

[1] Frisch H L, Wasserman E. Chemical topology[J]. Journal of the American Chemical Society, 1961, 83(18): 3789-3795.

[2] Francl M. Stretching topology[J]. Nature Chemistry, 2009, 1(5): 334-335.

[3] Wang X W, Zhang W B. Chemical topology and complexity of protein architectures[J]. Trends in Biochemical Sciences, 2018, 43(10): 806-817.

[4] Dabrowski-Tumanski P, Sulkowska J I. Topological knots and links in proteins[J]. Proceedings of the National Academy of Sciences of the United States of America, 2017, 114(13): 3415-3420.

[5] Xu L J, Zhang W B. Topology: A unique dimension in protein engineering[J]. Science China-Chemistry, 2018, 61(1): 3-16.

[6] Boutz D R, Cascio D, Whitelegge J, et al. Discovery of a thermophilic protein complex stabilized by topologically interlinked chains[J]. Journal of Molecular Biology, 2007, 368(5): 1332-1344.

[7] Wikoff W R, Liljas L, Duda R L, et al. Topologically linked protein rings in the bacteriophage HK97 capsid[J]. Science, 2000, 289(5487): 2129-2133.

[8] Yan L Z, Dawson P E. Design and synthesis of a protein catenane[J]. Angewandte Chemie International Edition, 2001, 113(19): 3737-3739.

[9] Blankenship J W, Dawson P E. Thermodynamics of a designed protein catenane[J]. Journal of

Molecular Biology, 2003, 327(2): 537 – 548.

[10] King N P, Jacobitz A W, Sawaya M R, et al. Structure and folding of a designed knotted protein [J]. Proceedings of the National Academy of Sciences of the United States of America, 2010, 107 (48): 20732 – 20737.

[11] Sayre T C, Lee T M, King N P, et al. Protein stabilization in a highly knotted protein polymer[J]. Protein Engineering Design & Selection, 2011, 24(8): 627 – 630.

[12] Zong C H, Maksimov M O, Link A J. Construction of lasso peptide fusion proteins[J]. ACS Chemical Biology, 2016, 11(1): 61 – 68.

[13] Allen C D, Link A J. Self-assembly of catenanes from lasso peptides[J]. Journal of the American Chemical Society, 2016, 138(43): 14214 – 14217.

[14] Xiang Z, Lacey V K, Ren H Y, et al. Proximity-enabled protein crosslinking through genetically encoding haloalkane unnatural amino acids[J]. Angewandte Chemie International Edition, 2014, 53(8): 2190 – 2193.

[15] Gil-Ramírez G, Leigh D A, Stephens A J. Catenanes: Fifty years of molecular links [J]. Angewandte Chemie International Edition, 2015, 54(21): 6110 – 6150.

[16] Zakeri B, Howarth M. Spontaneous intermolecular amide bond formation between side chains for irreversible peptide targeting[J]. Journal of the American Chemical Society, 2010, 132(13): 4526 –4527.

[17] Zakeri B, Fierer J O, Celik E, et al. Peptide tag forming a rapid covalent bond to a protein, through engineering a bacterial adhesin[J]. Proceedings of the National Academy of Sciences of the United States of America, 2012, 109(12): E690 – E697.

[18] Keeble A H, Turkki P, Stokes S, et al. Approaching infinite affinity through engineering of peptide-protein interaction[J]. Proceedings of the National Academy of Sciences of the United States of America, 2019, 116(52): 26523 – 26533.

[19] Fierer J O, Veggiani G, Howarth M. SpyLigase peptide-peptide ligation polymerizes affibodies to enhance magnetic cancer cell capture[J]. Proceedings of the National Academy of Sciences of the United States of America, 2014, 111(13): E1176 – E1181.

[20] Wu X L, Liu Y J, Liu D, et al. An intrinsically disordered peptide-peptide stapler for highly efficient protein ligation both *in vivo* and *in vitro*[J]. Journal of the American Chemical Society, 2018, 140(50): 17474 – 17483.

[21] Iwai H, Lingel A, Plückthun A. Cyclic green fluorescent protein produced *in vivo* using an artificially split PI-PfuI intein from *Pyrococcus furiosus* [J]. Journal of Biological Chemistry, 2001, 276(19): 16548 – 16554.

[22] Popp M W, Dougan S K, Chuang T Y, et al. Sortase-catalyzed transformations that improve the properties of cytokines[J]. Proceedings of the National Academy of Sciences of the United States of America, 2011, 108(8): 3169 – 3174.

[23] Nguyen G K T, Kam A, Loo S, et al. Butelase 1: A versatile ligase for peptide and protein macrocyclization[J]. Journal of the American Chemical Society, 2015, 137(49): 15398 – 15401.

[24] Zhang W B, Sun F, Tirrell D A, et al. Controlling macromolecular topology with genetically encoded SpyTag-SpyCatcher chemistry[J]. Journal of the American Chemical Society, 2013, 135 (37): 13988 – 13997.

[25] Schoene C, Fierer J O, Bennett S P, et al. SpyTag/SpyCatcher cyclization confers resilience to boiling on a mesophilic enzyme[J]. Angewandte Chemie International Edition, 2014, 53(24): 6101 – 6104.

[26] Davison T S, Nie X, Ma W L, et al. Structure and functionality of a designed p53 dimer[J].

Journal of Molecular Biology, 2001, 307(2): 605-617.

[27] Blankenship J W, Dawson P E. Threading a peptide through a peptide: Protein loops, rotaxanes, and knots[J]. Protein Science, 2007, 16(7): 1249-1256.

[28] Wang X W, Zhang W B. Cellular synthesis of protein catenanes[J]. Angewandte Chemie International Edition, 2016, 55(10): 3442-3446.

[29] Wang X W, Zhang W B. Protein catenation enhances both the stability and activity of folded structural domains[J]. Angewandte Chemie International Edition, 2017, 56(45): 13985-13989.

[30] Liu D, Wu W H, Liu Y J, et al. Topology engineering of proteins *in vivo* using genetically encoded, mechanically interlocking SpyX modules for enhanced stability[J]. ACS Central Science, 2017, 3(5): 473-481.

[31] Denis M, Goldup S M. The active template approach to interlocked molecules[J]. Nature Reviews Chemistry, 2017, 1: 0061.

[32] Da X D, Zhang W B. Active template synthesis of protein heterocatenanes[J]. Angewandte Chemie International Edition, 2019, 58(32): 11097-11104.

[33] Zhou H X. Loops, linkages, rings, catenanes, cages, and crowders: Entropy-based strategies for stabilizing proteins[J]. Accounts of Chemical Research, 2004, 37(2): 123-130.

[34] Zhou H X. Effect of catenation on protein folding stability[J]. Journal of the American Chemical Society, 2003, 125(31): 9280-9281.

[35] Alam M T, Yamada T, Carlsson U, et al. The importance of being knotted: Effects of the *C*-terminal knot structure on enzymatic and mechanical properties of bovine carbonic anhydrase II [J]. FEBS Letters, 2002, 519(1/2/3): 35-40.

[36] Knappe T A, Manzenrieder F, Mas-Moruno C, et al. Introducing lasso peptides as molecular scaffolds for drug design: Engineering of an integrin antagonist[J]. Angewandte Chemie International Edition, 2011, 50(37): 8714-8717.

[37] Brune K D, Buldun C M, Li Y Y, et al. Dual plug-and-display synthetic assembly using orthogonal reactive proteins for twin antigen immunization[J]. Bioconjugate Chemistry, 2017, 28(5): 1544-1551.

[38] Yang Z G, Kou S Z, Wei X, et al. Genetically programming stress-relaxation behavior in entirely protein-based molecular networks[J]. ACS Macro Letters, 2018, 7(12): 1468-1474.

[39] Yang Z G, Yang Y, Wang M, et al. Dynamically tunable, macroscopic molecular networks enabled by cellular synthesis of 4-arm star-like proteins[J]. Matter, 2020, 2(1): 233-249.

MOLECULAR SCIENCES

Chapter 6

螺旋聚乙炔衍生物的合成、构象调控及应用

汪胜　张洁　宛新华

北京大学化学与分子工程学院

6.1 引言

螺旋聚乙炔衍生物是一类重要的动态螺旋聚合物,具有丰富、可调控的手性二级结构,可望在分子识别、立体选择性分离、不对称催化、手性分子开关及荧光偏振等诸多领域发挥重要作用。本章将通过典型的实例对螺旋聚乙炔衍生物的合成、构象调控和应用做系统的介绍。首先介绍聚乙炔衍生物的合成方法,然后总结光学活性螺旋聚乙炔衍生物的制备策略,进而探讨其螺旋构象的调控、表征方法及潜在的应用,最后阐述其面临的挑战并展望其发展趋势。

物质的实体与其镜像无法完全重合的性质被称为手性,具有手性的物质(体)被称为手性物质(体),就像我们的双手,互为镜像,却无法重叠。手性广泛存在于自然界中,大到宇宙星云、建筑、生物,小至矿物晶体、分子及基本粒子。根据构成单元的空间分布,手性结构大致可分为点、轴、面及螺旋等不同类型。手性可以在不同尺度、不同层次的结构上体现出来:一级手性结构是由分子的不对称构型产生的结构,二级手性结构是由整个分子的构象所产生的结构,三级手性结构是分子间通过非共价键相互作用而产生的手性超分子聚集体或相结构,而四级手性结构是由二级或三级手性结构之间进一步作用而得到的更高级、更复杂的结构[1, 2]。对于聚合物而言,二级手性结构主要是螺旋构象[3,4]。

螺旋构象是一种重要的二级手性结构,具有左手螺旋和右手螺旋两种对映体,通常将它们分别称为 M(minus, −)螺旋和 P(plus, +)螺旋。如果能够选择性地获得单一旋向或某一旋向占优的螺旋结构,即使主链或侧基上没有立构中心,也能得到光学活性聚合物。螺旋结构普遍存在于生物大分子中,如蛋白质的 α-螺旋、DNA 的双螺旋、胶原蛋白的三螺旋结构等,并与生命体的生命活动息息相关,在遗传信息的传递与表达、能量的存储及功能实现等方面起着不可或缺的作用。受生物大分子螺旋构象的启发,合成化学家们制备了一系列人工合成的螺旋聚合物,如聚(α-烯烃)、聚醛、乙烯基聚合物、聚异腈、聚异氰酸酯、聚硅烷、聚胍和折叠体等[3]。

聚合物螺旋结构的稳定性依赖于螺旋翻转位垒。当翻转位垒较高时,螺旋构象能在室温下稳定存在,这类聚合物被称为静态螺旋聚合物,如聚异腈和具有庞大侧基的乙烯基聚合物、聚醛等。静态螺旋聚合物能够通过手性单体或者非手性单体的螺旋选择性聚合反应（helix-sense-selective polymerization）获得。其主链扭曲方向受动力学控制，螺旋结构主要通过大体积侧基或者刚性主链来稳定。而当翻转位垒较低时，左右两种旋向的螺旋构象将处于动态平衡中，当有手性因素存在时形成某一旋向占优的螺旋构象，这类聚合物被称为动态螺旋聚合物，如聚炔、聚硅烷、聚异氰酸酯等。对于动态螺旋聚合物，螺旋构象受外在环境的影响较大，往往可通过改变溶剂、温度或加入离子、添加剂等来对螺旋构象进行调控。图6-1所示为典型的静态螺旋聚合物和动态螺旋聚合物。

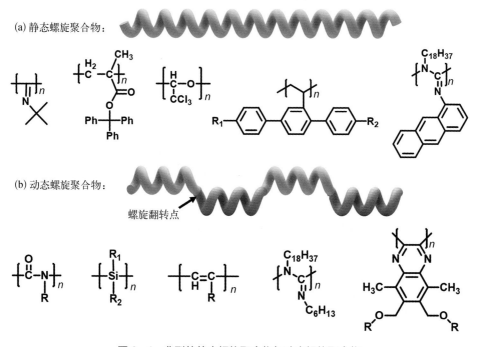

图6-1 典型的静态螺旋聚合物与动态螺旋聚合物

聚乙炔（PA）是化学结构最简单的线形共轭大分子，也是典型的导电聚合物。通过对重复单元—CH=CH—上一个或两个氢原子的取代修饰，我们可以得到各种各样的单取代或双取代PA衍生物。取代基和主链彼此相互影响，前者会干扰后者的电子共轭，而后者能引导前者的空间取向。合理的结构设计可使侧基和聚炔的骨架相互协调作用而得到新型的功能性聚炔材料[5]。

根据双键和单键沿主链空间取向的不同，单取代PA具有四种主要的构象异构体：*trans-cisoid*、*trans-transoid*、*cis-cisoid* 和 *cis-transoid*（图6-2）。共轭效应使主链倾向于采取平面结构。但对 *cis* 结构 PA 而言，相邻重复单元上的侧基与氢原子的空间排斥作用会使主链倾向于偏离平面结构。共轭效应与空间排斥作用的竞争导致 PA 主链形成有一定扭转角的螺旋构象。如果取代基是非手性的，P 螺旋和 M 螺旋为对映异构体，等量共存，聚合物不具有光学活性。而当侧基为手性时，P 螺旋和 M 螺旋为非对映异构体，能量低的成为优势构象，聚合物表现出光学活性[3]。

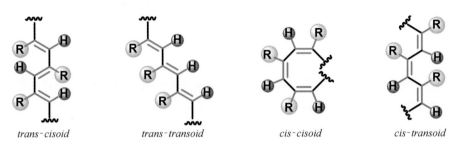

trans-cisoid　　*trans-transoid*　　*cis-cisoid*　　*cis-transoid*

图 6-2　主链单取代 PA 的四种主要的构象异构体

螺旋 PA 的立体结构十分丰富，主链旋向有左右之分，螺旋骨架可压缩（*cis-cisoid* 构象）亦可伸展（*cis-transoid* 构象）。此外，受主链的定位作用，侧基亦沿主链不对称排列，由此形成分别由主链和侧基构成的同轴双螺旋。内外螺旋的方向可以相同，也可以相反（图 6-3）。对这些结构参数进行合理调控可以得到不同性能的手性材料[6]，这引起了科学家们的广泛研究兴趣。

*cis-cisoid*螺旋构象　　　　　　　　　*cis-transoid*螺旋构象

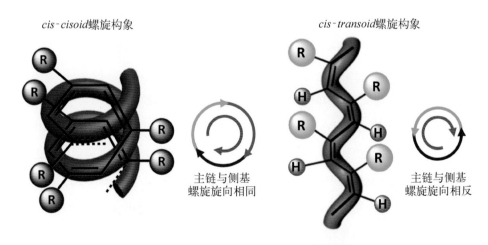

主链与侧基　　　　　　　主链与侧基
螺旋旋向相同　　　　　　螺旋旋向相反

图 6-3　*cis-cisoid* 和 *cis-transoid* 螺旋构象

6.2 聚乙炔及其衍生物的合成

PA 的合成可追溯至 20 世纪 50 年代末。G. Natta 等首次用 Ziegler 催化剂催化乙炔聚合制备了单双键交替连接的 PA。然而，由此得到的黑色粉末状聚合物不溶不熔、不稳定，且难以加工应用[7]。1974 年，H. Shirakawa 等首次报道了具有金属光泽的 PA 膜，并通过掺杂大大提高了其导电性。这一工作开创了导电高分子研究的先河，因此获得了 2000 年诺贝尔化学奖[8]。

为了改善 PA 的可加工性、稳定性，并赋予其不同的功能，许多课题组将目光转向取代 PA 的研究。1974 年，T. Masuda 和 T. Higashimura 用 WCl_6 和 $MoCl_5$ 成功地催化苯乙炔单体聚合，得到分子量大于 10 000 的聚合物。他们发现，当 Ph_4Sn 和 n - Bu_4Sn 作为共催化剂加入时可加速苯乙炔的聚合反应[9]，并提出了如图 6 - 4 所示的复分解反应机理[10]。这一机理后来被 T. J. Katz 通过核磁所证实[11]。但是这些催化体系不仅对空气、湿气很敏感，而且对单体上的极性基团容忍度低，尤其是含有活泼氢原子的氨基、酰胺等官能团的单体难以高效聚合。1989 年，唐本忠等发现一些稳定的金属-羰基复合物能催化炔烃的聚合，开发了一系列 $M(CO)_x L_y$（M 为 Mo 或 W）型的过渡金属-羰基复合物，其中部分催化剂能容忍极性基团，可以催化聚合多种功能化的炔类单体[12]。

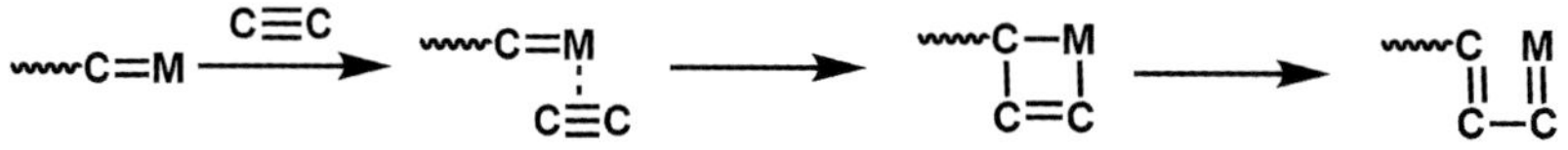

图 6 - 4　路易斯酸催化乙炔基单体聚合的复分解反应机理[10]

在复分解催化剂发展的同时，基于 Rh 的配合物也被发现可催化炔类单体聚合，基于插入机理制得立构规整 PA。尽管早在 1969 年，R. J. Kern[13] 以 $RhCl_3$ - $LiBH_4$ 和 $Rh(PPh_3)_3Cl$ 为催化剂得到了聚苯乙炔（PPA），但是所得聚合物分子量偏低。真正引起人们对 Rh 催化剂兴趣的是 1989 年 A. Furlani[14] 和 1991 年 M. Tabata[15] 的工作。他们独立发现很多 Rh 配合物，如[Rh(diene)Cl]₂[diene 为 2,5 -降冰片二烯(nbd)或 1,5 -环辛二烯(cod)]，在有机碱或无机碱的存在下能高效地催化单取代乙炔单体聚合，得到高分子量聚合物。随后，R. Noyori 发展了一种离子型 Rh 复合物 Rh^+(nbd)[$C_6H_5B^-$(C_6H_5)₃]，即使没有共催化剂的加入也能得到高分子量的乙炔类聚合物[16]。此外，唐本忠等[17]开发了一种水溶性的 Rh 催化剂,如 Rh(diene)(tos)(H₂O)(tos 为对甲苯磺酸盐),即使在自来水或空气氛围下它也能催化炔类单体聚合,高产率地得到高分子量的立构规整聚合物。所有 Rh 催化剂对单取代单体中的极性官能团及溶剂都具有非常好的容忍性,能够得到高顺式含量的聚合物。但是,Rh 催化剂通常无法催化位阻较大的双取代单体聚合[7]。

常用的 Rh 催化剂(如[Rh(nbd)Cl]₂)裂解成活性中心的速度太慢,而聚合速率太大,难以催化单取代乙炔单体的活性聚合,所得聚合物分散度 Đ 往往较宽(Đ > 1.5),且无法获得嵌段共聚物。1998 年,T. Masuda 等发现 Rh 与烯烃相连的引发剂体系[RhCl(nbd)]₂- LiC(Ph)＝CPh₂ － PPh₃ 先反应生成四配位的三苯基乙烯 Rh(Ⅰ)活性中心,然后可以引发对位取代的苯乙炔类衍生物的活性聚合,引发效率可以达到 94% ～ 100%[18]。通过对催化体系每一部分作用的深入研究,他们用(4 - XC₆H₄)₃P(其中 X ＝ F 或 Cl)取代 PPh₃,将[Rh(nbd)Cl]₂、LiC(Ph)＝CPh₂和(4 - XC₆H₄)₃P 混合体系进行反应并分离得到活性聚合催化剂 Rh[C(Ph)＝CPh₂](nbd)[(4 - XC₆H₄)₃P][X＝ F 或 Cl](图 6 - 5)。它可以引发苯乙炔聚合得到 Đ = 1.05 的聚合物,并且引发效率高达 100%,甚至在水存在的情况下也能引发聚合[19]。之后,利用这些活性聚合催化体系,T. Masuda[20, 21]、F. Sanda[22]、T. Aoki[23]和宛新华[24, 25]等相继成功获得螺旋 PPA 嵌段共聚物,并研究了共聚物的手性传递与放大及自组装行为。

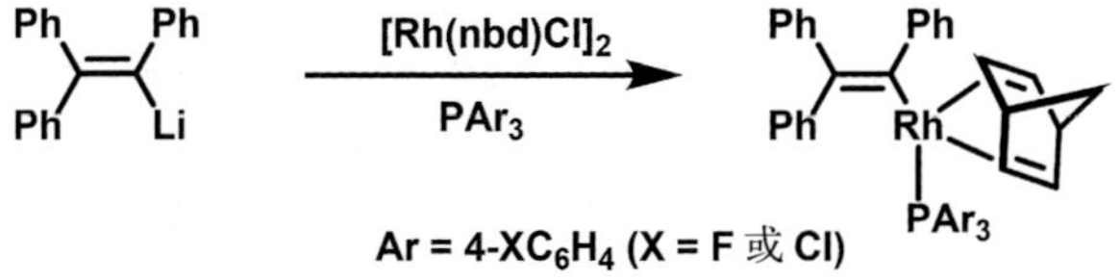

Ar = 4-XC₆H₄ (X = F 或 Cl)

图 6-5　活性聚合催化剂的合成

6.3　光学活性螺旋聚乙炔衍生物的制备

制备光学活性的螺旋 PA 衍生物主要有三种方法:(1)螺旋选择性聚合;(2)手性诱导;(3)聚合后反应。

6.3.1　螺旋选择性聚合

1. 手性单体的螺旋选择性聚合

螺旋选择性聚合反应是利用单体、催化剂、溶剂或添加剂的手性来诱导单体聚合生成单一旋向或者某一旋向过量的螺旋聚合物。由于 P、M 螺旋含量不等，聚合物具有光学活性。手性单体的螺旋选择性聚合是制备光学活性螺旋聚乙炔衍生物的最常用方法。各种带有手性基团的丙炔酸酯、炔丙基酯、N-炔丙基酰胺及苯乙炔类单体在 Rh 催化剂［Rh(nbd)Cl］₂催化下聚合均可得到立构规整的螺旋 PA[4]。如图 6-6 与图 6-7 所示，T. Masuda、唐本忠等[4, 26-29]将各种手性基团包括手性的氨基酸、多肽链、糖类分子等引入侧链上，侧基立构中心的手性能传递到聚乙炔主链上，诱导聚炔骨架形成某一旋向占优的螺旋构象，并表现出光学活性。光学活性的强弱与侧基手性中心到主链的距离、取代基体积大小、分子内或分子间的氢键等因素密切相关。通常情况下，手性中心到主链的距离较大时将不利于手性的传递，得到的聚合物光学活性偏低；而增强分子内或分子间的氢键作用以及增大侧基的体积能稳定螺旋构象，有利于获得高光学活性的螺旋聚乙炔。

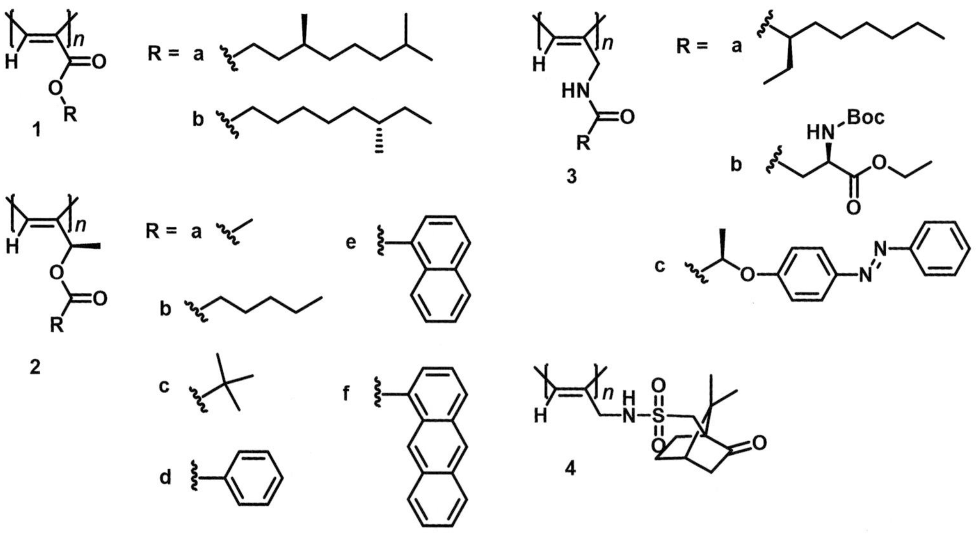

图 6-6　聚丙炔酸酯和聚炔丙基酯的结构示意图

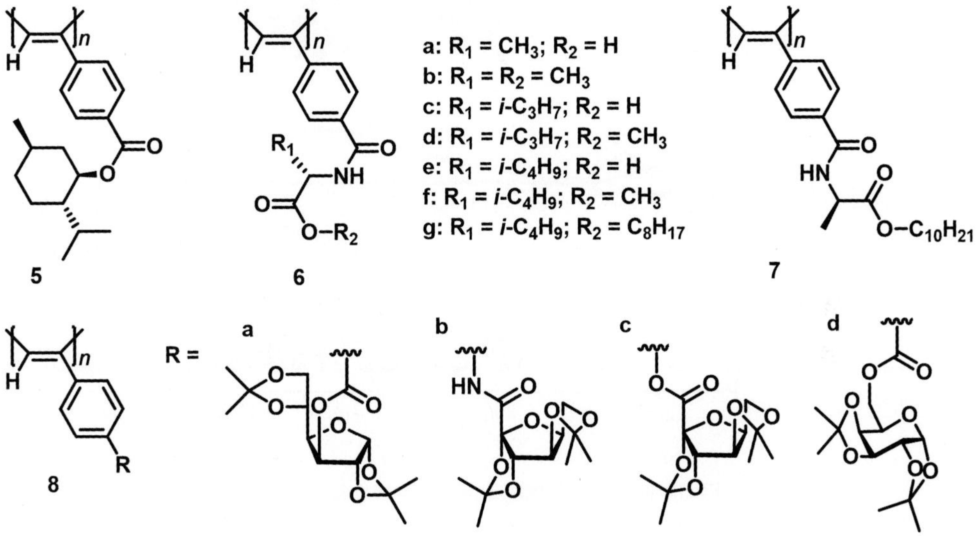

图中上方结构式标注：

5

6
a: R₁ = CH₃; R₂ = H
b: R₁ = R₂ = CH₃
c: R₁ = i-C₃H₇; R₂ = H
d: R₁ = i-C₃H₇; R₂ = CH₃
e: R₁ = i-C₄H₉; R₂ = H
f: R₁ = i-C₄H₉; R₂ = CH₃
g: R₁ = i-C₄H₉; R₂ = C₈H₁₇

7

8   R =   a   b   c   d

图 6-7 PPA 衍生物的结构示意图

除了手性碳的四面体中心手性，近几年，轴手性、平面手性等也相继被引入聚乙炔的侧链上以诱导聚炔骨架形成光学活性的螺旋构象。E. Yashima 等将螺烯引入乙炔分子中，使螺烯的轴手性成功地传递到主链得到了光学活性的螺旋 PPA（图 6-8）[30]。宛新华等首次利用平面手性控制螺旋 PPA 的旋向，获得比旋光度很大的聚合物（图 6-9）[31]。此外，K. Maeda[32] 和 J. S. Lee[33] 等将末端含有苯乙炔的聚异氰酸酯作为大分子单体聚合得到 PPA 刷（图 6-10），手性从聚异氰酸酯的一端先诱导聚异氰酸酯的螺旋构象，再传递到聚炔主链上，利用多米诺效应通过手性的长程传递也能得到光学活性的螺旋 PPA。

9

图 6-8 含螺烯侧基的 PPA 结构式及螺旋构象[30]

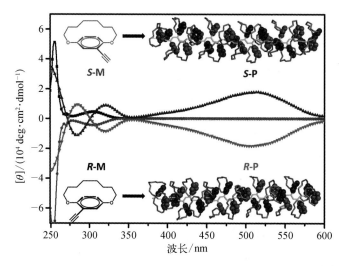

图 6-9 平面手性苯乙炔单体的螺旋选择性聚合及其圆二色光谱[31]

10

接枝共聚反应

L=5.4~13 nm

手性从侧链的末端诱导侧链形成螺旋构象，通过多米诺效应一直传递到聚炔主链

L=7.5 nm时圆二色光谱(CD)信号最大

手性的PPA-g-PHIC

图 6-10 利用多米诺效应实现长程手性传递诱导 PPA 主链的螺旋构象[33]

2. 非手性单体的螺旋选择性聚合

光学活性的螺旋聚合物也可以从非手性的单体聚合中直接得到。2003 年，T. Aoki 等首次发现非手性的 3,5-二羟甲基-4-烷氧基取代的苯乙炔单体在 Rh 催化剂和 (S)/ (R)-1-苯乙胺的催化体系中聚合能得到光学活性的 PPA（图 6-11）[34]。得到的光学活性 PPA 因为羟甲基间形成很强的分子内氢键能稳定聚合时诱导出来的某一旋向占优的螺旋构象，而表现出诱导圆二色光谱（ICD）信号，并且高温下在 CHCl₃ 中螺旋构象也能表现出很好的稳定性，而在 DMSO 中 ICD 信号将消失。他们发现，烷基链的长度在

实现螺旋选择性聚合中起到了重要的作用：当烷基链较短，如小于 8 个 C 原子时，一些羟基会形成分子间的氢键使聚合物不溶；当烷基链过长，如大于 14 个 C 原子时，烷基链会干扰分子内氢键的形成，降低聚合物的光学活性；只有当烷基链长度在 8～12 个 C 原子之间时，此时烷基链不仅能抑制分子间氢键的形成从而提高溶解性，也能有利于分子内形成很好的氢键以得到高光学活性的螺旋 PPA[35]。

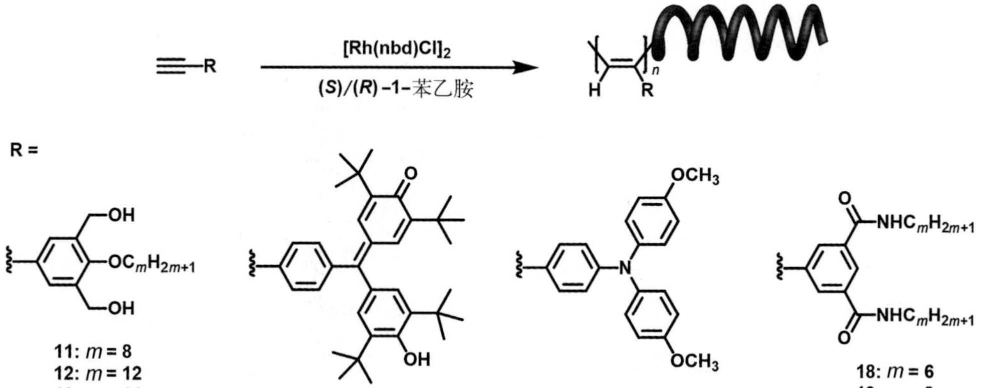

11: *m* = 8
12: *m* = 12
13: *m* = 14
14: *m* = 16
15: *m* = 18

16

17

18: *m* = 6
19: *m* = 8
20: *m* =10
21: *m* = 12

图 6-11　螺旋选择性聚合的几种聚合物体系

T. Aoki 等用相同的催化体系还实现了非手性 3,5-二烷基氨基甲酰基取代的苯乙炔（**18**～**21**）的螺旋选择性聚合。所得聚合物在甲苯等低极性溶剂中光学活性具有一定的热稳定性，而在 $CHCl_3$ 中则随着时间的延长光学活性会很快消失[36]。此外，这种非手性苯乙炔单体的螺旋选择性聚合同样也适用于大体积的非手性单体，比如 **16** 和 **17** 在同样的聚合条件下也能得到光学活性的螺旋 PPA。用大体积侧基的空间位阻效应替代羟甲基与酰胺键间的氢键作用，在螺旋选择性聚合过程中能稳定所形成的光学活性螺旋链[37, 38]。

3. 无规共聚

手性单体与非手性单体共聚是获得光学活性螺旋聚合物最有效和最经济的方法之一。M. M. Green 等深入、系统地研究了螺旋聚异氰酸酯及其共聚物的手性放大效应。以此为基础，发展了基于统计物理学中一维伊辛模型的手性放大理论，提出了分别适用于手性单体和非手性单体共聚物以及对映单体共聚物的“士兵与军官”规则和“大多数”

规则,可以定性和定量地解释共聚物中的手性放大[39]。它不仅适用于异氰酸酯共聚物,而且可以用来解释许多螺旋聚合物或超分子聚集体中的手性放大。

"士兵与军官"规则,即手性单体与非手性单体进行共聚时,非手性单体会依从手性单体的排列方式,使聚合物的光学活性大大增强,少量手性单体的存在就能诱导出与手性单体均聚物类似的螺旋构象,这样聚合物的光学活性随着手性单体含量的提高呈现快速增长和趋于平稳两个阶段。K. Maeda 等利用长程的立体结构间的相互作用在以聚苯基异氰酸酯为侧链、PPA 为主链的共聚物刷中很好地实现了"士兵与军官"规则[32]。如图 6-12 所示,手性的和非手性的聚苯基异氰酸酯进行无规共聚,手性首先通过多米诺效应从聚异氰酸酯的一端诱导整个聚异氰酸酯形成某一旋向占优的螺旋构象并悬挂于 PPA 主链上,而侧链的螺旋手性又传递到整个 PPA 主链诱导形成光学活性的聚炔骨架。接着,聚炔骨架的手性又能传递到非手性的聚苯基异氰酸酯侧链形成某一旋向占优的螺旋侧链。如图 6-12(c)所示,这种手性放大同时出现在 PPA 和聚异氰酸酯上,并且与聚炔的 C=C 构型密切相关,一旦通过研磨使原来的 *cis* 构型变为 *trans* 构型时,手性放大将随之消失。

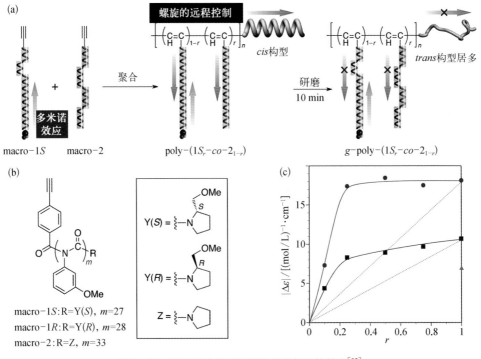

图 6-12 PPA 刷中的长程手性传递与手性放大[32]

随着对光学活性螺旋聚合物研究的逐渐深入,近年来,相继在一些体系中发现了违反"士兵与军官"规则的手性放大现象,即共聚物的光学活性不再是随手性单体含量的增加而非线性增加,有的甚至发生了螺旋旋向的反转。T. Masuda 等就曾经在聚炔中发现过这一类型的反常现象,当手性单体的含量增加时,共聚物的比旋光度迅速升高并于 $r = 0.2 \sim 0.3$ 达到峰值。之后,随着手性单体含量增加,共聚物的比旋光度缓慢降低,如图 6-13 所示[40]。事实上,这一共聚物中手性单体具有较大的空间位阻,故当手性单体相邻排列时,由于相互之间的体积排斥,可能减弱了其对主链的手性诱导能力,反而在手性单体被非手性单体间隔时表现出了更强的手性诱导能力,从而使得共聚物具有比手性单体均聚物更强的旋光活性。

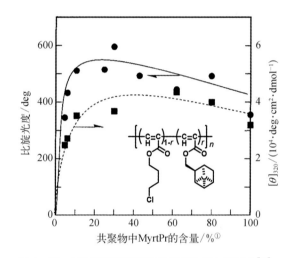

图 6-13　共聚丙炔酸酯的比旋光度和摩尔椭圆率[40]

此外,T. Masuda 等还选取了一系列手性和非手性炔类单体,利用 Rh 配合物为催化剂合成了一系列不同的共聚(N-炔丙基酰胺),研究了违反"士兵与军官"规则的动态螺旋链聚合物的结构特征[41]。如图 6-14 所示,**22A22C**、**22A22D**、**22A22E** 和 **22B22G** 这 4 类共聚物随手性单体含量增加,螺旋旋向会发生反转,呈现出反常的"士兵与军官"规则。分析比较共聚物的单体单元结构可以发现,当体积较大的手性单体与体积较小的非手性单体共聚时(**22A22C**、**22A22D** 和 **22A22E**),或者当体积较小的手性单体和体积较大的非手性单体共聚时(**22B22G**),所得聚合物更倾向于表现出违反"士兵与军官"规则

---

　① 　这里的分数为摩尔分数。

的手性放大效应;而当体积相近的手性单体和非手性单体共聚时(**22A22F**、**22A22G**、**22B22C**、**22B22D** 和 **22B22E**),所得聚合物更倾向于表现出正常的手性放大效应。考虑到侧基的体积大小往往决定了相邻结构单元之间的相互作用强弱,故这一结论同样意味着相邻单体之间的差异是导致出现反常"士兵与军官"规则的原因,同时也是设计合成具有这一反常手性放大效应的螺旋聚合物体系的关键思路。

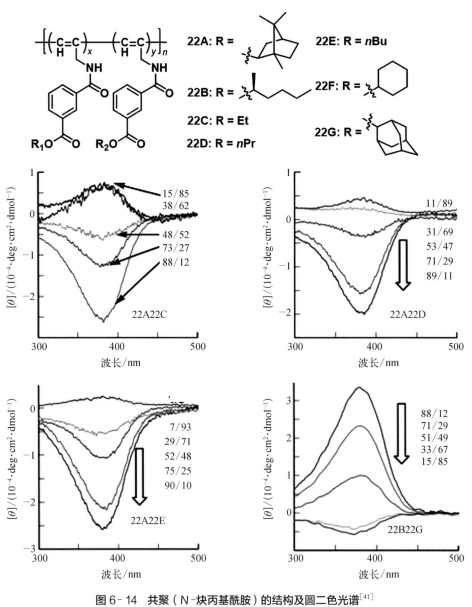

图6-14　共聚(N-炔丙基酰胺)的结构及圆二色光谱[41]

最近，宛新华等首次在 PPA 中通过构象的调控在一种共聚体系中实现了两种截然不同的手性放大。如图 6 - 15 所示，他们将手性和非手性 3,5 - 双酰胺取代苯乙炔进行活性无规共聚，获得化学组成系统改变、聚合度相似、分子量分布较窄的聚合物（sM$_x$-*co*-aM$_{1-x}$，x = 0，0.05，0.10，0.20，0.30，0.40，0.50，0.60，0.70，0.80，0.90，1.00）。当这些共聚物采取 *cis-cisoid* 构象时表现出反常的"士兵与军官"规则：随着手性单体含量的增加，共聚物的光学活性出现了由正到负的变化，即螺旋构象的旋向发生翻转。随着甲醇的加入，紧密的 *cis-cisoid* 构象会因为分子内氢键的破坏而逐渐转变为伸展的 *cis-transoid* 构象。在 *cis-transoid* 构象中，共聚物的螺旋构象旋向相同，光学活性强度随着手性单体的增加呈现非线性增加的趋势，即体现出正常的"士兵与军官"规则。通过修正的伊辛模型，对这两种手性放大进行了定量的理论分析，发现在 *cis-cisoid* 螺旋结构中，相邻的手性/非手性单体对与手性/手性单体对间的相互作用诱导的主链旋向相反，改变聚合物组成即改变不同单体对的

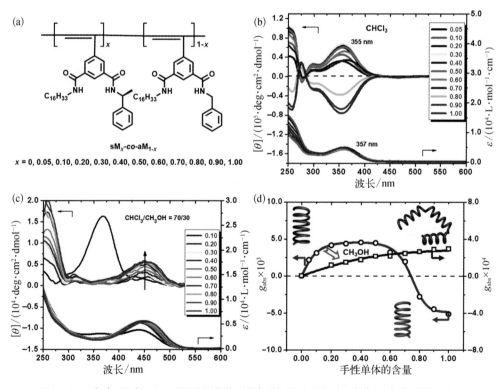

图 6 - 15 （a）聚（3,5-双酰胺取代苯乙炔）共聚物的结构式；（b）~（d）这些共聚物在 CHCl$_3$ 和 CHCl$_3$/CH$_3$OH 中的 UV、CD 与 g_{abs} 随手性单体含量的变化[42]

贡献,从而改变聚合物主链的旋向;而在 *cis-transoid* 构象中,两种单体对诱导的主链旋向相同,增加手性单体含量,只会增加旋光活性强度,不会改变聚合物的主链旋向[42]。

6.3.2 手性诱导

非光学活性的 PA 衍生物可以通过外加的手性小分子和聚合物侧基进行酸碱作用、主客体作用、氢键作用等将手性添加剂的手性传递到聚炔的主链上得到光学活性的螺旋聚合物。

E. Yashima 等发现在非光学活性的聚(4-羧基苯乙炔)中加入手性胺或手性胺醇后[43-45],主链吸收区域表现出很强的 ICD 信号,说明形成了光学活性的螺旋构象(图6-16)。

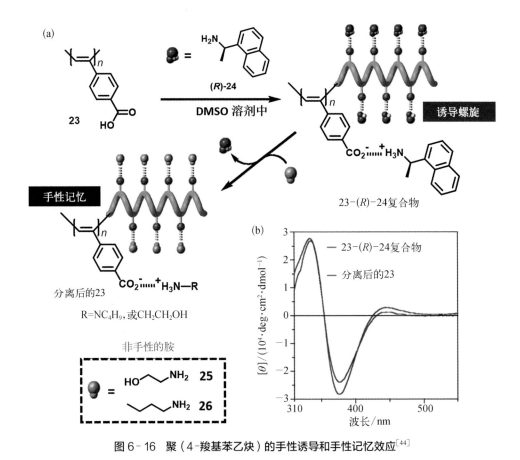

图6-16 聚(4-羧基苯乙炔)的手性诱导和手性记忆效应[44]

当加入更强的酸如三氟乙酸(TFA)去除手性胺时,这种 ICD 信号会消失;而用非手性的胺或胺醇将手性胺完全替换下来,诱导的螺旋构象能保持,这是首次在非光学活性聚合物中发现了大分子的螺旋记忆效应。此外,当羧基变为磷酸单酯[46]或磺酸基团[47]时,相似的手性诱导和手性记忆效应也可以被观察到。之后,他们将 N 杂-18-冠-6 引入 PPA 的侧基上,其与手性的氨基酸能通过主客体作用诱导聚炔形成光学活性的螺旋聚合物,并且他们将诱导的螺旋链作为模板实现了非手性的花青染料在螺旋链周围进行组装形成手性的 J-聚集体[48],在聚集体中也表现出超分子的手性记忆效应。除了 PPA,聚丙炔酸[49]或带羧基的主链双取代 PA[50]通过酸碱作用实现手性诱导和手性记忆效应也相继被报道。

即使不含有任何极性官能团,非光学活性的 PA 衍生物在手性溶剂如柠檬烯中,手性试剂能与侧基的苯环作用诱导苯环围绕着聚炔骨架形成某一旋向占优的螺旋排列,从而得到光学活性的螺旋 PA[51]。

6.3.3 聚合后反应

光学活性螺旋 PA 衍生物也可以通过非光学活性聚合物的聚合后反应制得。

唐本忠等将活性酯-胺化学反应引入主链单取代[52]和双取代 PA 衍生物中[53],可以从非光学活性的聚乙炔中制得光学活性的螺旋 PA,并有利于拓展螺旋 PA 功能材料。如图 6-17 所示,含有五氟苯酚酯侧基的非光学活性 PA(P1、P2、P3)在温和的条件下能与手性胺反应,得到的聚合物 P1-C^*Ph(L)与 P1-C^*Ph(D)表现出很强的 Cotton 效应;而手性胺与主链之间的柔性间隔基较大时,P2-C^*Ph(L)与 P3-C^*Ph(L)的 CD 信号非常弱,手性很难传递到聚炔主链诱导形成某一旋向占优的螺旋构象[52]。并且,该课题组也将这种活性酯胺反应引入主链双取代的 PA 中,得到了光学活性主链双取代 PPA,开辟了制备含有酰胺键取代基团的主链双取代 PPA 的新方法[53]。

除了上述三种制备光学活性螺旋 PA 的方法外,K. Akagi 等将乙炔气体通入含有 Ziegler-Natta 催化剂[Ti(O-n-Bu)$_4$ 和 AlEt$_3$]的手性向列相液晶中,利用液晶相提供的不对称场得到了光学活性的 PA。如图 6-18 所示,由右手螺旋的 N*-LC 场能得到左手螺旋的 PA[54, 55]。

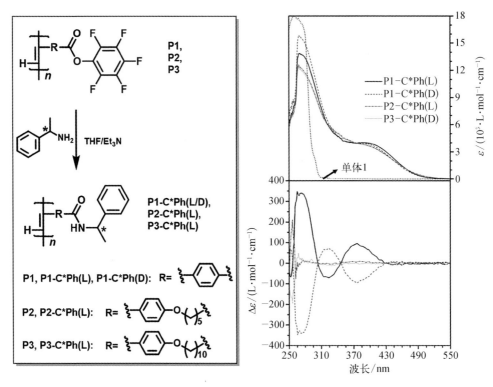

图 6-17　由活性酯胺反应制得光学活性的螺旋 PA[52]

图 6-18　乙炔在手性向列相液晶中的螺旋选择性聚合[55]

6.4 螺旋聚乙炔衍生物的构象调控及表征

6.4.1 *cis-transoid* 聚炔螺旋构象的调控

当主链的 C═C 键为 *cis* 构型且 C═C—C═C 的二面角 φ 大于 90°时,聚合物呈现 *cis-transoid* 构象。即使是 *cis-transoid* 构象,随着 φ 在 90°～180°变化,螺旋构象也会存在紧密和伸展之分。由于大部分 PA 衍生物是 *cis-transoid* 构象,早期人们主要研究基于 *cis-transoid* 构象的螺旋构象与 coil 结构的调控、螺旋构象旋向以及伸展程度的调控,较少涉及 *cis-transoid* 构象与 *cis-cisoid* 构象间的转变。

T. Masuda 等在聚丙炔类衍生物螺旋构象上做了大量的工作,他们将酰胺键引入体系中用于稳定螺旋构象。如图 6‑19 所示,聚合物 **27** 在 CHCl₃ 中于 400 nm 处出现主链的吸收和 CD 信号,随着甲醇含量的增加,主链的吸收峰蓝移至 320 nm,同时 400 nm 处的 CD

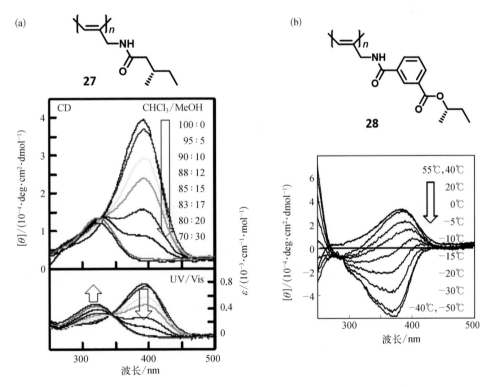

图 6‑19　甲醇和温度对 *cis-transoid* 螺旋聚丙炔的构象调控[56, 57]

信号随之减弱,从螺旋构象转变为 coil 结构[56]。而在聚合物 **28** 的 CHCl₃ 溶液中[57],随着温度降低,390 nm 处正的 Cotton 信号逐渐变为负的信号,显示了温度诱导的螺旋构象的翻转。此外,他们还将具有光响应性的偶氮苯基元引入聚丙炔的侧链中,利用光照下偶氮苯反式与顺式构象的变化来调控聚炔的螺旋构象,从而得到具有光响应性的螺旋链[58]。

唐本忠等在 PPA 螺旋构象的调控上做出了非常出色的工作,他们将天然氨基酸[59, 60]、糖分子[29]引入 PPA 的侧基上,研究其在不同溶剂条件下的构象。聚合物有序的螺旋构象是熵不利的,邻近酰胺键之间形成的分子内氢键对诱导和稳定这种构象起到了重要的作用。如图 6 - 20 所示,他们将含有羧基的缬氨酸通过酰胺键引入 PPA 中[61],聚合物 **6c** 在甲醇中 378 nm 处出现很强的主链 CD 信号,可归因于酰胺及羧基在分子链内和链间形成了很强的氢键,而随着 KOH 的加入,羧基被离子化,氢键被破坏,CD 信号迅速减弱,聚合物失去了螺旋性而转变为无规的 coil 结构。

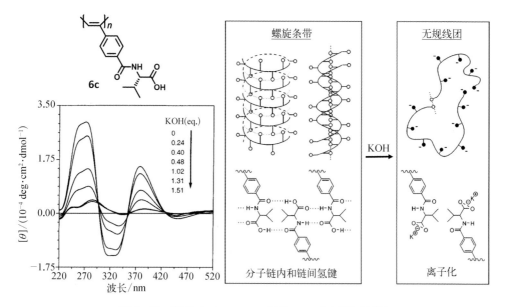

图 6 - 20 酸碱对 *cis-transoid* 螺旋 PPA 构象的调控[61]

E. Yashima 等将长烷基链 C₁₀H₂₁ 引入 PPA 的侧基上[62],如图 6 - 21 所示,聚合物主链在苯中的 Cotton 信号与在 THF、CHCl₃ 中的 Cotton 信号符号相反,说明形成了旋向相反的螺旋构象。该聚合物在高定向的热解石墨(HOPG)上能形成有序的单分子层 2D 晶体,通过 AFM 清晰地观察到了侧基苯环螺旋排列的螺距和旋向,从分子水平上证实聚合物是一种伸展的 *cis-transoid* 2/1 螺旋构象,并且由 THF 和苯溶液得到的 2D 阵列中螺旋旋向是相反的,但与

CD 光谱上的结果完全相符。在 HOPG 上的聚合物阵列,通过不同溶剂蒸气的处理能可逆地调控螺旋构象,第一次用 AFM 清晰地证明了溶剂诱导的 PPA 螺旋构象的变化[63]。

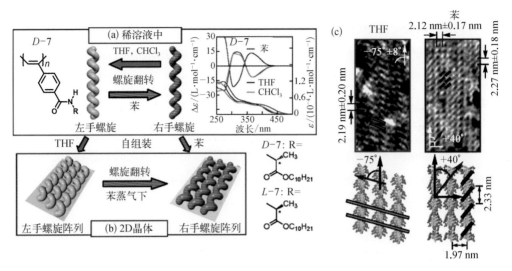

图 6-21　溶剂对 *cis-transoid* PPA 旋向的控制以及高分辨 AFM 对 PPA 螺旋链的表征[63]

除了通过改变溶剂、温度或加入酸碱、添加剂,以及进行光照来实现 *cis-transoid* 聚炔螺旋构象伸展程度和旋向的调控外,2010 年,R. Riguera 等[64]报道了通过添加金属离子来实现聚炔螺旋构象的可逆调控。如图 6-22 所示,含有苯甘氨酸甲酯侧基的聚合物

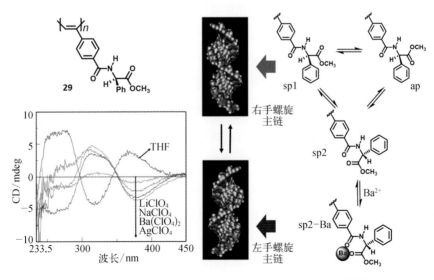

图 6-22　金属离子对 *cis-transoid* PPA 螺旋构象的调控[64]

29 在 THF 中随着一价或二价金属离子的加入,螺旋构象发生翻转,而在加入乙酰丙酮来络合离子后又能实现螺旋构象的回复。他们认为,由于单键的旋转,侧基存在 sp1、ap 和 sp2 三种构型。在未加金属离子时,以 sp1 构型为主,而金属离子的加入,阳离子能与 C═O 配合,有利于形成稳定的 sp2 构型,使螺旋构象发生翻转。这里,他们发现 PPA 是一种同轴双螺旋结构,在伸展的 *cis-transoid* 构象中,聚炔主链和侧基的螺旋排列旋向是相反的。

6.4.2 *cis-cisoid* 聚炔螺旋构象的调控

与 *cis-transoid* 构象相比,*cis-cisoid* 构象更加紧密,相邻侧基之间的排斥力较大,导致整个螺旋构象很难稳定存在,往往需要引入很强的分子内吸引力来克服相邻侧基间的空间位阻效应。

早期,M. Tabata 等发现通过对聚合温度或溶剂的改变能够选择性地获得 *cis-transoid* 或 *cis-cisoid* 构象的 PPA。然而他们选择的聚合物侧基之间基本没有较强的相互作用,尽管得到的聚合物在固态下能够呈现出 *cis-cisoid* 构象,它们溶解之后与 *cis-transoid* 构象聚合物的吸收光谱与核磁共振谱图都没有明显的区别。这是由于分子内作用力的缺乏导致这些 *cis-cisoid* 构象在溶液中难以稳定存在,一旦溶解会迅速转变为 *cis-transoid* 构象[65, 66]。此外,他们在聚(*S*-丙炔酸异辛酯)中发现随着温度的降低,如图 6-23 所示,核磁共振氢谱上手性碳和主链上的氢均有裂分现象。为了解释这一现象,他们比对不同的螺旋构象进行核磁共振谱图的理论计算,并提出了手风琴式的三点螺旋振荡模型,认为烷基链相对于主链有三种构象,聚炔主链存在两种伸展的 *cis-transoid* 构象(Rotamer B 与 Rotamer C)和一种紧密的 *cis-cisoid* 构象(Rotamer A),随着温度的变化三者相互转变。这三种构象的核磁计算结果与实验所得数据拟合得非常好,首次用 NMR 清晰地表征出 *cis-cisoid* 构象和 *cis-transoid* 构象之间的区别[67]。

V. Percec 等设计合成了一系列含有树枝状侧基的 PPA,研究了其在固体相结构中的螺旋构象及螺旋转变。如图 6-24 所示,聚合物 **31** 与 **32** 固体在低温时是六方柱状($\Phi_{h, k}$)相或柱间有序的六方柱状(Φ_h^{io})相,此时聚炔主链为紧密的 *cis-cisoid* 构象。而随着温度的升高,$\Phi_{h, k}$ 或 Φ_h^{io} 相逐渐转变为无柱间有序的六方柱状(Φ_h)相,聚炔主链变为伸展的 *cis-transoid* 构象,XRD 结果证实了整个螺旋的直径变小[68]。之后,他们将聚合物链沿着纤维方向取向,利用分子水平上 PPA 紧密的 *cis-cisoid* 构象与伸展的 *cis-transoid* 构象链长度的差异实现了纤维宏观尺寸的伸缩变化[69]。

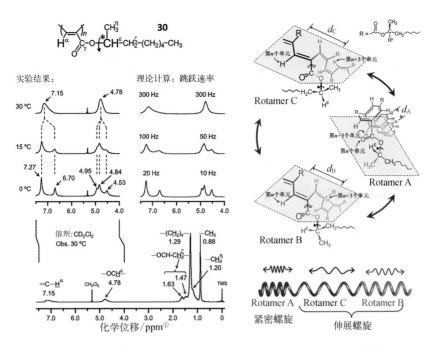

图 6-23　聚（S-丙炔酸异辛酯）手风琴式的三点螺旋振荡模型[67]

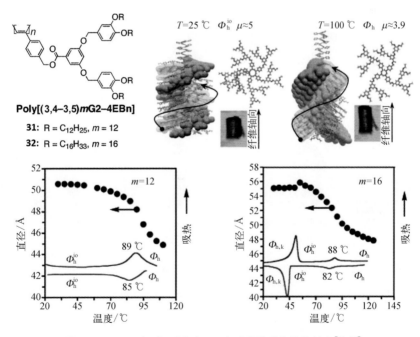

图 6-24　$\Phi_{h,k}$ 相或 Φ_h^{io} 相与 Φ_h 相中螺旋构象的热转变[68, 69]

---

① ppm = 10^{-6}。

没有分子内较强作用力的稳定，紧密的 *cis-cisoid* 构象只能在固态中稳定存在，而在溶液中则将转变为 *cis-transoid* 构象。R. Riguera 等将之前的苯甘氨酸甲酯基团换成手性的 α-甲氧基苯乙酸（MPA）取代基[70]，发现聚合物 **33**（图 6-25）在 CHCl$_3$ 中由于 MPA 的 *ap/sp* 异构体的同时存在，使得光学活性很低，而当加入一价或二价金属离子与 MPA 作用时，会打破 *ap/sp* 的平衡，能诱导不同旋向的螺旋构象。如图 6-25 所示，一价金属离子有利于形成 *ap*-MPA，诱导出左手螺旋占优的螺旋构象；而二价金属离子倾向于形成 *sp*-MPA，诱导出右手螺旋占优的螺旋构象，并且用高分辨的 AFM 对这两种构象进行了证实，前者是左手 *cis-cisoid* 构象，后者是右手 *cis-cisoid* 构象，螺距约为 3.23 nm，分子内氢键对形成和稳定溶液中 *cis-cisoid* 构象起到了关键作用。在 *cis-cisoid* 构象中，聚炔主链螺旋旋向和侧基螺旋排列的旋向相同。之后，他们发现金属离子和该聚合物复合后能进一步组装成球形、纳米管、纳米环和凝胶等各种聚集体[71-73]。

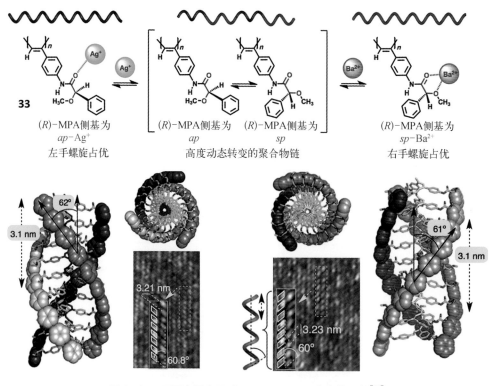

图 6-25　不同金属离子对 PPA *cis-cisoid* 构象的调控[70]

此外，R. Riguera 等将（*R*）-α-甲氧基-α-三氟甲基苯乙酸（MTPA）基团引入 PPA **34** 的侧基上[74]，利用 MTPA 在不同溶剂下存在 *cis-ap*、*cis-sp*、*trans-ap* 和 *trans-sp* 四种可能的构象来调控 PPA 螺旋链的伸缩和旋向（图 6-26）。溶剂的氢键给体和受体性质决定着螺旋构象的伸缩程度，而溶剂的极性会影响螺旋的旋向。具体结果如图 6-27 所示，在氢键给体溶剂如 $CHCl_3$ 中，主链的吸收波长 λ<400 nm，呈现紧密的 *cis-cisoid* 构象，而在氢键受体溶剂如 THF 中 λ>400 nm，主链是伸展的 *cis-transoid* 构象。他们结合 CD、UV-vis、差示扫描量热法（differential scanning calorimetry，DSC）、计算机模拟和 AFM 研究了聚合物在 $CHCl_3$ 和 THF 中的螺旋构象，对于 THF 中得到的 *cis-transoid* 构象聚合物在 DSC 上存在 *cis-transoid* 构象向 *cis-cisoid* 构象转变的放热峰，而 $CHCl_3$ 中得到的 *cis-cisoid* 构象聚合物则在 DSC 上不存在这种热转变。此外，他们用 AFM 清晰地观察到了聚合物在 HOPG 上的螺旋条带，结合理论模拟，认为 *cis-cisoid* 构象是一种 3/1 同轴双螺旋构象，主链和侧基的螺旋旋向一致；而 *cis-transoid* 构象是一种 2/1 同轴双螺旋构象，主链和侧基的螺旋旋向相反。

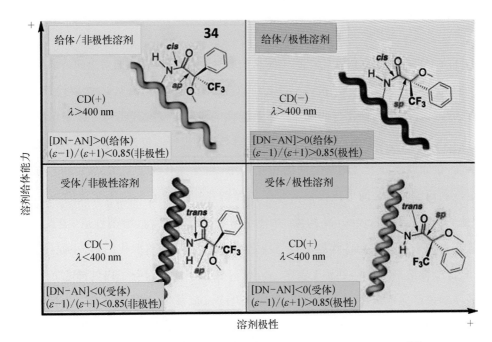

图 6-26　PPA 的螺旋构象和溶剂的氢键给受体性质与极性的关系图[74]

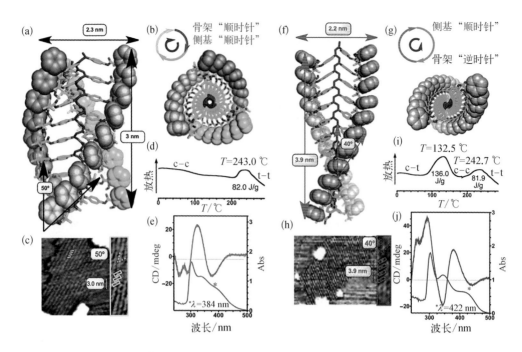

图6-27 利用 CD、UV-vis、DSC、计算机模拟和 AFM 得到的聚合物在
CHCl₃（a）～（e）和 THF（f）～（j）中的螺旋构象[74]

目前大部分报道的 PPA 衍生物主要是苯环对位取代的结构，而对于间位取代或多取代的 PPA 报道的例子不是很多。近几年，宛新华等围绕着聚（3,5-二取代苯乙炔）紧密 *cis-cisoid* 螺旋的构建与调控开展了系统性的研究。双取代结构可以是单酯单酰胺[75,76]、双酯[77]与双酰胺[42]取代三种不同类型，这种设计不仅提高了功能材料设计的灵活性，更能增强分子内侧基之间的相互作用，并且更有利于紧密 *cis-cisoid* 构象的稳定。利用酰胺键之间形成很强的分子内氢键作用或酯羰基之间形成的 n→π* 作用，他们成功构建了 *cis-cisoid* 构象，并仔细研究了化学结构、溶剂性质、温度、添加剂等各种因素对 *cis-cisoid* 构象形成与稳定性的影响，发现双取代结构、小取代基、低温、氢键受体溶剂等条件更易于稳定 *cis-cisoid* 构象。通过对分子内氢键或 n→π* 作用的控制能可逆地调控 *cis-cisoid* 构象与 *cis-transoid* 构象之间的转变。如图6-28所示，随着侧基位阻效应的增加，**sP-2**、**sP-3**、**sP-4** 形成 *cis-cisoid* 构象的难度逐步增大。对于含有叔丁基的**sP-4**，其侧基较大的空间位阻效应会阻碍分子内氢键的形成，故只能形成伸展的 *cis-transoid* 构象。而对于含有长烷基链的 **sP-1**，其在

CHCl₃中具有非常好的溶解性,交替地加入三氟乙酸(TFA)和三乙胺(TEA)能可逆地调控分子内酰胺键之间氢键的破坏与形成,从而能可逆地实现 *cis-cisoid* 构象与 *cis-transoid* 构象间的转变[75]。

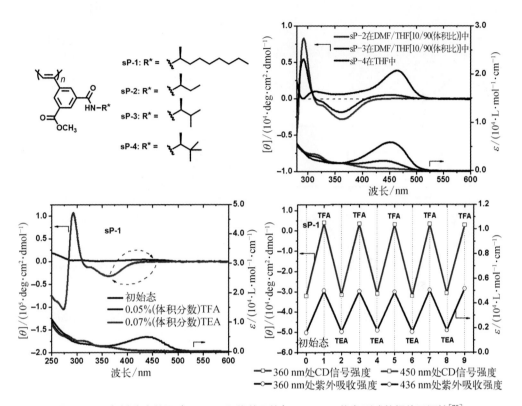

图 6-28　氢键稳定的聚(3,5-二取代苯乙炔) *cis-cisoid* 构象形成的规律及调控[75]

在聚(3,5-双酯取代苯乙炔)中,宛新华等首次将酯羰基之间的 n→π* 作用引入体系中来稳定紧密的 *cis-cisoid* 构象,如图 6-29 所示[77]。他们发现 n→π* 作用比氢键对溶剂的氢键给体性质更加敏感,sP-Me-C4 在 THF 中表现为紧密的 *cis-cisoid* 构象,而室温下在 CHCl₃ 中表现为伸展的 *cis-transoid* 构象。但是随着温度的降低,*cis-transoid* 构象会逐渐转变为 *cis-cisoid* 构象,说明低温更有利于 n→π* 作用的稳定和 *cis-cisoid* 构象的形成,并且与氢键不同的是,n→π* 作用不受溶剂极性的影响,因为它的本质并不是偶极-偶极作用,也不是静电作用或库仑作用,而是给体 C=O 氧原子上的一对孤对电子(n)离域进入受体 C=O 的反键轨道(π*)。所以在 CHCl₃ 中,随着强极性溶剂如 DMF 的加入,*cis-transoid* 构象也会转变为 *cis-cisoid* 构象。

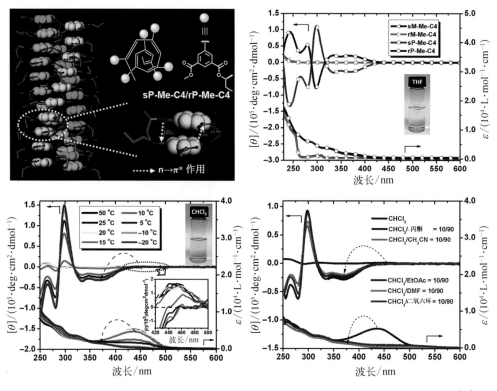

图 6-29　n→π* 作用稳定的聚（3，5-双酯取代苯乙炔）*cis-cisoid* 构象形成的规律及调控[77]

6.5　螺旋聚乙炔衍生物的应用

合成螺旋聚合物蓬勃发展的驱动力不仅来源于人们对生物大分子手性二级结构的模仿，更源于它具有重要的潜在应用价值。目前，螺旋 PA 衍生物的应用主要体现在以下几个方面：（1）手性传感器；（2）对映体分离；（3）不对称合成催化剂；（4）手性分子开关；（5）手性发光材料，等。

6.5.1　手性传感器

传统的手性传感器大多基于小分子设计而成，相关的研究已较为系统，而基于螺旋聚合物制备的手性传感器是近年来出现的一个新方向。螺旋 PA 衍生物是典型的刺激响应聚合物,其螺距和旋向均易随外界条件改变而改变,有利于制备高灵敏的手性传感器。

基于 M. M. Green 提出的"大多数"原则[39],E. Yashima 等合成了带有大体积冠醚侧基的 *cis-transoid* PPA35,并用于制备检测氨基酸光学纯度的手性传感器[78]。如图 6-30 所示,即使 L-丙氨酸(L-Ala)的 ee 值(对映体过量值)只有 5%便已能够产生相当于全部由 L-丙氨酸产生的 ICD 信号,该体系可对 19 种 L-氨基酸和 5 种手性胺醇类化合物进行有效检测。

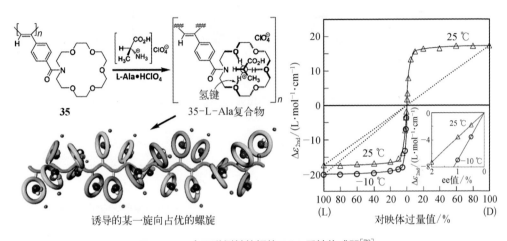

图 6-30　含冠醚侧基的螺旋 PPA 手性传感器[78]

K. Maeda 等合成了一类带有 β-环糊精侧基的动态螺旋 PPA,这类大分子的螺旋构象对手性胺具有对映体选择性响应,并且其识别性能受到环糊精的尺寸大小及其与苯环之间链接基团的影响较大。如图 6-31 所示,聚合物对(R)/(S)-1-苯乙胺[(R)/(S)-1-PEA]有非常好的对映体识别功能,随着(R)-型胺的比例增加,溶液由红色变为黄色,聚合物由伸展的右手螺旋转变为压缩的左手螺旋[79]。当聚合物浓度高于 20 mg/mL 时,加入(S)-1-苯乙胺能使聚合物溶液在几分钟内迅速凝胶化,形成纤维状的纳米网络结构;而(R)-1-苯乙胺无法诱导凝胶的形成,显示出独特的对映体选择性凝胶化[80]。

(a)

右手螺旋　　　　　　　　　　　　　　　　　　　左手螺旋

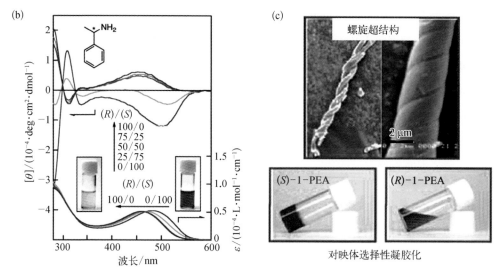

图 6-31　带有 β-环糊精侧基的动态螺旋 PPA 的对映体选择性凝胶化[79, 80]

6.5.2　对映体分离

手性化合物的两个对映体可以与生物体产生不同的相互作用。手性药物的一个对映体具有期望的治疗作用,而另一个对映体不仅不具有治疗效果往往还具有副作用。因此,研究和发展高效对映体分离方法在医药、农药和食品添加剂等领域具有极其重要的研究和应用价值。

手性色谱柱拆分是检测和分离单一对映体最快捷、方便的方法。螺旋高分子具有多维度的不对称环境,利用其协同效应和放大效应制备手性固定相可扩大手性识别的范围。早在 1980 年,Y. Okamoto 等利用螺旋选择性阴离子聚合得到了光学活性螺旋聚甲基丙烯酸三苯甲酯,并将其成功应用到高效液相色谱的手性固定相中,能够高效分离 200 多种外消旋化合物。其作为手性色谱柱的固定相已经成功实现了商业化[81]。

相比于其他螺旋聚合物手性固定相,动态螺旋 PA 衍生物因可调控的旋向与伸展程度而展现出了一些独特的性质。早期,T. Masuda 等将光学活性的螺旋聚(N-炔丙酰胺)聚合物用于制备手性的 HPLC 固定相,发现其对 1-苯基乙醇和苯偶姻具有一定的手性识别能力[82]。之后,Y. Okamoto 与张春红等将 L-苯丙氨酸乙酯和 L-苯甘氨酸乙酯引入至 PPA 侧基上,得到的螺旋聚合物对反-1,2-二苯基环氧乙烷和 1-(9-萘基)-

2,2,2-三氟乙醇表现出很好的手性拆分能力[83]。E. Yashima 等[84]先以带有联苯侧基的非手性 PPA 制备了 HPLC 固定相,然后用手性醇诱导聚合物形成某一旋向占优的螺旋构象,并且交替地用(R)-型或(S)-型手性醇处理能可逆地调控螺旋的旋向,从而改变不同构型手性化合物从色谱柱流出的先后顺序(图 6 – 32)。因为通过制备型 HPLC 分离对映体时使目标对映体先流出有利于提高产率和产品的光学纯度。利用不同构型底物流出顺序可调的性质,一根手性色谱柱即可方便地制备不同构型的一对对映体。

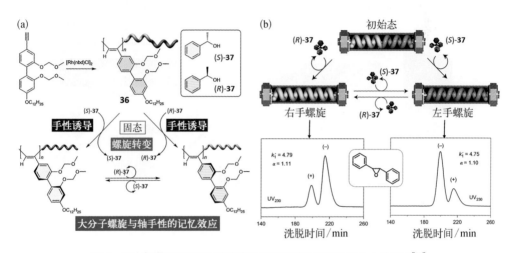

图 6-32　联苯结构 PPA 螺旋构象的诱导以及在手性拆分中的应用[84]

最近,K. Maeda 等将含有(R)-α-甲氧基苯乙酸修饰的苯乙炔单体进行聚合后用于 HPLC 的手性固定相材料[85]。如图 6 – 33 所示,该聚合物在固态下没有明显的 Cotton 效应,但是向洗脱剂中加入 Na⁺ 可以诱导聚合物形成 M 螺旋,加入 Cs⁺ 可以诱导聚合物形成 P 螺旋。诱导出的螺旋结构在甲醇浸泡下可以重新恢复为无 Cotton 效应状态。基于螺旋的离子响应特点,他们可以在一根色谱柱中实现螺旋结构的三重调控,进而调控不同外消旋化合物的拆分效果及洗脱顺序,制备出离子可调型三态手性固定相。

尽管动态螺旋 PPA 赋予了相应手性固定相拆分能力可调的性质,但这种动态性质与手性固定相的性能稳定性要求相违背。特别是在一些较高极性洗脱剂的冲刷下,PPA 的螺旋构象可能会发生不可逆的转变,造成永久性损伤,进而导致拆分能力下降或消失且无法恢复。PPA 手性固定相的拆分范围较窄可能也与自身结构的不稳定性有关。宛新华等设计合成了脲基修饰的螺旋聚[N-芳基氨甲酰基-(S)-2-乙炔基吡咯烷][86]。这一系列 PA 具有稳定的 *cis-transoid* 构象,当用于手性固定相时可以拆分 23 种对映体,并且可以基线分离其中的 14 种对映体。这类聚合物手性固定相对很多对映体表现出比商用多糖衍生物手性固定相或 PPA 手性固定相更好的拆分能力(图 6 - 34)。此外,更为刚性的主链螺旋构象赋予该系列手性固定相更好的拆分稳定性及更长的使用寿命。

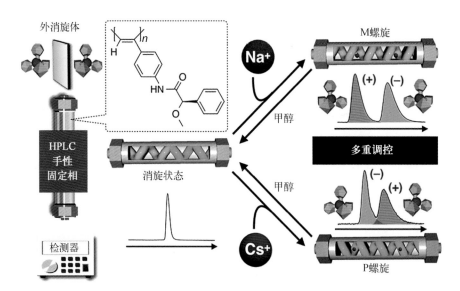

图 6‑33　多重调控的螺旋 PPA 手性固定相[85]

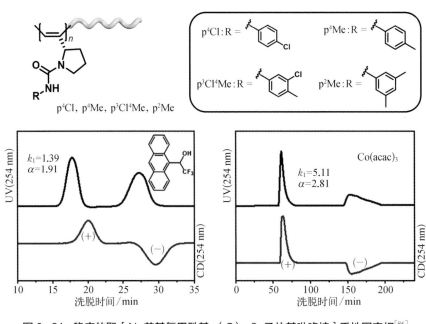

图 6‑34　稳定的聚[N‑芳基氨甲酰基‑(S)‑2‑乙炔基吡咯烷]手性固定相[86]

除了用作手性固定相,螺旋链聚合物还可以制成手性的纳米颗粒,选择性地吸附某种构型的对映异构体,诱导外消旋化合物进行选择性析晶,从而实现手性拆分。邓建平等合成了带有树脂酸、莰烷酸、胆固醇基等不同光学活性侧链的螺旋聚炔丙酰胺,并制备成微球、水凝胶和聚合物/纳米金复合材料等不同类型的立体选择性吸附材料。研究发现,这些材料对手性醇、手性胺与各类氨基酸均具有较好的对映体吸附功能[87, 88]。如图 6-35 所示,他们将螺旋聚炔丙酰胺和四氧化三铁纳米粒子相结合制得磁性复合微球,其对手性胺显示出较好的对映体选择性吸附性能,而且能在外加磁场作用下实现多次循环利用[89]。此外,E. Yashima 等报道的含螺烯侧链聚乙炔对联萘酚等芳香族手性化合物表现出较好的对映体选择性吸附性能,来自聚乙炔主链和螺烯侧链的规则螺旋构象对聚合物的对映体选择性吸附性能具有重要贡献[30]。

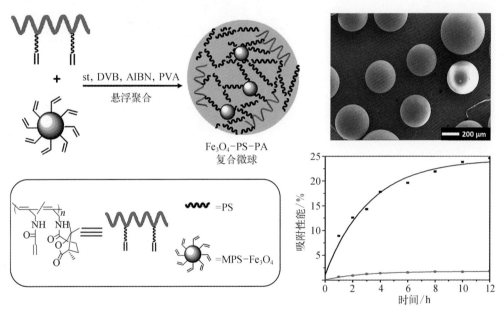

图 6-35　Fe₃O₄-PS-PA 复合微球的合成路线、扫描电子显微镜照片及手性苯乙胺在复合微球上的时间-吸附性能曲线[89]

邓建平等[90]成功运用沉淀聚合和溶胶-凝胶化反应,将含有樟脑磺酸侧基的聚丙炔制成微米级的小球,能很好地识别部分氨基酸,诱导形成不同的晶体结构。如图 6-36 所示,将(R)-或(S)-型聚合物形成的纳米微球用于丙氨酸外消旋混合物的选择性析晶,发现(R)-型聚合物倾向于诱导 D-丙氨酸优先析晶,而(S)-型聚合物倾向于诱导 L-丙氨酸优先析晶,并且前者析出针状晶体,而后者析出八面体晶体,手性诱导析晶得到的晶体的 ee 值可以高达 85%。

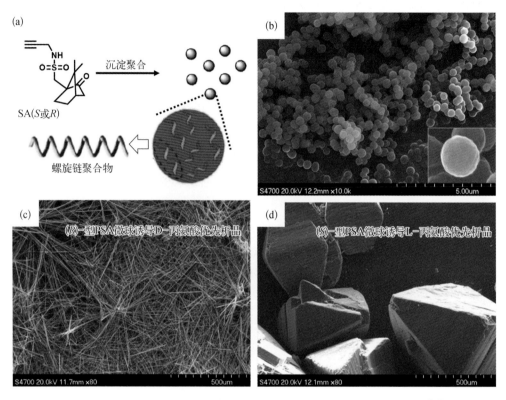

图 6-36　螺旋 PSA 微球在 D-丙氨酸和 L-丙氨酸对映体结晶拆分中的应用[90]

6.5.3　不对称合成催化剂

　　当将催化基元引入螺旋聚合物时,合成的螺旋聚合物可以用于模拟生物酶高效率、高选择性的催化功能。不同于将手性催化单元直接通过共价键负载到聚合物链上,螺旋聚合物的螺旋构象可以为不对称催化反应提供一个手性的环境,进一步提高催化的立体选择性。因此,相比于一般的聚合物不对称催化剂,螺旋聚合物不仅具有可回收利用的优点,还具有手性放大、催化性能易调节等优点。生物大分子往往旋向固定,难以得到相反旋向的异构体,而螺旋聚合物可通过改变单体的构型、溶剂、温度等条件来调控螺旋链的旋向,从而调控催化反应的选择性,得到相反构型的催化产物[91]。

E. Yashima 等[91-93]将具有催化功能的奎宁单元通过酰胺键或磺酰胺键链接到 PPA 的侧基上,手性的奎宁能诱导出聚炔主链形成某一旋向占优的伸展的 *cis-transoid* 构象,并且由于酰胺键间的氢键作用,螺旋构象非常规整且稳定,为催化反应的过渡态提供了一个稳定的手性环境。如图 6 - 37 所示,他们将含有奎宁的 **PPA38** 用于催化不对称 Henry 反应,发现所得产物的 ee 值可高达 94%,而对应单体的选择性仅有 28%。通过研磨可将主链从 *cis* 结构转变为 *trans* 结构,此时,螺旋构象消失,若再用于催化反应,ee 值仅有 18%,显示出聚合物的螺旋构象在不对称催化反应中起到了非常重要的作用。通过沉淀能将螺旋聚合物催化剂很好地回收回来,再用于催化反应时,依然能保持很高的产率与对映体选择性。第五次回收再催化时的产率和 ee 值分别为 98% 和 90%,并没有太明显的减弱,充分显示出大分子催化剂的独特优势[91]。

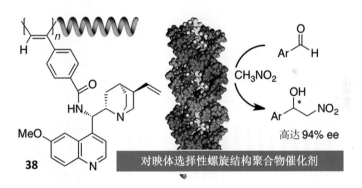

图 6 - 37　含有奎宁的 PPA 用于催化不对称 Henry 反应[91]

6.5.4　手性分子开关

手性分子开关是指分子体系在特定的外界刺激(如光、电、热或添加物等)下其旋光性质(CD 光谱、旋光度等)表现出可逆变化的性能。

宛新华等将具有近红外电致变色性质的蒽醌酰亚胺基团引入螺旋聚(*N* -炔丙基酰胺)的侧链上,制备出一种新型近红外手性分子开关[94]。如图 6 - 38 所示,聚炔主链和蒽醌酰亚胺侧基均表现出很强的 Cotton 效应,*S* -(-)-P 与 *R* -(+)-P 的 CD 信号呈现完美的镜像关系。聚合物表现出两个可逆的氧化还原态(自由基阴离子与双阴离子态),两种状态下侧基的 CD 信号分别移到 780 nm 和 530 nm。在膜态下,交替地施加电压，420 nm 和 780 nm 处的 CD 信号能可逆地转变，表现出优异的电化学手性分子开关性能。

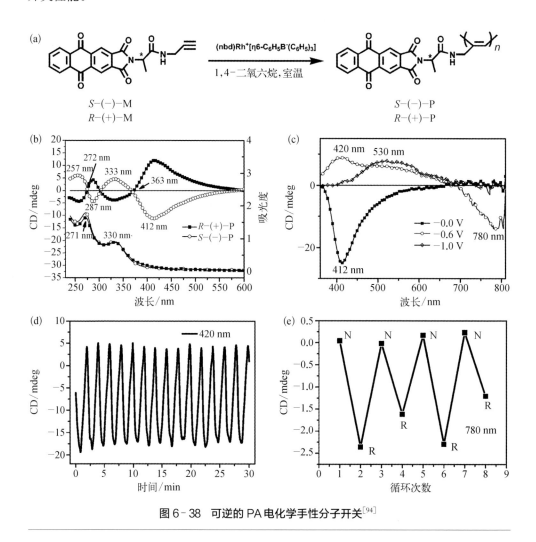

图 6-38　可逆的 PA 电化学手性分子开关[94]

6.5.5　手性发光材料

这里，手性发光材料主要指圆偏振发光（CPL）材料。通常所说的圆二色吸收反映的是物质对左、右旋圆偏振光的吸收率不同，是物质基态的性质；而圆偏振发光（CPL）反映的是物质在激发态的特性，是物质在一定波长的光激发下所发出的左旋和右旋圆偏振光的差异。通常用荧光发射的不对称因子 g_{CPL}（也可记为 g_{lum} 或 g_{em}）来衡量 CPL 的强弱，g_{CPL}可定义为 $g_{CPL} = \Delta I / I = 2(I_L - I_R)/(I_L + I_R)$，其中 I_L 和 I_R 分别是左旋和右旋圆偏振光的强度[95]。根据发光源的性质可将能产生 CPL 的物质分为无机和有机两大类。无机 CPL 材料有镧系金属配合物、无机纳米粒子或量子点等，其中以镧系金属配合物为主，它通常有很高的荧光强度，CPL 的 g_{CPL} 值也较高，最高可达到 10^0 数量级[95]。有机 CPL 材料包括发光的手性有机小分子和螺旋构象的发光聚合物，一般 g_{CPL} 值较低，在 $10^{-4} \sim 10^{-3}$ 数量级。为了能得到高的不对称因子，往往需要通过自组装形成手性聚集体以提供更高的不对称环境，g_{CPL} 值可以提升至 $10^{-2} \sim 10^0$。有机 CPL 材料因其轻质、易加工、易调节等优点吸引了科学家们的研究热情。螺旋 PA 衍生物既具有手性又具有共轭性质，有望成为一类重要的圆偏振发光材料。但是，单取代 PA 往往不发光或仅只能发出很弱的荧光。这可从其电子能级图得到解释。图 6-39 展示了未取代、单取代和双取代 PA 的基态与较低激发态的能级关系图[96]。在光的激发下，电子从基态 $1A_g$ 能级跃迁至激发态 $1B_u$ 能级。对于主链未取代或烷基链取代的 PA，$1B_u$ 能级的能量要远高于 $2A_g$ 能级的能量，故激子回来时会先跃迁至 $2A_g$ 能级，而从 $2A_g$ 能级到 $1A_g$ 能级的电子跃迁是禁阻的，所以聚合物不发光。对于 PPA，苯环的引入会降低 $1B_u$ 能级的能量，但

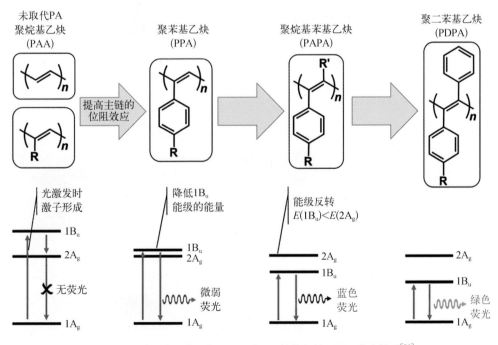

图 6-39　未取代、单取代和双取代 PA 的能级关系图及发光性质[96]

还是略高于 $2A_g$ 能级的能量，因此荧光非常弱。当聚炔的主链有两个取代基时，取代基间的位阻效应会大大降低 $1B_u$ 能级的能量，并低于 $2A_g$ 能级的能量，而从 $1B_u$ 能级到 $1A_g$ 能级的电子跃迁是允许的，激子回到基态时会以光的形式释放出能量，故双取代的 PA 往往具有非常强的蓝色或绿色的荧光[97, 98]。

E. Yashima 等将芘引入 PPA 的侧基上。虽然单体荧光很强，但是采取 *cis-transoid* 构象的聚合物主链吸收波长较长，芘到主链的能量传递使聚合物荧光非常弱[99]。而对于双取代 PA 因为其具有非常强的发光性质，唐本忠等研究了其聚集诱导荧光增强（aggregation-enhanced emission，AEE）效应，并将其应用于二维荧光图案材料上[100]；G. Kwak[101, 102] 和 K. Akagi 等[103, 104] 成功得到了基于双取代 PA 的圆偏振发光材料。

2012 年，G. Kwak 和 M. Fujiki 等[101, 102] 首次研究了聚二苯基乙炔（PDPA）的 CPL 性质，无论是在手性的柠檬烯试剂中或在液晶态下，g_{CPL} 均只有 $10^{-4} \sim 10^{-3}$ 数量级。同年，K. Akagi 等[103] 合成了带有手性 4-壬氧基苯基的聚二苯基乙炔，发现其具有很好的溶致和热致液晶性质。如图 6-40 所示，(R)-和(S)-型聚合物都能形成有序的手性向列相液晶，在液晶相态中聚合物螺旋链间有很强的相互作用，液晶态下 CPL 的 g_{CPL} 数量级从溶液中的 10^{-3} 提高到了 10^{-1}，是目前脂肪族共轭聚合物中 g_{CPL} 值最高的例子。此外，他们将含有环己基苯基单元的手性联萘液晶小分子掺入消旋的 PDPA 形成的向列相液晶中，可以将其转变为手性向列相液晶，并表现出很强的 CD 信号，CPL 的 g_{CPL} 值也能达到 10^{-1} 数量级，手性成功地从液晶小分子传递到聚二苯基乙炔的聚集体中。将发光基元置于手性向列相液晶中，能提供更高的不对称环境，有利于得到高 g_{CPL} 值的圆偏振发光材料。

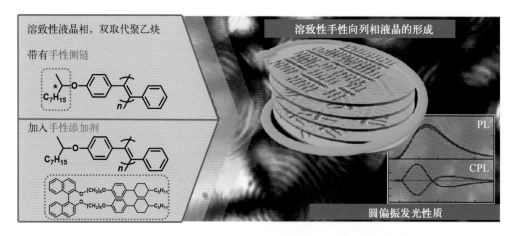

图 6-40　双取代 PPA 在手性向列相液晶中的圆偏振发光[103]

目前报道的单取代 PA 主链基本不发光,往往需要在侧基引入额外的荧光基元来制备荧光材料。对于 PPA 衍生物,主链的吸收波长较长,引入荧光基元时,分子内从侧基到主链的能量传递往往会使得荧光被猝灭,目前暂无圆偏振发光材料的报道。而聚丙炔衍生物体系因主链的吸收波长相对较短,在一定程度上能很好地避免分子内能量传递的发生,当引入荧光基元时,聚合物能表现出很好的荧光性质。2018 年,邓建平等[105]将含有 5 -二甲氨基- 1 -萘磺酰胺荧光基元的非手性丙炔单体(DA)和手性的炔丙基樟脑磺酰胺单体[(R)/(S)-SA]通过无规共聚得到共聚物(R-P73/S-P73,[SA]/[DA] = 7/3)。如图 6 - 41 所示,手性单体诱导聚合物形成螺旋构象,为荧光基元提供很好的手性环境。聚合物在 CHCl$_3$ 中呈现很强的绿色荧光,浓度为 1 mmol/L 时,R-P73 与 S-P73 的 g_{CPL} 分别为 + 0.009 和 - 0.017;而当浓度提高至 10 mmol/L 时,荧光基元间会有一定程度的聚集导致荧光部分被猝灭,但此时 g_{CPL} 显著增强,提高到 10^{-1} 数量级。通过改变溶剂的极性和温度可以很好地对聚炔的螺旋构象进行调控,从而可以进一步调控侧基 5 -二甲氨基- 1 -萘磺酰

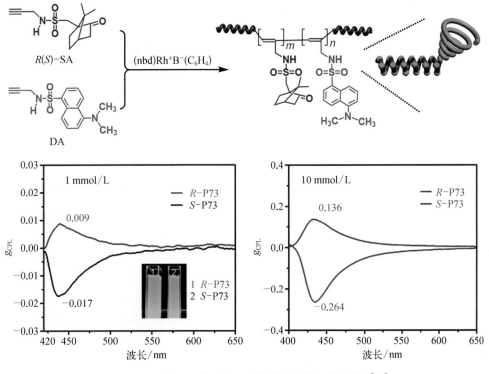

图 6 - 41　手性诱导单取代 PA 的螺旋构象的圆偏振发光[105]

胺发光基团的圆偏振发光性质。该工作为设计基于 PA 的圆偏振发光材料提供了一种简单普适的新思路。

6.6　总结与展望

经过多年的发展,PA 已经从导电聚合物逐渐变为广受关注的多功能材料。尤其是光学活性螺旋 PA 衍生物因可调的螺距、旋向在手性识别、对映体分离、不对称催化、多通道传感、手性分子开关及圆偏振发光等诸多领域显示出重要的潜在应用前景。然而,要使螺旋聚炔真正从手性聚合物变为手性功能材料仍然面临许多挑战:(1) 铑/二烯配合物能够高效催化富电子乙炔基单体聚合,制备含有各种功能基团的高 *cis* 结构含量的主链单取代 PA,但当其用于缺电子单体的聚合时,副反应多,所得聚合物的分子量低,甚至根本不聚合。(2) 目前,烯烃的活性和可控聚合已经发展到很高的水平,利用这些技术合成了种类和结构繁多的聚合物。相对而言,炔烃的可控聚合尤其是立构规整可控聚合要落后许多。虽然 Rh[C(Ph) = CPh₂](nbd)Ph₃P 和 Rh[C(Ph) = CPh₂](nbd)[(4-FC₆H₄)₃P]能分别调控苯乙炔和简单结构苯乙炔衍生物在非质子有机溶剂中的活性聚合,但适用单体范围窄,在质子性有机溶剂和水中可控性明显变差;在拓扑结构螺旋 PPA 研究方面,目前仅有少数几个嵌段共聚物和多臂星状聚合物合成的报道,还没有深入的结构与性能研究。(3) 现有螺旋 PA 的合成主要沿用从单体到聚合物的路线,许多功能基团会和催化剂金属中心配合,导致单体无法聚合。(4) *cis* 结构 PPA 可以采取紧密(*cis-cisoid*)和伸展(*cis-transoid*)两种螺旋构象,但碍于相邻侧基的空间位阻,*cis-cisoid* 螺旋 PPA 不易获得,大大降低了分子设计自由度,限制了其潜在性能的充分发挥。(5) 作为一类典型的动态螺旋聚合物,螺旋 PPA 在溶液中的变旋、变色已得到较多研究,发现许多有趣的现象,但对外界刺激下构成分子的各个部分如何协同作用缺乏深入的研究,对不同螺旋构象的力学稳定性了解不多。螺旋 PPA 衍生物的自组装获得了形貌多样的聚集体,但两亲性 PPA 嵌段共聚物的自组装尚待深入研究,对聚合诱导自组装过程中不同旋向、不同伸展程度链段的自识别、自适应和自稳定了解不多。(6) 有关 *cis-cisoid* 螺旋 PPA 衍生物的研究还主要处在构象调控阶段,对 *cis-cisoid* 螺旋 PPA 衍生物的液晶性以及多层次自组装过程中手性的传递、放大和表达还了解不多,并且这种紧密结构对聚合物光电性质的影响尚不清楚。

今后的研究可从新型单体的设计、合成入手,开发新型高效的单体合成路线,探索与单体相适应的催化体系、精确控制聚合技术、便于将功能基团引入的方法,优化聚合反应过程,探究反应机理以及反应历程对聚合物结构和性质影响的规律等,发展高效、高立体选择性聚合催化剂;针对高分子的结构特点,发展基于 NMR、高分辨质谱、扫描隧道显微镜(scanning tunneling microscope,STM)、计算机模拟等的高效立体结构和手性表征技术;以手性高分子功能材料为导向,发展超分子组装的新方法、新概念,揭示聚合反应和高分子聚集过程中手性传递、放大、调控的本质,实现手性材料的精准构筑,开发新的性质与功能。

参考文献

[1] Eliel E L，Wilen S H，Mander L N. Stereochemistry of organic compounds[M]. New York：John Wiley & Sons Inc.，1994.

[2] Farina M. The stereochemistry of linear macromolecules[M]//Topics in Stereochemistry. New York：John Wiley & Sons Inc.，1987.

[3] Nakano T，Okamoto Y. Synthetic helical polymers：conformation and function[J]. Chemical Reviews，2001，101(12)：4013 - 4038.

[4] Yashima E，Ousaka N，Taura D，et al. Supramolecular helical systems：Helical assemblies of small molecules，foldamers，and polymers with chiral amplification and their functions[J]. Chemical Reviews，2016，116(22)：13752 - 13990.

[5] Lam J W Y，Tang B Z. Functional polyacetylenes[J]. Accounts of Chemical Research，2005，38(9)：745 - 754.

[6] Freire F，Quiñoá E，Riguera R. Chiral nanostructure in polymers under different deposition conditions observed using atomic force microscopy of monolayers：Poly(phenylacetylene)s as a case study[J]. Chemical Communications，2017，53(3)：481 - 492.

[7] Liu J Z，Lam J W Y，Tang B Z. Acetylenic polymers：Syntheses，structures，and functions[J]. Chemical Reviews，2009，109(11)：5799 - 5867.

[8] Shirakawa H. The discovery of polyacetylene film：The dawning of an era of conducting polymers (nobel lecture)[J]. Angewandte Chemie International Edition，2001，40(14)：2574 - 2580.

[9] Masuda T，Hasegawa K I，Higashimura T. Polymerization of phenylacetylenes. I. polymerization of phenylacetylene catalyzed by WCl_6 and $MoCl_5$[J]. Macromolecules，1974，7(6)：728 - 731.

[10] Masuda T，Sasaki N，Higashimura T. Polymerization of phenylacetylenes. III. structure and properties of poly(phenylacetylene)s obtained by WCl_6 or $MoCl_5$[J]. Macromolecules，1975，8(6)：717 - 721.

[11] Katz T J，Hacker S M，Kendrick R D，et al. Mechanisms of phenylacetylene polymerization by molybdenum and titanium initiators[J]. Journal of the American Chemical Society，1985，107(7)：

2182 - 2183.

[12] Xu K T, Peng H, Lam J W Y, et al. Transition metal carbonyl catalysts for polymerizations of substituted acetylenes[J]. Macromolecules, 2000, 33(19): 6918 - 6924.

[13] Kern R J. Preparation and properties of isomeric polyphenylacetylenes[J]. Journal of Polymer Science Part A - 1: Polymer Chemistry, 1969, 7(2): 621 - 631.

[14] Furlani A, Napoletano C, Russo M V, et al. The influence of the ligands on the catalytic activity of a series of RhI complexes in reactions with phenylacetylene: Synthesis of stereoregular poly (phenyl) acetylene[J]. Journal of Polymer Science Part A: Polymer Chemistry, 1989, 27(1): 75 - 86.

[15] Yang W, Tabata M, Kobayashi S, et al. Synthesis of ultra-high-molecular-weight aromatic polyacetylenes with [Rh(norbornadiene)Cl]₂ - triethylamine and solvent-induced crystallization of the obtained amorphous polyacetylenes[J]. Polymer Journal, 1991, 23(9): 1135 - 1138.

[16] Kishimoto Y, Itou M, Miyatake T, et al. Polymerization of monosubstituted acetylenes with a zwitterionic rhodium(I) complex, Rh + (2,5 - norbornadiene)[.eta.6 - C6H5)B -(C6H5)3][J]. Macromolecules, 1995, 28(19): 6662 - 6666.

[17] Tang B Z, Poon W H, Leung S M, et al. Synthesis of stereoregular poly(phenylacetylene)s by organorhodium complexes in aqueous media[J]. Macromolecules, 1997, 30(7): 2209 - 2212.

[18] Misumi Y, Masuda T. Living polymerization of phenylacetylene by novel rhodium catalysts. quantitative initiation and introduction of functional groups at the initiating chain end[J]. Macromolecules, 1998, 31(21): 7572 - 7573.

[19] Miyake M, Misumi Y, Masuda T. Living polymerization of phenylacetylene by isolated rhodium complexes, Rh[C(C₆H₅)C(C₆H₅)₂](nbd)(4 - XC₆H₄)₃P (X = F, Cl)[J]. Macromolecules, 2000, 33(18): 6636 - 6639.

[20] Kanki K, Misumi Y, Masuda T. Synthesis of poly(phenylacetylene)-block-poly(β-propiolactone) by use of Rh-catalyzed living polymerization of phenylacetylene[J]. Inorganica Chimica Acta, 2002, 336: 101 - 104.

[21] Isomura M, Misumi Y, Masuda T. Synthesis of an amphiphilic conjugated polymer through block copolymerization of phenylacetylene and (p-trityloxycarbonylphenyl)acetylene and the subsequent hydrolysis[J]. Polymer Bulletin, 2001, 46(4): 291 - 297.

[22] Kumazawa S, Rodriguez Castanon J, Shiotsuki M, et al. Chirality amplification in helical block copolymers. Synthesis and chiroptical properties of block copolymers of chiral/achiral acetylene monomers[J]. Polymer Chemistry, 2015, 6(32): 5931 - 5939.

[23] Liu L J, Aoki T, Dong H X. Synthesis of one-handed helical block copoly(substituted acetylene)s consisting of dynamic cis-transoidal and static cis-cisoidal block: Chiral teleinduction in helix-sense-selective polymerization using a chiral living polymer as an initiator[J]. ACS Macro Letters, 2016, 5(12): 1381 - 1385.

[24] Chen J X, Wang S, Shi G, et al. Amphiphilic rod-rod block copolymers based on phenylacetylene and 3,5 - disubstituted phenylacetylene: Synthesis, helical conformation, and self-assembly[J]. Macromolecules, 2018, 51(19): 7500 - 7508.

[25] Chen J X, Cai S L, Wang R, et al. Polymerization-induced self-assembly of conjugated block copoly(phenylacetylene)s[J]. Macromolecules, 2020, 53(5): 1638 - 1644.

[26] Nomura R, Nakako H, Masuda T. Design and synthesis of semiflexible substituted polyacetylenes with helical conformation[J]. Journal of Molecular Catalysis A: Chemical, 2002, 190(1/2): 197 - 205.

[27] Suzuki Y, Shiotsuki M, Sanda F, et al. Synthesis and helical structure of poly(1 - methylpropargyl

ester)s with various side chains[J]. Chemistry, an Asian Journal, 2008, 3(12): 2075 - 2081.

[28] Zhang Z G, Deng J P, Zhao W G, et al. Synthesis of optically active poly (N-propargylsulfamides) with helical conformation[J]. Journal of Polymer Science Part A: Polymer Chemistry, 2007, 45(3): 500 - 508.

[29] Cheuk K K L, Lam J W Y, Li B S, et al. Decorating conjugated polymer chains with naturally occurring molecules: Synthesis, solvatochromism, chain helicity, and biological activity of sugar-containing poly(phenylacetylene)s[J]. Macromolecules, 2007, 40(8): 2633 - 2642.

[30] Anger E, Iida H, Yamaguchi T, et al. Synthesis and chiral recognition ability of helical polyacetylenes bearing helicene pendants[J]. Polymer Chemistry, 2014, 5(17): 4909 - 4914.

[31] Zhao Z Y, Wang S, Ye X C, et al. Planar-to-axial chirality transfer in the polymerization of phenylacetylenes[J]. ACS Macro Letters, 2017, 6(3): 205 - 209.

[32] Maeda K, Wakasone S, Shimomura K, et al. Chiral amplification in polymer brushes consisting of dynamic helical polymer chains through the long-range communication of stereochemical information[J]. Macromolecules, 2014, 47(19): 6540 - 6546.

[33] Shah P N, Chae C G, Min J, et al. A model chiral graft copolymer demonstrates evidence of the transmission of stereochemical information from the side chain to the main chain on a nanometer scale[J]. Macromolecules, 2014, 47(9): 2796 - 2802.

[34] Aoki T, Kaneko T, Maruyama N, et al. Helix-sense-selective polymerization of phenylacetylene having two hydroxy groups using a chiral catalytic system[J]. Journal of the American Chemical Society, 2003, 125(21): 6346 - 6347.

[35] Hadano S, Kishimoto T, Hattori T, et al. Helix-sense-selective polymerization of achiral bis (hydroxymethyl)phenylacetylenes bearing alkyl groups of different lengths[J]. Macromolecular Chemistry and Physics, 2009, 210(9): 717 - 727.

[36] Teraguchi M, Tanioka D, Kaneko T, et al. Helix-sense-selective polymerization of achiral phenylacetylenes with two N-alkylamide groups to generate the one-handed helical polymers stabilized by intramolecular hydrogen bonds[J]. ACS Macro Letters, 2012, 1(11): 1258 - 1261.

[37] Kaneko T, Umeda Y, Yamamoto T, et al. Assignment of helical sense for poly(phenylacetylene) bearing achiral galvinoxyl chromophore synthesized by helix-sense-selective polymerization[J]. Macromolecules, 2005, 38(23): 9420 - 9426.

[38] Kaneko T, Umeda Y, Jia H, et al. Helix-sense tunability induced by achiral diene ligands in the chiral catalytic system for the helix-sense-selective polymerization of achiral and bulky phenylacetylene monomers[J]. Macromolecules, 2007, 40(20): 7098 - 7102.

[39] Green M M, Park J W, Sato T, et al. The macromolecular route to chiral amplification[J]. Angewandte Chemie International Edition, 1999, 38(21): 3138 - 3154.

[40] Nomura R, Fukushima Y, Nakako H, et al. Conformational study of helical poly(propiolic esters) in solution[J]. Journal of the American Chemical Society, 2000, 122(37): 8830 - 8836.

[41] Tabei J, Shiotsuki M, Sato T, et al. Control of helix sense by composition of chiral-achiral copolymers of N-propargylbenzamides[J]. Chemistry - A European Journal, 2005, 11(12): 3591 - 3598.

[42] Wang S, Chen J X, Feng X Y, et al. Conformation shift switches the chiral amplification of helical copoly(phenylacetylene)s from abnormal to normal "sergeants-and-soldiers" effect[J]. Macromolecules, 2017, 50(12): 4610 - 4615.

[43] Yashima E, Matsushima T, Okamoto Y. Poly((4 - carboxyphenyl)acetylene) as a probe for chirality assignment of amines by circular dichroism[J]. Journal of the American Chemical Society, 1995, 117(46): 11596 - 11597.

［44］Yashima E，Matsushima T，Okamoto Y. Chirality assignment of amines and amino alcohols based on circular dichroism induced by helix formation of a stereoregular poly((4 – carboxyphenyl) acetylene) through acid-base complexation［J］. Journal of the American Chemical Society，1997，119(27)：6345 – 6359.

［45］Yashima E，Maeda K，Okamoto Y. Memory of macromolecular helicity assisted by interaction with achiral small molecules［J］. Nature，1999，399(6735)：449 – 451.

［46］Onouchi H，Miyagawa T，Furuko A，et al. Enantioselective esterification of prochiral phosphonate pendants of a polyphenylacetylene assisted by macromolecular helicity：Storage of a dynamic macromolecular helicity memory［J］. Journal of the American Chemical Society，2005，127(9)：2960 – 2965.

［47］Hasegawa T，Maeda K，Ishiguro H，et al. Helicity induction on a poly (phenylacetylene) derivative bearing a sulfonic acid pendant with chiral amines and memory of the macromolecular helicity in dimethyl sulfoxide［J］. Polymer Journal，2006，38(9)：912 – 919.

［48］Miyagawa T，Yamamoto M，Muraki R，et al. Supramolecular helical assembly of an achiral cyanine dye in an induced helical amphiphilic poly(phenylacetylene) interior in water［J］. Journal of the American Chemical Society，2007，129(12)：3676 – 3682.

［49］Maeda K，Goto H，Yashima E. Stereospecific polymerization of propiolic acid with rhodium complexes in the presence of bases and helix induction on the polymer in water［J］. Macromolecules，2001，34(5)：1160 – 1164.

［50］Hashimoto K，Shimomura K，Maeda K，et al. Chirality induction in an optically inactive poly (diphenylacetylene) derivative in water and its stability［J］. Polymer Preprints，2013，62：2639 – 2640.

［51］Lee D，Jin Y J，Kim H，et al. Solvent-to-polymer chirality transfer in intramolecular stack structure［J］. Macromolecules，2012，45(13)：5379 – 5386.

［52］Zhang X A，Chen M R，Zhao H，et al. A facile synthetic route to functional poly (phenylacetylene)s with tunable structures and properties［J］. Macromolecules，2011，44(17)：6724 – 6737.

［53］Zhang X A，Qin A J，Tong L，et al. Synthesis of functional disubstituted polyacetylenes bearing highly polar functionalities via activated ester strategy［J］. ACS Macro Letters，2012，1(1)：75 – 79.

［54］Akagi K. Helical polyacetylene：Asymmetric polymerization in a chiral liquid-crystal field［J］. Chemical Reviews，2009，109(11)：5354 – 5401.

［55］Akagi K，Guo S X，Mori T Z，et al. Synthesis of helical polyacetylene in chiral nematic liquid crystals using crown ether type binaphthyl derivatives as chiral dopants［J］. Journal of the American Chemical Society，2005，127(42)：14647 – 14654.

［56］Suzuki Y，Miyagi Y，Shiotsuki M，et al. Synthesis and helical structures of poly(ω-alkynamide)s having chiral side chains：Effect of solvent on their screw-sense inversion［J］. Chemistry (Weinheim an Der Bergstrasse，Germany)，2014，20(46)：15131 – 15143.

［57］Tabei J，Nomura R，Masuda T. Synthesis and structure of poly(N-propargylbenzamides) bearing chiral ester groups［J］. Macromolecules，2003，36(3)：573 – 577.

［58］Fujii T，Shiotsuki M，Inai Y，et al. Synthesis of helical poly (N-propargylamides) carrying azobenzene moieties in side chains. reversible arrangement-disarrangement of helical side chain arrays upon photoirradiation keeping helical main chain intact［J］. Macromolecules，2007，40 (20)：7079 – 7088.

［59］Cheuk K K L，Lam J W Y，Chen J W，et al. Amino acid-containing polyacetylenes：Synthesis， hydrogen bonding, chirality transcription, and chain helicity of amphiphilic poly (phenylacetylene)s carrying l-leucine pendants[J]. Macromolecules, 2003, 36(16): 5947 - 5959.

[60] Lai L M, Lam J W Y, Qin A J, et al. Synthesis, helicity, and chromism of optically active poly (phenylacetylene)s carrying different amino acid moieties and pendant terminal groups[J]. The Journal of Physical Chemistry B, 2006, 110(23): 11128 - 11138.

[61] Li B S, Cheuk K K L, Salhi F, et al. Tuning the chain helicity and organizational morphology of an L-valine-containing polyacetylene by pH change[J]. Nano Letters, 2001, 1(6): 323 - 328.

[62] Sakurai S I, Okoshi K, Kumaki J, et al. Two-dimensional hierarchical self-assembly of one-handed helical polymers on graphite[J]. Angewandte Chemie International Edition, 2006, 45(8): 1245 - 1248.

[63] Sakurai S, Okoshi K, Kumaki J, et al. Two-dimensional surface chirality control by solvent-induced helicity inversion of a helical polyacetylene on graphite[J]. Journal of the American Chemical Society, 2006, 128(17): 5650 - 5651.

[64] Louzao I, Seco J M, Quiñoá E, et al. Control of the helicity of poly(phenylacetylene)s: From the conformation of the pendant to the chirality of the backbone [J]. Angewandte Chemie International Edition, 2010, 49(8): 1430 - 1433.

[65] Motoshige A, Mawatari Y, Yoshida Y, et al. Irreversible helix rearrangement from *Cis-transoid* to *Cis-cisoid* in poly(*p-n-*hexyloxyphenylacetylene) induced by heat-treatment in solid phase[J]. Journal of Polymer Science Part A: Polymer Chemistry, 2012, 50(15): 3008 - 3015.

[66] Motoshige A, Mawatari Y, Yoshida Y, et al. Synthesis and solid state helix to helix rearrangement of poly(phenylacetylene) bearing *n*-octyl alkyl side chains[J]. Polymer Chemisrty, 2014, 5(3): 971 - 978.

[67] Yoshida Y, Mawatari Y, Motoshige A, et al. Accordion-like oscillation of contracted and stretched helices of polyacetylenes synchronized with the restricted rotation of side chains[J]. Journal of the American Chemical Society, 2013, 135(10): 4110 - 4116.

[68] Percec V, Rudick J G, Peterca M, et al. Thermoreversible *Cis-Cisoidal* to *Cis-Transoidal* isomerization of helical dendronized polyphenylacetylenes[J]. Journal of the American Chemical Society, 2005, 127(43): 15257 - 15264.

[69] Percec V, Rudick J G, Peterca M, et al. Nanomechanical function from self-organizable dendronized helical polyphenylacetylenes[J]. Journal of the American Chemical Society, 2008, 130(23): 7503 - 7508.

[70] Freire F, Seco J M, Quiñoá E, et al. Chiral amplification and helical-sense tuning by mono- and divalent metals on dynamic helical polymers[J]. Angewandte Chemie International Edition, 2011, 50(49): 11692 - 11696.

[71] Freire F, Seco J M, Quiñoá E, et al. Nanospheres with tunable size and chirality from helical polymer-metal complexes[J]. Journal of the American Chemical Society, 2012, 134(47): 19374 - 19383.

[72] Arias S, Freire F, Quiñoá E, et al. Nanospheres, nanotubes, toroids, and gels with controlled macroscopic chirality[J]. Angewandte Chemie International Edition, 2014, 53 (50): 13720 - 13724.

[73] Bergueiro J, Freire F, Wendler E P, et al. The ON/OFF switching by metal ions of the "Sergeants and Soldiers" chiral amplification effect on helical poly(phenylacetylene)s[J]. Chemical Science, 2014, 5(6): 2170 - 2176.

[74] Leiras S, Freire F, Seco J M, et al. Controlled modulation of the helical sense and the elongation of poly(phenylacetylene)s by polar and donor effects[J]. Chemical Science, 2013, 4(7): 2735 -

2743.

[75] Wang S, Feng X, Zhang J, et al. Helical conformations of poly (3, 5 - disubstituted phenylacetylene) s tuned by pendant structure and solvent[J]. Macromolecules, 2017, 50(9): 3489 –3499.

[76] Wang S, Feng X Y, Zhao Z Y, et al. Reversible *Cis-cisoid* to *Cis-transoid* helical structure transition in poly (3, 5 - disubstituted phenylacetylene) s[J]. Macromolecules, 2016, 49(22): 8407 –8417.

[77] Wang S, Shi G, Guan X Y, et al. *Cis-cisoid* helical structures of poly (3, 5 - disubstituted phenylacetylene)s stabilized by intramolecular n →π* interactions[J]. Macromolecules, 2018, 51 (4): 1251 – 1259.

[78] Nonokawa R, Yashima E. Detection and amplification of a small enantiomeric imbalance in α-amino acids by a helical poly (phenylacetylene) with crown ether pendants[J]. Journal of the American Chemical Society, 2003, 125(5): 1278 – 1283.

[79] Maeda K, Mochizuki H, Watanabe M, et al. Switching of macromolecular helicity of optically active poly(phenylacetylene)s bearing cyclodextrin pendants induced by various external stimuli [J]. Journal of the American Chemical Society, 2006, 128(23): 7639 – 7650.

[80] Maeda K, Mochizuki H, Osato K, et al. Stimuli-responsive helical poly(phenylacetylene)s bearing cyclodextrin pendants that exhibit enantioselective gelation in response to chirality of a chiral amine and hierarchical super-structured helix formation[J]. Macromolecules, 2011, 44(9): 3217 – 3226.

[81] Yuki H, Okamoto Y, Okamoto I. Resolution of racemic compounds by optically active poly (triphenylmethyl methacrylate)[J]. Journal of the American Chemical Society, 1980, 102(20): 6356 – 6358.

[82] Sanda F, Fujii T, Tabei J, et al. Synthesis of hydroxy group-containing poly(*N*-propargylamides): Examination of the secondary structure and chiral-recognition ability of the polymers [J]. Macromolecular Chemistry and Physics, 2008, 209(1): 112 – 118.

[83] Zhang C H, Wang H L, Geng Q Q, et al. Synthesis of helical poly(phenylacetylene)s with amide linkage bearing l-phenylalanine and l-phenylglycine ethyl ester pendants and their applications as chiral stationary phases for HPLC[J]. Macromolecules, 2013, 46(21): 8406 – 8415.

[84] Shimomura K, Ikai T, Kanoh S, et al. Switchable enantioseparation based on macromolecular memory of a helical polyacetylene in the solid state[J]. Nature Chemistry, 2014, 6(5): 429 – 434.

[85] Hirose D, Isobe A, Quiñoá E, et al. Three-state switchable chiral stationary phase based on helicity control of an optically active poly (phenylacetylene) derivative by using metal cations in the solid state[J]. Journal of the American Chemical Society, 2019, 141(21): 8592 – 8598.

[86] Shi G, Dai X, Zhou Y, et al. Synthesis and enantioseparation of proline-derived helical polyacetylenes as chiral stationary phases for HPLC[J]. Polymer Chemistry, 2020, 11(18): 3179 – 3187.

[87] Song C, Zhang C H, Wang F J, et al. Chiral polymeric microspheres grafted with optically active helical polymer chains: A new class of materials for chiral recognition and chirally controlled release[J]. Polymer Chemistry, 2013, 4(3): 645 – 652.

[88] Zhang C H, Song C, Yang W T, et al. Au@poly(*N*-propargylamide) nanoparticles: Preparation and chiral recognition[J]. Macromolecular Rapid Communications, 2013, 34(16): 1319 – 1324.

[89] Liu D, Zhang L, Li M K, et al. Magnetic Fe_3O_4 – PS – polyacetylene composite microspheres showing chirality derived from helical substituted polyacetylene [J]. Macromolecular Rapid Communications, 2012, 33(8): 672 – 677.

［90］Zhang D Y，Song C，Deng J P，et al. Chiral microspheres consisting purely of optically active helical substituted polyacetylene：The first preparation via precipitation polymerization and application in enantioselective crystallization［J］. Macromolecules，2012，45(18)：7329 – 7338.

［91］Tang Z L，Iida H，Hu H Y，et al. Remarkable enhancement of the enantioselectivity of an organocatalyzed asymmetric henry reaction assisted by helical poly(phenylacetylene)s bearing Cinchona alkaloid pendants via an amide linkage［J］. ACS Macro Letters，2012，1(2)：261 – 265.

［92］Miyake G M，Iida H，Hu H Y，et al. Synthesis of helical poly(phenylacetylene)s bearing Cinchona alkaloid pendants and their application to asymmetric organocatalysis［J］. Journal of Polymer Science Part A：Polymer Chemistry，2011，49(24)：5192 – 5198.

［93］Iida H，Tang Z L，Yashima E. Synthesis and bifunctional asymmetric organocatalysis of helical poly(phenylacetylene)s bearing Cinchona alkaloid pendants via a sulfonamide linkage［J］. Journal of Polymer Science Part A：Polymer Chemistry，2013，51(13)：2869 – 2879.

［94］Zheng Y J，Cui J X，Zheng J，et al. Near-infrared electrochromic and chiroptical switching polymers：Synthesis and characterization of helical poly(N-propargylamides)carrying anthraquinone imide moieties in side chains［J］. Journal of Materials Chemistry，2010，20(28)：5915 – 5922.

［95］Carr R，Evans N H，Parker D. Lanthanide complexes as chiral probes exploiting circularly polarized luminescence［J］. Chemical Society Reviews，2012，41(23)：7673 – 7686.

［96］San Jose B A，Akagi K. Liquid crystalline polyacetylene derivatives with advanced electrical and optical properties［J］. Polymer Chemistry，2013，4(20)：5144 – 5161.

［97］Ghosh H，Shukla A，Mazumdar S. Electron-correlation-induced transverse delocalization and longitudinal confinement in excited states of phenyl-substituted polyacetylenes［J］. Physical Review B，2000，62(19)：12763 – 12774.

［98］Shukla A，Mazumdar S. Designing emissive conjugated polymers with small optical gaps：A step towards organic polymeric infrared lasers［J］. Physical Review Letters，1999，83(19)：3944 – 3947.

［99］Lin H，Morino K，Yashima E. Synthesis and chiroptical properties of a helical poly(phenylacetylene)bearing optically active Pyrene pendants［J］. Chirality，2008，20(3／4)：386 – 392.

［100］Jim C K W，Lam J W Y，Leung C W T，et al. Helical and luminescent disubstituted polyacetylenes：Synthesis，helicity，and light emission of poly(diphenylacetylene)s bearing chiral menthyl pendant groups［J］. Macromolecules，2011，44(8)：2427 – 2437.

［101］Lee D，Jin Y J，Kim H，et al. Solvent-to-polymer chirality transfer in intramolecular stack structure［J］. Macromolecules，2012，45(13)：5379 – 5386.

［102］Lee D，Kim H，Suzuki N，et al. Optically active，lyotropic liquid crystalline poly(diphenylacetylene)derivative：Hierarchical chiral ordering from isotropic solution to anisotropic solid films［J］. Chemical Communications，2012，48(74)：9275 – 9277.

［103］San Jose B A，Matsushita S，Akagi K. Lyotropic chiral nematic liquid crystalline aliphatic conjugated polymers based on disubstituted polyacetylene derivatives that exhibit high dissymmetry factors in circularly polarized luminescence［J］. Journal of the American Chemical Society，2012，134(48)：19795 – 19807.

［104］San Jose B A，Yan J L，Akagi K. Dynamic switching of the circularly polarized luminescence of disubstituted polyacetylene by selective transmission through a thermotropic chiral nematic liquid crystal［J］. Angewandte Chemie International Edition，2014，53(40)：10641 –10644.

［105］Zhao B，Pan K，Deng J P. Intense circularly polarized luminescence contributed by helical chirality of monosubstituted polyacetylenes［J］. Macromolecules，2018，51(18)：7104 – 7111.

MOLECULAR SCIENCES

Chapter 7

白色结构色及聚合物超白表面

杨萌　邹为治　杨是佳　徐坚　赵宁

高分子物理与化学实验室

中国科学院化学研究所

7.1 引言

经过漫长的进化过程,自然界中的一些生物形成了许多精细的多级微纳米结构,可以对一定波长的太阳光进行可控的吸收、反射或透射。师法自然,开展相关仿生研究是提高材料光热管理能力的有力措施,并且这项研究具有广阔的应用前景。其中自然界里的生物白色是一种特殊的结构色[1],一般是由低折射率的物质通过多尺度散射实现的[2]。通过模仿生物白色的特殊结构色,有望避免常规白色涂料中具有潜在生物毒性的 TiO_2 等纳米无机颗粒的使用[3]。本章将主要介绍生物白色的光学效应物理基础和仿生聚合物超白表面的研究及其应用进展。

7.2 生物白色的物理基础

鸟类的羽毛[4]、头足类和鱼类的皮肤[5-7]、砗磲属巨蛤的表皮[8,9]、甲虫(*Anoplognathus parvulus*)的表层鳞片[10-12]、撒哈拉银蚁的外层毛发[13]及蝴蝶的翅膀[14]等生物系统具有白色或银色表面,这些颜色并非由颜料产生,而是源于生物表面独特的微纳米结构[1]。这些精密的结构赋予生物伪装、信号传输和热管理的功能,其光学效应机制可分为四种类型:布拉格叠层(Bragg stacks)反射、无规散射、全内反射(特指撒哈拉银蚁)和光子晶体。

7.2.1 布拉格叠层反射

布拉格叠层是由不同折射率的材料交替组成的多层结构,不仅可以产生颜色,而且可以造成具有较强角度依赖性的宽带反射[5,7]。如图 7-1(A)所示,McKenzie 等[15]提出三种可以产生宽带反射的多层模型:多层叠加、线性调频和无规结构。其中,多层叠加模型由具有固定间距和厚度参数的叠层组成;线性调频模型中片层间距和厚度呈递进式变化;对于无规结构模型,片层的厚度和间距则为随机分布[16]。线性调频模型存在于甲虫的金属色外壳[14]和砗磲属巨蛤的白色表皮中[8,9],而其他两种较为无规的结构模型则多见于一些鱼类和头足类生物的银色或白色皮肤中[5]。锦鲤的银白色外观来自鸟嘌呤晶体和细胞质交替层的反射[7,15]，其反射率随堆叠面积和反射单元数的增加而提高[7][图 7 - 1（B）]。思凡腹吸鳅（*Sewellia lineolata*）的白色条纹同样由布拉格叠层产生，但因其结构较为无规、反射率角度依赖性较低而表现为漫反射休[图 7 - 1（C）][5]。通常，布拉格叠层片层方向垂直于入射光，而蝴蝶（*Argyrophorus argenteus*）翅膀鳞片上的周期性微结构则平行于反射表面，在小于 1 μm 的厚度下即具备显著的宽带反射[图7 - 1（D）][14]。

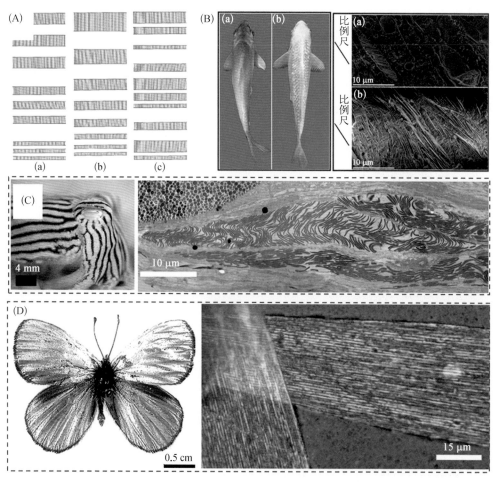

图7- 1 （A）宽带反射的布拉格叠层模型[15]：（a）多层叠加，（b）线性调频，（c）无规结构；（B）不同品种锦鲤的反射率及叠层结构对比[7]；（C）思凡腹吸鳅的白色条纹及其叠层结构[5]；（D）蝴蝶白色鳞片及其叠层结构[14]

7.2.2 无规散射

基于无序结构的随机散射（如米氏散射）可以构筑低角度依赖性的白色表面。Mäthger 等[6]系统研究了乌贼（*Sepia officinalis*）的白色素细胞（leucophores），发现其内部存在由硫酸化糖蛋白或蛋白聚糖组成的无规堆积浅色球形颗粒[图 7 - 2(a)]。东南亚天牛科甲虫（*C. margaritifera*）条形白色鳞片中也存在类似的球体无规堆积结构，其主要成分是几丁质[图 7 - 2(b)][10]。对于同样来自东南亚的金龟子科甲虫（*Cyphochilus*

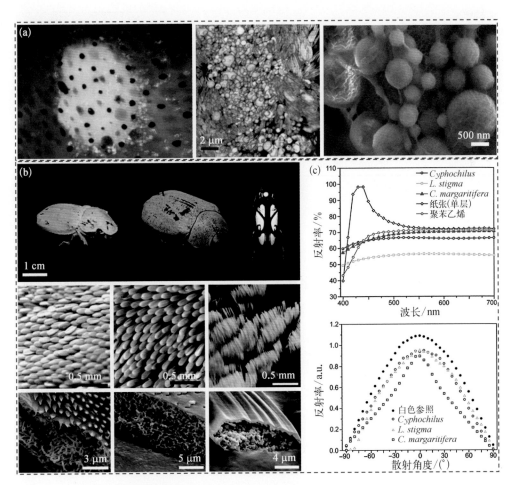

图7-2 （a）乌贼白色表皮及其内部的光子纳米结构[6]；（b）不同种类甲虫外观及其鳞片结构[10]：从左到右依次是 Cyphochilus、L. stigma 和 C. margaritifera；（c）白甲虫白色鳞片的反射率及其角度依赖性对比

和 *L. stigma*），其白色鳞片则由类柱状几丁质的连续网络构成。这种几丁质网络在入射光方向存在取向，而且有利于散射体密度的提高[17, 18]，在 5～10 μm 厚度下即具备高于 65% 的可见光反射率[图 7‑2(c)]。相比于 *L. stigma*，*Cyphochilus* 的白色鳞片中结构散射体尺寸小而密集（表 7‑1），并因散射性能最佳受到关注。为充分了解其光学特征，Wilts 等[18]结合冷冻切片 X 射线断层扫描技术，通过结构重建与光学模拟揭示了柱状散射体的折射率、尺寸、填充分数和垂直取向程度对三维网络反射率的影响，发现在折射率一定时白甲虫散射结构的各项指标均处于较优水平。Meiers[19]等建模计算结果表明，白甲虫无规散射结构的宽带反射性能优于布拉格叠层结构。

表 7‑1　不同种类甲虫白色鳞片的结构参数[10]

种类名称	鳞片尺寸	单元直径 /nm	单元间距 /nm	填充分数 /%
C. margaritifera	225 μm×15 μm×7 μm	289±29	—	56±8
Cyphochilus	250 μm×100 μm×5 μm	244±51	580±120	68±7
L. stigma	400 μm×150 μm×10 μm	348±77	700±180	48±3

7.2.3　光子晶体

蝴蝶翅膀通常具有类似于光子晶体的周期性多级微纳米结构，同样可以产生白色。Stavenga 等[20]通过观测菜粉蝶（*Pieris rapae*）不同颜色鳞片的结构[图 7‑3(A)]，并与红带袖蝶（*Heliconius melpomene*）[图 7‑3(B)]对比，发现菜粉蝶白色鳞片具有高反射率的原因在于其鳞片上有纳米色素颗粒的附着。Wilts 等[21]则进一步强调粉蝶科翅膀鳞片中 UV 光吸收色素对散射性能的贡献，即可以大幅提高散射体的折射率（高于2）来补偿基于结构的散射性能。与上述结构不同的是，雄性船长蝴蝶（*Carystoides escalantei*）翅膀不同位置的白色斑点[图 7‑3(C)(a)]存在更为精细的两类光子晶体结构[22]。其中，具有低反射率角度依赖性部位[图 7‑3(C)(a)，a1]的鳞片尺寸较长并且有微米尺寸的周期性脊微孔，整体平坦地堆叠于翼膜表面[图 7‑3(C)(b)]；角度依赖性显著部位[图 7‑3(C)(a)，c1]的鳞片则垂直于翼膜分布，而且每个鳞片表面又存在周期性的脊‑肋结构[图 7‑3(C)(c)]。针对角度依赖性散射［图7-3（C）（d）］，其包含了鳞片倾斜阵列及其多级微纳米结构的综合光栅效应，因而受到观察位置以及气流方向的影响。Choi 等[23]基于安德森定域（Anderson localization）理论揭示家蚕（*Bombyx mori*）的蚕丝内沿轴向高度取向而在径向无规排列的纳米纤维可通过强烈共振将光限制在几微米的区域内，从而使其表现出较低的可见光透过率［图7-3（D）］。Shi 等[24]发现彗星尾大蚕蛾（*Argema mittrei*）的茧纤维具备与蚕丝类似的结构与光定域现象。一维有序结构同样存在于豆娘（*Pseudolestes mirabilis*）后翅的白色鳞片中，即扁平蜡质纤维束，并表现出明显的线性偏振效应［图7-3（E）］[25]。

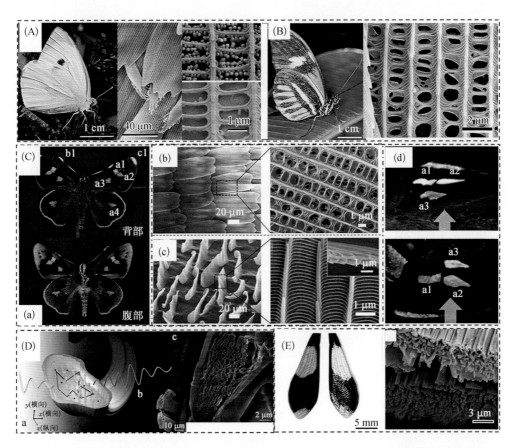

图7-3 （A）菜粉蝶与（B）红带袖蝶的外观及鳞片结构[20]；（C）雄性船长蝴蝶[22]不同白色斑点（a）及其低角度依赖性（b）和高角度依赖性（c）两类鳞片结构，其中后者在不同观察角度下散射性能具有显著差异（d）；（D）蚕丝取向结构及安德森定域现象[23]；（E）豆娘白色鳞片外观及其取向结构[25]

7.3　生物白色的扩散传输平均自由程

表征散射性能的重要参数是扩散传输平均自由程（transport mean free path，l_t），即该材料将沿特定传输方向的入射光散射为全同光所需的最小距离，也代表着材料的最小厚度。

目前描述的在多相介质中传播的理论主要基于辐射传输方程（radiative transfer equation，RTE 方程），即线性叠加独立散射事件而忽略相干效应[26]。蒙特卡罗算法（Monte-Carlo algorithms）普适于随机数统计模拟，在材料结构参数已知时可以对 RTE 方程进行求解（数值解），计算出材料光散射扩散传输平均自由程[27]。当光学厚度（材料实际厚度 t 与 l_t 的比值）大于 8 时，弹道光的影响忽略不计，无规材料的散射行为可以通过各向同性扩散理论进行定量[12,28,29]。

入射光随材料厚度的衰减关系根据光学欧姆定律（light Ohm's law）进行定义：

$$T_{tot} = \frac{l_t + z_e}{t + 2z_e} \tag{7-1}$$

式中，T_{tot} 为材料全透过率；t 为样品厚度；z_e 代表外推长度（extrapolation length）[30]，其数值依据不同获取途径有一定的差异，并且将对 l_t 数值产生影响。具体而言，z_e 可以由角分辨光谱拟合[31,32] 或者通过假定界面边界条件计算[10]（静态实验法），也可以从材料的时间分辨光谱中解析[12,33]（动态实验法）。本章介绍由界面边界条件法确定 z_e：

$$z_e = \frac{2\,l_t A}{3} \tag{7-2}$$

物体内反射系数 A 反映的是材料内部折射率变化因素，其由以下积分式给出：

$$A = \frac{1 + 3\int_0^{\frac{\pi}{2}} R(\theta_i \cos^2 \theta_i \sin \theta_i)\,\mathrm{d}\theta_1}{1 - 2\int_0^{\frac{\pi}{2}} R(\theta_i \cos \theta_i \sin \theta_i)\,\mathrm{d}\theta_1} \tag{7-3}$$

散射体不同相满足折射率比值大于 1.6 且物体总折射率大于 1 时则可以近似为下列多项式[34]：

$$A = 504.332\,889 - 2\,641.002\,14\,n_e + 5\,923.699\,064\,n_e^2 - 7\,376.355\,814\,n_e^3$$
$$+ 5\,507.530\,41\,n_e^4 - 2\,463.357\,945\,n_e^5 + 610.956\,547\,n_e^6 - 64.804\,7\,n_e^7$$

式中，n_e 为材料的等效折射率，可基于有效介质理论，通过以各向同性无规结构为模型的 Maxwell‐Garnett 公式计算。

$$n_e = n_0 \sqrt{(1 + 2f\alpha)/(1 - f\alpha)} \tag{7-4}$$

$$\alpha = (n_c^2 - n_0^2)/(n_c^2 + n_0^2) \approx (n_c^2 - 1)/(n_c^2 + 1) \tag{7-5}$$

上述公式中，f 为材料总体积填充分数；n_0 为空气折射率，约为 1；n_c 为散射体本体折射率，不同入射光波长下折射率 n_c（不考虑吸收，波长 λ 单位取 μm）可以由柯西（Cauchy）经验公式进行估算。

$$n_c = 1.520\,4 + \frac{0.005\,6}{\lambda^2} + \frac{0.000\,1}{\lambda^4} \tag{7-6}$$

对于特定波长入射光，若材料无吸收且结构参数与总透过率已知，综合以上公式，可以计算出材料的 l_t。

7.4 聚合物超白表面

目前，以白甲虫鳞片结构为仿生对象的超白表面研究受到研究者的关注，其结构特征可以分为纳米纤维网络结构、蜂窝孔或球体堆积结构及双连续网络结构三类。

7.4.1 纳米纤维网络结构

以聚合物纳米纤维膜为代表，例如聚氨酯（PU）、聚甲基丙烯酸甲酯（PMMA）、聚对苯二甲酸乙二醇酯（PET）、尼龙（Nylon）和聚丙烯腈（PAN）纳米纤维膜，通常由静电纺丝直接制得。其散射性能主要依赖于纤维的直径、均匀程度、排布密度及堆积方式[35]。在用冷冻干燥法制备几丁质纳米纤维气凝胶的实验中，水性分散液中的纳米纤维在冷冻过程中将聚并成直径约为 250 nm 的纤维束；较低的冷冻速率有利于提高纤维交联程度，所得气凝胶的孔隙率高达 98.5%、平均孔径为（3.2±0.4）μm[36]。上述几丁质纳米纤维气凝胶的结构单元尺寸与白甲虫（*Cyphochilus*）相当，有望制备高孔隙率超白材料，但其较低的散射体密度不利于实现最佳光学性能。如图 7‐4(A) 所示，Toivonen 等[37] 采用离心分离法获得不同直径纳米纤维素的分散液,再经溶剂置换和常压缓慢干燥制得沿厚度方向取向的纤维素膜。当膜中存在较大直径纤维时,其散射体尺寸分散性增加、致密程度下降而散射性能明显提升[图7-4(A)(e)],7 μm 厚度下反射率(波长为 500 nm)即高于 60%。

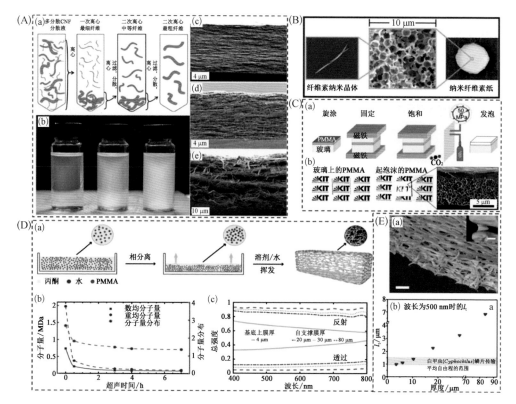

图7-4 (A)不同直径纳米纤维素膜的制备方法及微观形貌[37];(B)纤维素纳米晶泡沫形貌[39];(C)超临界 CO_2 发泡法制备 PMMA 多孔膜[40];(D)非溶剂诱导相分离法制备 PMMA 海绵及其光学性能优化[31];(E)水蒸气诱导相分离制备 PS 海绵及其散射性能[27]

7.4.2 蜂窝孔或球体堆积结构

Wang 等[38]利用胶体凝聚法制得由单分散聚苯乙烯(PS)小球无规堆积的超白涂层,其结构类似于 *L. stigma* 甲虫鳞片,散射性能则极大程度地依赖于球体直径。基于米氏散射特征,当 PS 小球直径小于 650 nm 时,涂层反射率具有显著波长依赖性;950 nm 的纳米小球构成的白色涂层具有最佳散射性能,20 μm 厚度下反射率高于 98%。然而上述反射率可能存在一定误差:其一,由该文献制备方法得出的样品厚度应大于 86 μm;其二,根据

Burresi 等[12]研究报道,此类球体堆积结构的 l_t 理论值小于 2 μm,而目前报道类似结构的 l_t 最小值为 2.9 μm,故不会具备如此高的散射能力。Caixeiro 等[39]以类似的 PS 球体无规堆积结构为模板制备了纤维素纳米晶泡沫[图 7 - 4(B)],其 l_t 介于 3～7 μm。Syurik 等[40]采用超临界 CO_2 发泡法制备 PMMA 多孔膜[图 7 - 4(C)],并通过调节饱和压力和温度进行孔径尺寸优化。其中孔径约为 340 nm,散射体填充分数为 39%的聚合物泡沫在 9 μm 厚度下具备高于填充分数为 57%时的可见光反射率,l_t 介于 3.5～4 μm。

7.4.3 双连续网络结构

采用非溶剂诱导相分离(non-solvent induced phase separation,NIPS)法可以制备与白甲虫(*Cyphochilus*)结构最为接近的开孔聚合物海绵结构,其本质是聚合物经相分离过程形成的双连续形态。如图 7 - 4(D)所示,Syurik 等[31]以丙酮/水作 PMMA 混合溶剂,通过丙酮挥发诱导相分离制得双连续网络结构的聚合物网络,并通过调控 PMMA 的分子量及其分布进行性能优化。上述材料在 4 μm 厚度下的总反射率约为 75%(包含镜面反射),l_t 约为 1 μm,散射性能与白甲虫相当。赵宁等[27]将 PS/N,N -二甲基甲酰胺(DMF)溶液旋涂于玻璃基板上,通过控制旋涂装置中的相对湿度,利用水蒸气诱导聚合物溶液相分离。通过调节湿度、旋涂转速、溶液滴加量等可以实现 PS 多孔膜由海岛结构向双连续形态的转变,其中厚度为 3.5 μm 的 PS 膜具备类似于白甲虫鳞片的柱状连续网络,可见光漫反射率为 61%,l_t 仅为 0.98 μm[图 7 - 4(E)]。此外,双连续网络结构还赋予以上多孔材料湿度响应性,有望应用于湿度感应、呼吸监测等。

7.5 白色结构色的应用

生存在炎热干旱环境下的动植物可以通过高效散射太阳光或促进中红外热辐射来避免体温过高。绿叶可以选择性地吸收太阳光中有利于光合作用、蒸腾作用的部分可见光及近红外线,但对波长在 0.7～1.4 μm 的太阳光有很强的反射作用[41,42]。Ye 等[43]发现杨树叶片下表面的中空毛层可以通过反射太阳光来保护叶片免受烈日灼伤,去除毛层则叶片反射率降低 30%～50%,并受此启发采用同轴静电纺丝技术制备由无规排布中空聚合物纤维构成的薄膜。由这些直径为 14 μm 的纤维组成的涂层（厚约 200 μm）反射率为 60%，有望用于屋顶。白甲虫（如 *Cyphochilus* 和 *Lepidiota stigma*）的鳞片[11, 12]、蝴蝶（*Argyrophorus argenteus*）的翅膀[14]、七彩变色龙（*Furcifer pardalis*）的深层表皮[44]以及头足类动物（*Sewellia lineolata* 和 *Sepia officinalis*）的白色条纹[5, 6]等也具备对可见光或近红外（NIR）高散射的特征。除体色可随环境颜色改变而快速切换之外，变色龙的另一个重要特征是其对近红外光的反射能力。Teyssier 等[44]发现变色龙较深层的色素细胞（D-iridophores）具有较大的砖形无序鸟嘌呤晶体［图 7-5（A）（a）］，因

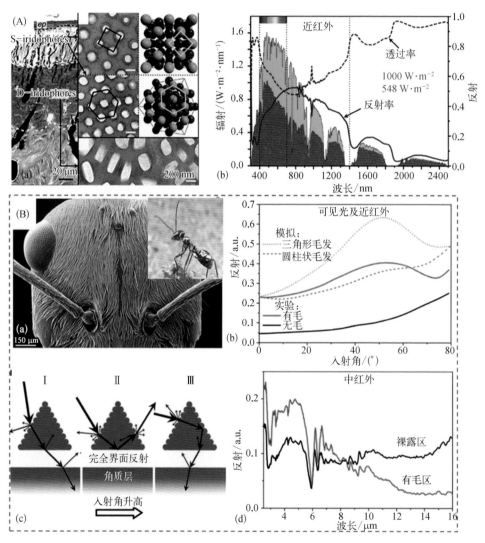

图 7-5　（A）变色龙皮层色素细胞晶体结构及近红外反射图谱[44]；（B）撒哈拉银蚁降温光学原理[13]

其相干散射而在 NIR(700～1 400 nm)范围表现为宽带反射体[图 7 - 5(A)(b)];而上层色素细胞(S-iridophores)的晶体结构则决定变色龙的体表颜色变化。头足类动物以其伪装能力而闻名[45],其中,枪乌贼科具有从可见光到近红外区域的宽带反射和动态可逆颜色变化的特征[46]。鱿鱼真皮层中的虹色细胞含有由高折射率材料(反射素)和低折射率材料(细胞外基质)交替而成的布拉格反射体,可以将可见光区域的反射调整到近红外区域。一些昆虫则进化出体表颜色随环境温度改变的机制,如蚱蜢在低于阈值温度(约 10 ℃)时体表颜色为黑色,但在高温下将迅速变为浅蓝色,类似的还有豆娘和蜻蜓[25,47]。

同时,生物体也可以通过中红外辐射增强来实现降温。撒哈拉银蚁(*Cataglyphis bombycina*)可以在高达 60～70 ℃ 的高温环境中生存,原因在于其表面紧密排布的三角形毛发有两方面热调节作用[13][图 7 - 5(B)]:① 三角形外形引发的全内反射效应增强了银蚁表面对可见光和近红外线的广谱反射,并且具有明显入射角依赖性;② 可促进中红外黑体辐射效应,使体温低于环境温度。最近,家蚕(*Bombyx mori*)的纤维[23]和彗星尾大蚕蛾(*Argema mittrei*)的茧纤维[24]同样被报道具有辐射降温功能,其机理主要是化学结构引起的分子热振动。

道法自然,顺应自然规律的光热管理可以最大限度地减少对能源和环境的消耗,是可持续发展的重要途径。辐射降温即在不消耗外加能源的前提下,仅依靠材料在大气窗口的热辐射实现降温的一种策略,可以在适当大气条件下提供高于 $100 \text{ W} \cdot \text{m}^{-2}$ 的降温功率[48,49]。辐射降温的应用场景可分为人体热管理、夜间降温和日间降温三类,对材料光热性能的要求存在一定差异。其中,日间被动辐射降温(passive daytime radiative cooling,PDRC)最为苛刻,因太阳辐射功率几乎是室温黑体辐射的 10 倍,材料必须反射90% 以上的太阳辐照,同时在中红外大气窗口具备较高的中红外发射度[50]。现有PDRC 器件的日光反射材料主要包括 Al、Ag 等金属镀层或者 TiO_2、SiO_2、Al_2O_3 等陶瓷材料,其在耐腐蚀性、柔性或生产成本等方面存在不足。Mandal 等[32]向聚(偏二氟乙烯-co-六氟丙烯)[P(VdF - HFP)]的丙酮溶液中添加一定量的水,之后再将混合溶液喷涂于基体表面。随着丙酮逐渐挥发,P(VdF - HFP)溶解度下降而发生相分离,最终得到具有多级孔结构的超白涂层,其总的太阳反射率为 0.96 ± 0.03。由于 C—F 红外振动吸收峰介于 $1\,000～1\,400 \text{ cm}^{-1}$,故该超白涂层兼具中红外发射性能,表现出 $96 \text{ W} \cdot \text{m}^{-2}$的降温功率(测试环境中太阳辐照功率为 $750 \text{ W} \cdot \text{m}^{-2}$)。这种简捷的制备方法可以适用于多种基体,并且有利于减小基体与 PDRC 材料之间的界面热阻。然而,相比于其他由低折射率聚合物制备的超白材料[12, 27-37]，上述涂层的散射性能还不够理想：500 nm波长入射光下的光扩散传输平均自由程约为 6 μm。

7.6　总结与展望

Pattelli 等[51]提出猜想，由于生物结构是进化产生的，当白甲虫的生物结构足够满足其生存时会失去继续优化结构的驱动力，因此或许存在着散射性能优于白甲虫鳞片的结构。受白甲虫启发，他们提出了一种支化无规行走算法构建结构模型，并利用时域有限差分法和反相蒙特卡洛法对光的传输特点进行了探究。他们以棒状颗粒为构筑单元，通过调整方位角和极化角的标准差来改变 x - y 方向面内、面间的各向异性。对于550 nm 的光而言，当方位角为 0.2 rad、体积分数介于 0.3～0.4 时具有最高的散射性能；当体积分数为 0.39 时，传输平均自由程最短（1.69 μm，较白甲虫鳞片结构约小 16%）。这也印证了各向异性增强了垂直方向上的散射效率。

Vignolini 等[52]通过研究散射系统的结构因数（构筑单元位置的傅里叶变换形式）和形状因数（构筑单元形状的傅里叶变换形式）讨论了各向异性对散射的影响。他们分别模拟了不同形状因数下单个颗粒的散射与组装体的多重散射，发现对于单个颗粒而言，各向异性并不有利于散射性能的提升，但对于多重散射，各向异性能有效提高散射性能。他们还分别模拟了结构因数和形状因数对散射性能的贡献。结果表明，对于低折射率系统而言，反射率并不随结构因数的变化而改变；而对于高折射率系统，反射率仅随结构因数变化有微弱提高。而当改变低折射率颗粒的长径比时对多重散射有显著影响，当长径比为 18 时，散射效果最强，对高折射率颗粒而言，最优的散射效果出现在长径比约为 500 之处。此外，他们还模拟了颗粒的排列方式对性能的影响，发现较强的散射效果同样出现在体积分数为 0.3～0.4 的区间，x - y 平面内无序排列方式的散射效果明显高于取向排列。

Parnell 等[53]提出，由于之前所用的电子显微镜技术和聚焦粒子束切割会引起鳞片内应力的释放从而导致结构的扭曲变形，过去的文献报道中过高地估算了白甲虫鳞片的体积分数。他们利用 X 射线纳米成像技术，观察了白甲虫鳞片的内部结构，发现其体积分数约为 30%，并且存在一定的各向异性。借助时域有限差分法，他们模拟了一系列结构的光谱特性,发现在一定体积分数下,通过调节无规散射体尺寸足以获得很高的反射率,而各向异性并不具有决定性的贡献。他们还通过液-液相分离法制备了体积分数约为 25% 的各向同性醋酸纤维素薄膜,在 12.8 μm 厚度下对可见光的反射率达到 94%。这项工作或许将引起关于各向异性对于散射贡献的进一步讨论。

白色结构色作为一种特殊的结构色,对它的研究至今已有 100 多年历史,从自然界中获取结构设计灵感,制备具有高效可见光散射能力的聚合物超白表面,有望替代传统白色涂料中纳米无机颗粒的使用。虽然在超白理论及超白表面制备上已取得较大的研究进展,但相关理论仍不能有效地指导超白表面的设计与制备,因此,对高效散射结构及其相应光学性能的阐释仍需更深入的研究。

参考文献

[1] Gadow D H. On the colour of feathers as affected by their structure[J]. Proceedings of the Zoological Society of London, 1882, 50(3): 409-422.

[2] Mason C W. Structural colors in insects. I[J]. The Journal of Physical Chemistry, 1926, 30(3): 383-395.

[3] Shi H B, Magaye R, Castranova V, et al. Titanium dioxide nanoparticles: A review of current toxicological data[J]. Particle and Fibre Toxicology, 2013, 10: 15.

[4] Igic B, D'Alba L, Shawkey M D. Fifty shades of white: How white feather brightness differs among species[J]. The Science Nature, 2018, 105(3/4): 18.

[5] Bell G R R, Mäthger L M, Gao M, et al. Diffuse white structural coloration from multilayer reflectors in a squid[J]. Advanced Materials (Deerfield Beach, Fla), 2014, 26(25): 4352-4356.

[6] Mäthger L M, Senft S L, Gao M, et al. Bright white scattering from protein spheres in color changing, flexible cuttlefish skin[J]. Advanced Functional Materials, 2013, 23(32): 3980-3989.

[7] Gur D, Leshem B, Oron D, et al. The structural basis for enhanced silver reflectance in Koi fish scale and skin[J]. Journal of the American Chemical Society, 2014, 136(49): 17236-17242.

[8] Ghoshal A, Eck E, Gordon M, et al. Wavelength-specific forward scattering of light by Bragg-reflective iridocytes in giant clams[J]. Journal of the Royal Society, Interface, 2016, 13(120): 20160285.

[9] Ghoshal A, Eck E, Morse D E. Biological analogs of RGB pixelation yield white coloration in giant clams[J]. Optica, 2016, 3(1): 108-111.

[10] Luke S M, Hallam B T, Vukusic P. Structural optimization for broadband scattering in several ultra-thin white beetle scales[J]. Applied Optics, 2010, 49(22): 4246-4254.

[11] Vukusic P, Hallam B, Noyes J. Brilliant whiteness in ultrathin beetle scales[J]. Science, 2007, 315(5810): 348.

[12] Burresi M, Cortese L, Pattelli L, et al. Bright-white beetle scales optimise multiple scattering of light[J]. Scientific Reports, 2014, 4: 6075.

[13] Shi N N, Tsai C C, Camino F, et al. Keeping cool: Enhanced optical reflection and radiative heat dissipation in Saharan silver ants[J]. Science, 2015, 349(6245): 298 – 301.

[14] Vukusic P, Kelly R, Hooper I. A biological sub-micron thickness optical broadband reflector characterized using both light and microwaves[J]. Journal of the Royal Society, Interface, 2009, 6(Suppl 2): S193 – S201.

[15] McKenzie D, Large M. Multilayer reflectors in animals using green and gold beetles as contrasting examples[J]. The Journal of Experimental Biology, 1998, 201(Pt 9): 1307 – 1313.

[16] Holt A L, Sweeney A M, Johnsen S, et al. A highly distributed Bragg stack with unique geometry provides effective camouflage for Loliginid squid eyes[J]. Journal of the Royal Society Interface, 2011, 8(63): 1386 – 1399.

[17] Cortese L, Pattelli L, Utel F, et al. Anisotropic light transport in white beetle scales[J]. Advanced Optical Materials, 2015, 3(10): 1337 – 1341.

[18] Wilts B D, Sheng X Y, Holler M, et al. Evolutionary-optimized photonic network structure in white beetle wing scales[J]. Advanced Materials (Deerfield Beach, Fla), 2018, 30 (19): e1702057.

[19] Meiers D T, Heep M C, von Freymann G. Invited Article: Bragg stacks with tailored disorder create brilliant whiteness[J]. APL Photonics, 2018, 3(10): 100802.

[20] Stavenga D G, Stowe S, Siebke K, et al. Butterfly wing colours: Scale beads make white pierid wings brighter[J]. Proceedings Biological Sciences, 2004, 271(1548): 1577 – 1584.

[21] Wilts B D, Wijnen B, Leertouwer H L, et al. Extreme refractive index wing scale beads containing dense pterin pigments cause the bright colors of pierid butterflies[J]. Advanced Optical Materials, 2017, 5(3): 1600879.

[22] Ge D T, Wu G X, Yang L L, et al. Varying and unchanging whiteness on the wings of dusk-active and shade-inhabiting *Carystoides escalantei* butterflies[J]. Proceedings of the National Academy of Sciences of the United States of America, 2017, 114(28): 7379 – 7384.

[23] Choi S H, Kim S W, Ku Z, et al. Anderson light localization in biological nanostructures of native silk[J]. Nature Communications, 2018, 9: 452.

[24] Shi N N, Tsai C C, Carter M J, et al. Nanostructured fibers as a versatile photonic platform: Radiative cooling and waveguiding through transverse Anderson localization[J]. Light: Science & Applications, 2018, 7: 37.

[25] Nixon M R, Orr A G, Vukusic P. Covert linear polarization signatures from brilliant white two-dimensional disordered wing structures of the phoenix damselfly[J]. Journal of the Royal Society, Interface, 2017, 14(130): 20170036.

[26] Auger J C, Stout B. Dependent light scattering in white paint films: Clarification and application of the theoretical concepts[J]. Journal of Coatings Technology and Research, 2012, 9(3): 287 – 295.

[27] Zou W Z, Pattelli L, Guo J, et al. Biomimetic polymer film with brilliant brightness using a one-step water vapor-induced phase separation method[J]. Advanced Functional Materials, 2019, 29 (23): 1808885.

[28] Durian D J. Influence of boundary reflection and refraction on diffusive photon transport[J]. Physical Review E, 1994, 50(2): 857 – 866.

[29] van der Mark M B, van Albada M P, Lagendijk A. Light scattering in strongly scattering media: Multiple scattering and weak localization[J]. Physical Review B, Condensed Matter, 1988, 37 (7): 3575 – 3592.

[30] Haskell R C, Svaasand L O, Tsay T T, et al. Boundary conditions for the diffusion equation in

radiative transfer[J]. Journal of the Optical Society of America A, Optics, Image Science, and Vision, 1994, 11(10): 2727 - 2741.

[31] Syurik J, Jacucci G, Onelli O D, et al. Bio-inspired highly scattering networks via polymer phase separation[J]. Advanced Functional Materials, 2018, 28(24): 1706901.

[32] Mandal J, Fu Y K, Overvig A C, et al. Hierarchically porous polymer coatings for highly efficient passive daytime radiative cooling[J]. Science, 2018, 362(6412): 315 - 319.

[33] Trebino R, DeLong K W, Fittinghoff D N, et al. Measuring ultrashort laser pulses in the time-frequency domain using frequency-resolved optical gating[J]. Review of Scientific Instruments, 1997, 68(9): 3277 - 3295.

[34] Contini D, Martelli F, Zaccanti G. Photon migration through a turbid slab described by a model based on diffusion approximation. I. Theory[J]. Applied Optics, 1997, 36(19): 4587 - 4599.

[35] Yip J, Ng S P, Wong K H. Brilliant whiteness surfaces from electrospun nanofiber webs[J]. Textile Research Journal, 2009, 79(9): 771 - 779.

[36] Wu J, Meredith J C. Assembly of chitin nanofibers into porous biomimetic structures via freeze drying[J]. ACS Macro Letters, 2014, 3(2): 185 - 190.

[37] Toivonen M S, Onelli O D, Jacucci G, et al. Anomalous-diffusion-assisted brightness in white cellulose nanofibril membranes [J]. Advanced Materials (Deerfield Beach, Fla), 2018, 30 (16): e1704050.

[38] Wang M, Ye X Y, Wan X, et al. Brilliant white polystyrene microsphere film as a diffuse back reflector for solar cells[J]. Materials Letters, 2015, 148: 122 - 125.

[39] Caixeiro S, Peruzzo M, Onelli O D, et al. Disordered cellulose-based nanostructures for enhanced light scattering[J]. ACS Applied Materials & Interfaces, 2017, 9(9): 7885 - 7890.

[40] Syurik J, Siddique R H, Dollmann A, et al. Bio-inspired, large scale, highly-scattering films for nanoparticle-alternative white surfaces[J]. Scientific Reports, 2017, 7: 46637.

[41] Toster J, Iyer K S, Xiang W C, et al. Diatom frustules as light traps enhance DSSC efficiency[J]. Nanoscale, 2013, 5(3): 873 - 876.

[42] Huang Z J, Yang S, Zhang H, et al. Replication of leaf surface structures for light harvesting[J]. Scientific Reports, 2015, 5: 14281.

[43] Ye C Q, Li M Z, Hu J P, et al. Highly reflective superhydrophobic white coating inspired by poplar leaf hairs toward an effective "cool roof"[J]. Energy & Environmental Science, 2011, 4 (9): 3364 - 3367.

[44] Teyssier J, Saenko S V, van der Marel D, et al. Photonic crystals cause active colour change in chameleons[J]. Nature Communications, 2015, 6: 6368.

[45] Zeng S S, Zhang D Y, Huang W H, et al. Bio-inspired sensitive and reversible mechanochromisms via strain-dependent cracks and folds[J]. Nature Communications, 2016, 7: 11802.

[46] Mahulikar S P, Sonawane H R, Rao G A. Infrared signature studies of aerospace vehicles[J]. Progress in Aerospace Sciences, 2007, 43(7/8): 218 - 245.

[47] Schroeder T B H, Houghtaling J, Wilts B D, et al. It's not a bug, it's a feature: Functional materials in insects[J]. Advanced Materials (Deerfield Beach, Fla), 2018, 30(19): e1705322.

[48] Zhao B, Hu M K, Ao X Z, et al. Radiative cooling: A review of fundamentals, materials, applications, and prospects[J]. Applied Energy, 2019, 236: 489 - 513.

[49] Hossain M M, Gu M. Radiative cooling: Principles, progress, and potentials[J]. Advanced Science (Weinheim, Baden-Wurttemberg, Germany), 2016, 3(7): 1500360.

[50] Raman A P, Anoma M A, Zhu L X, et al. Passive radiative cooling below ambient air

temperature under direct sunlight[J]. Nature, 2014, 515(7528): 540 - 544.

[51] Utel F, Cortese L, Wiersma D S, et al. Optimized white reflectance in photonic-network structures[J]. Advanced Optical Materials, 2019, 7(18): 1900043.

[52] Jacucci G, Bertolotti J, Vignolini S. Role of anisotropy and refractive index in scattering and whiteness optimization[J]. Advanced Optical Materials, 2019, 7(23): 1900980.

[53] Burg S L, Washington A, Coles D M, et al. Liquid-liquid phase separation morphologies in ultra-white beetle scales and a synthetic equivalent[J]. Communications Chemistry, 2019, 2: 100.

Chapter 8

环保节能绿色的聚烯烃

杨文泓　孙文华

中国科学院化学研究所

8.1 引言

2018 年 11 月 20 日路透社报道了在印度尼西亚海边搁浅的抹香鲸尸体，发现其胃里充斥着大量的塑料垃圾。之后，在 2019 年 9 月 23 日联合国气候行动峰会上，16 岁的瑞典环保青年格蕾塔·通贝里（Greta Thunberg）发表了激进的演讲，对塑料造成的白色污染进行了抨击。两则新闻，无论是环境问题还是海洋生物所受的威胁，都给目前塑料工业造成了巨大的负面影响。事实上，塑料的发明与使用是社会文明发展的重要体现，是提高人们生活质量和保护自然环境的重要且有效途径。在塑料材料中，应用广泛和潜力巨大的一类是聚烯烃树脂。聚烯烃市场规模不断扩大的基础在于"制备成本低、结构简单、材料稳定、相对密度小、耐酸碱和易加工"。因此，在聚烯烃的制备过程中，会优选具有高效聚合同时废弃副产物又少的反应。聚烯烃的结构为单纯的碳氢饱和键，这不仅使得材料在环境中稳定，而且在使用完后仍可以作为原材料裂解。整个循环过程并不会产生有毒的废气，也不会对环境造成负面影响。聚烯烃材料的出现，替代了无机材料在交通工具、建筑与家居材料以及工程建设等领域的使用。这本身就减少了加工和运输的能耗，而且作为良好的包装材料直接减少了木材的使用和自然资源的消耗，无疑是符合现代社会对于环保、节能和绿色发展的理念。目前，国际上追求的是新型聚烯烃材料，能否通过调控设计聚烯烃的结构，来满足不断提升的材料性能需求，一直是科学界关注的焦点。聚烯烃产业发展状况代表了一个国家石化技术的水平和影响力，因此，世界各国的著名石化企业都在加强相关技术改良，有望进一步提升其材料性能和应用范围，实现提高人们生活品质和保护地球资源的双重目标。

8.2 聚烯烃材料概述

聚烯烃，英文名为 polyolefin，简称 PO，是烯烃的均聚物和共聚物的总称，主要包括聚乙烯（polyethylene，PE）、聚丙烯（polypropylene，PP）、聚 1 -丁烯［poly（1 - butene）PB - 1］、聚 1 -己烯、聚 1 -辛烯、聚 4 -甲基- 1 -戊烯及其他烯烃类聚合物。聚烯烃树脂与橡胶、纤维一起组成了三大重要的合成高分子材料，其应用范围很广，从包装、农业、建筑等领域到汽车、电气及电子等下游行业均有涉猎，直接影响到国民经济的发展与国民消费水平的提高。

最早有关聚乙烯的报道是在 1900 年，Bamberger 从使用重氮甲烷进行的有机反应中获得了单纯亚甲基重复单元的化合物[1]，即重氮甲烷提供亚甲基单元进行了偶联反应，获得了聚亚甲基产物。聚亚甲基的结构与后来通过乙烯聚合的产物是相同的，由于乙烯聚合产物具有广泛的经济效益，故聚乙烯称谓被普遍接受。真正使用乙烯单体实现聚合是 20 世纪 30 年代，英国帝国化学工业（Imperial Chemical Industries，ICI）公司研究人员进行乙烯加压反应时，偶然地带进了少量氧气，从而引发了乙烯聚合；研究人员认真重复实验，并确定所得产物为乙烯的聚合物[2]。英国帝国化学工业公司利用该技术于 1939 年完成了百吨级工业生产。此时的聚乙烯树脂为氧引发下的高压聚合物，通常需要 100～300 MPa 的压力设备，所得产品含有一些长短支链，密度在 0.915～0.940 g/cm³，且分子量一般不超过五万，称作低密度聚乙烯。除英国 ICI 公司外，美国联合碳化物公司（Union Carbide Corporation，UCC）和杜邦（DuPont）公司也非常重视高分子材料技术的发展。由于聚乙烯是重要的战备物资，可以用作电缆和雷达绝缘材料，故这三家公司都在第二次世界大战期间参与生产聚乙烯树脂。

1953 年德国化学家齐格勒（Karl Ziegler）教授用烷基铝和四氯化钛作催化剂，可以将乙烯在低压下制成高密度聚乙烯，1955 年德国的赫斯特公司首先将该方法进行工业化。不久，意大利的吉利奥·纳塔（Giulio Natta）教授发现该催化剂可以用于丙烯的聚合，1957 年意大利蒙特卡蒂尼公司首先将该技术进行工业化。随着聚乙烯、聚丙烯等通用塑料的发展，生产原料也从煤转向了以石油为主，不仅保证了高分子化工原料的充分供应，也促进了石油化工的发展，使原料得以多层次利用，并创造更高的经济价值。1958 年至 1973 年聚烯烃树脂工业处于飞速发展期。在 20 世纪 70 年代又有了聚 1-丁烯和聚 4-甲基-1-戊烯投入生产，形成了世界产量最大的聚烯烃树脂系列，同时也出现了多品种的高性能工程塑料。1973 年后的 10 年间，能源危机影响了聚烯烃树脂工业的发展速度。从 1982 年开始复苏，以聚烯烃为主的树脂材料在世界的产量已经超过全部金属材料的产量。

自 1939 年聚乙烯开始工业化生产以来，聚烯烃的发展至今已有 80 年的历史。最初的烯烃采用醇脱水制备，20 世纪 50 年代，石油裂解制备烯烃技术极大地提升了石油化工产品的附加值，由烯烃聚合而成的聚烯烃具有优良的材料性能，使用过程中无毒且稳定性能高。目前，世界聚烯烃的消费量约占合成树脂总量的 65% 以上，全球聚烯烃产业需求持续呈现快速增长的趋势,其中以聚乙烯、聚丙烯最为典型。此外,还有一些具有特殊性能的聚烯烃品种,如高分子量高密度聚乙烯、聚 1-丁烯等,以及以乙烯为主要单体的各种共聚物,如乙烯-醋酸乙烯共聚物、乙烯-乙烯醇共聚物等。

8.2.1 聚乙烯、聚丙烯发展现状及趋势

聚乙烯与聚丙烯作为传统的聚烯烃树脂材料,在我们的生活与工业领域发挥着重要的、不可替代的作用。世界范围内,聚乙烯的需求从 2015 年的 8 810 万吨/年增加至 2020 年的 1.088 亿吨/年,年均增速高达 4.3%。截至目前,聚乙烯仍然是乙烯最大的下游消费市场。聚丙烯材料也以每年 4% 的生产速度继续增长,到 2020 年全球聚丙烯的总产能超过 8 800 万吨。图 8-1 为 2015—2020 年全球聚乙烯与聚丙烯的产能变化情况。

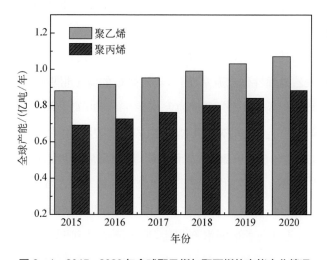

图 8-1 2015—2020 年全球聚乙烯与聚丙烯的产能变化情况

聚乙烯是乙烯经过聚合而得的均聚物,工业生产的聚乙烯主要包括低密度聚乙烯、高密度聚乙烯和线型低密度聚乙烯。

低密度聚乙烯(low density polyethylene,LDPE)是由乙烯单体在高压和高温的环境下,用氧或者过氧化物作为催化剂,通过自由基引发聚合而成的,因此又被称为高压聚乙烯。其产品弹性比较好,且呈半透明状,密度在 0.910~0.940 g/cm³,是世界上应用范围很广的塑料原料[3]。相对应的高密度聚乙烯(high density polyethylene,HDPE),

则是在齐格勒等催化剂催化下，在低压条件下聚合得到的产物，密度一般在0.940～0.976 g/cm³，所以也称为低压聚乙烯。线型低密度聚乙烯（linear low density polyethylene，LLDPE），是乙烯与少量高级 α-烯烃（如1-丁烯、1-己烯、1-辛烯和1-四甲基戊烯等）在催化剂作用下，经高压或低压聚合而成的一种共聚物，密度处于0.915～0.935 g/cm³。常规线型低密度聚乙烯的分子结构以其线性主链为特征，包含一些短支链，只有少量或没有长支链。由于长支链含量较少，聚合物保持了较高的结晶性。

近年来，聚乙烯中添加 α-烯烃作为共聚单体的共聚物也越来越多地被关注。随着中、高档薄膜产品的广泛应用，工业界趋向于以1-己烯和1-辛烯来代替1-丁烯作为共聚单体。原因在于以长链 α-烯烃所得的共聚产品，具有更好的拉伸强度、流变性、抗冲击性能。其中共聚单体的作用主要是降低密度、改善熔融指数，从而改善机械加工性能和耐热性能。世界不同地区所用共聚单体结构存在较大差异，也在很大程度上决定了不同地区聚乙烯产品的档次结构。高端聚烯烃生产主要集中在西欧、亚太和北美地区，而这些地区开发的聚乙烯新产品约94%采用C原子数在6以上的 α-烯烃作为共聚单体。

聚乙烯树脂根据其分子量，又可以分为低分子量的聚乙烯蜡、普通分子量的聚乙烯及超高分子量的聚乙烯弹性体。通常而言，聚乙烯蜡的分子量在1 500～5 000，是由乙烯齐聚所得的产物，其熔点随着分子量的大小在90～120 ℃之间变化，密度为0.930～0.980 g/cm³。目前工业上常用的聚乙烯蜡制备方法是采用高分子量的聚乙烯为原料，加入其他辅助材料，通过一系列解聚反应而制成。解聚反应是聚乙烯蜡生产中最关键的一环，整个过程在密闭的反应釜内进行。由于聚乙烯蜡与聚乙烯、聚丙烯、聚醋酸乙烯等烯烃聚合物均具有良好的相溶性，因此可以作为润滑剂，能够很好地改善聚烯烃材料的流动性和脱模性，并且与外部润滑剂相比，聚乙烯蜡具有更强的内部润滑作用。同时，还可以作为添加剂，在聚烯烃加工过程中，增加产品的光泽和增强产品的加工性能。

超高分子量聚乙烯（ultra-high molecular weight polyethylene，UHMWPE），通常是指分子量达到150万以上的聚乙烯树脂。超高分子量聚乙烯因其超高的分子量而具有常规聚乙烯以及其他工程塑料难以媲美的优异性能，如抗冲击性、自润滑性、耐磨损性及抗黏附能力等，因此广泛应用于机械、运输、包装等诸多领域。此外，由于其优异的生理惰性，可作为心脏瓣膜、矫形外科零件、人工关节等应用于临床医学。超高分子量聚乙烯存在的主要问题是熔融指数极低，熔点高、黏度大、流动性差而极难加工成型，因此通常需要改性或采用特殊的加工手段，一定程度上制约了其应用范围的扩张。近年来，超高分子量聚乙烯的加工技术有了重大突破,应用领域也不断扩大,下游制品行业快速发展,拉动原料树脂的需求快速增长。

聚丙烯是由丙烯在催化剂作用下通过聚合反应形成的聚合物,性状为白色蜡状,外观透明而质轻,密度为 $0.89\sim0.91$ g/cm³。1954 年,意大利教授 Giulio Natta 采用铝钛的氯化物作催化剂,首次将丙烯聚合成聚丙烯。之后,1957 年由意大利的蒙特卡蒂尼公司和美国赫克勒斯(Hecules)公司分别建立了聚丙烯生产装置。从 20 世纪 60 年代后期到 70 年代中期,聚丙烯进入大发展时期。而今,聚丙烯在合成树脂中的产量位居第二,仅低于聚乙烯。

与乙烯不同,丙烯由于多了一个甲基,因此聚丙烯的分子结构较聚乙烯要复杂得多。通常,根据高分子链的立体结构,可以将聚丙烯分为三种:等规聚丙烯（isotactic polypropylene,IPP）、间规聚丙烯（syndiotactic polypropylene,SPP）和无规聚丙烯（atactic polypropylene,APP）。如图 8-2 所示,等规聚丙烯是指分子链中的甲基在主链的同一侧,又称为全同立构聚丙烯。而间规聚丙烯则是指在其立体结构中甲基侧链交替规整地排列在主链两侧。无规聚丙烯,顾名思义,即主链上所连甲基呈无规则排列。由于在等规聚丙烯与间规聚丙烯中,分子的排列很规则,因此具有很好的结晶性。将两者的物化性质做比较,等规聚丙烯的刚性和硬度明显更高,而间规聚丙烯的抗冲击强度更大。无规聚丙烯是典型的非晶态高分子材料,内聚力较小,玻璃化温度低,常温下呈橡胶状态,高于 50 ℃时即可缓慢流动。通常,利用齐格勒-纳塔(Ziegler-Natta)催化剂所得的均为等规聚丙烯,间规聚丙烯则利用茂金属催化剂制得,无规聚丙烯早些年是作为等规聚丙烯制备过程中的副产物而存在,但现在,则是通过特殊工艺制备得到的,以发挥其独特的价值。聚丙烯作为无毒、无味、耐腐蚀、密度低的聚烯烃树脂,被广泛应用于汽车、服装、医疗器械、食药包装、建材、日用品等众多领域。

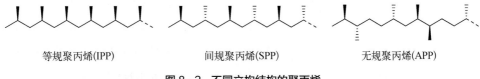

等规聚丙烯(IPP)　　　　间规聚丙烯(SPP)　　　　无规聚丙烯(APP)

图 8-2　不同立构结构的聚丙烯

在国内,近年来随着煤/甲醇制烯烃、丙烷脱氢等新原料合成路线的蓬勃发展,聚乙烯、聚丙烯的供应能力也随之大幅提升。截至 2018 年年底,中国聚乙烯产能达到约 1 835 万吨/年,新增产能约 115 万吨/年,2014 年至 2018 年的年均复合增长率为 4.91%。

同时,受下游包装、建材等应用需求增长的拉动,国内聚乙烯消费量保持了较快增长态势,特别是近年来电子商务的快速发展,拉动包装材料需求增长,对聚乙烯消费产生了巨大影响。在聚乙烯的表观消费量中,LDPE、LLDPE 和 HDPE 分别占 17%、41% 和 42%,其中,HDPE 已成为国内市场规模和进口量最大且进口依存度最高的品种。国内聚丙烯产业同样发展迅速,丙烯下游配套聚丙烯装置大量投产,很大程度上改变了国内聚丙烯市场供应格局。截至 2018 年年底,中国聚丙烯产能达到 2 258 万吨/年,其中,薄壁注塑、高抗冲共聚、纤维等行业,是目前聚丙烯下游消费的特色领域。由于新原料合成路线中聚丙烯装置投产初期产品多以拉丝料等大宗通用料为主,使得目前国内聚丙烯市场出现明显的结构性矛盾。通用料供应能力已基本能满足国内需求,甚至已有过剩趋势,竞争日趋激烈,而部分高端应用领域的专用料产品国内供应依然不足,需大量进口。从市场发展趋势看,随着下游消费结构升级,高端应用领域的专用料在今后一段时间内,仍有较好的市场发展前景,也是国内聚乙烯、聚丙烯企业产品结构转型升级、高端化、差异化发展的重要方向。

8.2.2 乙烯-醋酸乙烯酯共聚物(EVA)树脂发展现状及趋势

乙烯-醋酸乙烯酯共聚物(EVA)树脂是聚乙烯树脂中具有特殊性能的品种之一,由乙烯和醋酸乙烯在一定温度和高压下本体聚合而成,其中醋酸乙烯(VA)含量一般在 5%～40%,平均分子量为 10 000～30 000。乙烯-醋酸乙烯酯共聚物的生产工艺与低密度聚乙烯类似,但由于其在分子链中引入了 VA 单体,因而提高了聚合物的支化度,从而降低了结晶度,提高了柔韧性、抗冲击性、填料相容性和热密封性,使得产品在较宽的温度范围内具有良好的柔软性、耐冲击强度、耐环境应力开裂和光学性能,因此,EVA 树脂具有比低密度聚乙烯更为广泛的用途。

目前世界上专门用于生产 EVA 树脂的装置产能约 320 万吨/年,此外还有产能超过 800 万吨/年的 LDPE 装置可以兼产 EVA 产品,世界 EVA 树脂生产主要集中在西欧、北美和亚洲地区。受技术来源、工艺难度、资源、市场等因素影响,我国 EVA 树脂产业在过去较长时期内发展较为缓慢,但近年来国内 EVA 树脂供应呈现阶梯式增长,截至 2018 年年底,中国 EVA 产能达到 99.30 万吨/年,消费主要集中在发泡料、太阳能电池膜原料和电线电缆料等领域,其中,太阳能电池膜原料和电线电缆料是发展热点。

8.2.3　乙烯-乙烯醇共聚物（EVOH）树脂发展现状及趋势

乙烯-乙烯醇共聚物（EVOH，或称 EVAL）树脂是由乙烯与醋酸乙烯共聚后通过醇解反应得到的共聚物。该聚合物具有链式分子结构，结晶度较高，乙烯的含量通常在20%～40%。EVOH 与聚偏二氯乙烯（PVDC）、聚酰胺（PA）并称为三大阻隔树脂，是一种集乙烯聚合物良好的加工性能和乙烯醇聚合物的高气体阻隔性能于一体的新型高分子材料，具有高性能、低成本、低污染等优势，被广泛应用于包装、医用、纺织等材料领域。世界 EVOH 树脂生产发展较为缓慢，2020 年世界 EVOH 装置产能达到 17 万吨，实际需求 14 万吨，相对平稳。

EVOH 树脂属于行业进入门槛很高的寡头垄断行业，未来新增产能仍以现有生产商的扩能为主。自 1972 年日本可乐丽株式会社成功实现工业化后，目前 EVOH 树脂产业仍基本垄断在日本可乐丽株式会社、日本合成化学工业株式会社以及中国台湾长春石油化工股份有限公司三家企业手中，生产装置分布在美国、英国、日本、比利时和中国。目前，国内 EVOH 工业化生产尚处于空白，但对 EVOH 树脂的下游应用开发研究相对较早，不少厂家已具备了加工 EVOH 的能力，所需 EVOH 树脂基本依靠进口。据初步统计，2018 年国内 EVOH 需求量接近 1.2 万吨，其中阻隔性包装薄膜和共挤出塑料片材约占一半。由于 EVOH 树脂的生产工艺与聚乙烯醇（PVA）生产工艺类似，目前世界上 EVOH 生产商均为生产工艺领先的 PVA 生产商。对于国内 PVA 生产企业而言，在传统产品产能过剩严重、市场竞争激烈的新形势下，积极探索发展 EVOH 树脂的可行性和技术实现途径，是一个值得关注的方向。

8.2.4　聚 1-丁烯（PB-1）树脂发展现状及趋势

聚 1-丁烯（PB-1）树脂是以 1-丁烯为原料制得的一种高分子量、含有一定全同立构和结晶度的线性聚合物。聚 1-丁烯具有良好的机械性能，既有聚乙烯的冲击韧性，又有高于聚丙烯的耐环境应力开裂性能和出色的耐蠕变性能；热变形温度较高，耐热性良好，可在 -30～100 ℃范围内长期使用；具有良好的加工性能，且化学稳定性好，可直接用作饮用水管道材料。在常用的管道领域材料中，聚 1-丁烯被公认为是好的地暖管材。2018 年全球聚 1-丁烯树脂年产量和消费量在 12 万吨左右，消费主要集中在欧美、日韩等发达国家，主要用于新建住宅的地暖管材。由于产品价格较高，加之供应有限，在中国等发展中国家，聚 1-丁烯树脂应用普及率较低。

国外早在 1964 年就实现了高等规聚 1-丁烯树脂的工业化生产，但生产工艺被高度垄断。截至目前，仍只有德国巴塞尔(Basell)公司、日本三井物产株式会社和韩国爱康理美特公司三家公司拥有工业化生产装置。其中，巴塞尔公司是世界最大的聚 1-丁烯树脂生产企业。虽然国内的工业化生产能力迅速实现突破并大规模增长，但由于产品质量及稳定性与进口产品仍有一定差距，同时市场接受和认可也需要一定时间，因此，目前国内 PB-1 的需求仍主要依赖进口。随着国内城镇化进程加速，以及塑料管材产业的快速发展，作为一种优秀的塑料管材原料，聚 1-丁烯的开发、生产也将引起国内研究机构和生产企业的高度关注。

8.3 聚烯烃树脂催化剂

20 世纪 50 年代发展的两种乙烯聚合催化剂，改变了传统的高压、高温的聚合工艺，成为划时代的技术革命。其中，一种是载有氧化物的催化剂，包括美国的 Frank Phillips 石油公司(简称美国 Phillips 公司)筛选出的以金属氧化物(以硅胶或者硅胶与氧化铝作为载体)为负载的氧化铬催化剂[4]，以及 Standard 石油公司的氧化铝负载的氧化钼催化剂[5]。这类催化剂的聚合工艺大大降低了乙烯压力，可以使聚合反应在几个兆帕下的容器中进行，俗称中压聚乙烯工艺，在 20 世纪 60 年代两者都获得工业化生产。另一种催化剂是在烷基铝和氯化钛共同作用下，在常压或低压下催化烯烃聚合，最初由德国有机金属化学家 K. Ziegler 发现，利用 $TiCl_4/AlEt_3$ 催化剂催化乙烯聚合[6]，随后意大利化学家 G. Natta 启动丙烯聚合研究[7,8]，利用该催化剂体系很快实现了工业聚丙烯的生产。该低压乙烯聚合催化剂被广泛称为 Ziegler-Natta 催化剂。由于此类催化剂的发现，民用聚烯烃产业得到了快速推广，产生了巨大的社会影响力和市场价值。因此在 1963 年，Ziegler 教授和 Natta 教授共同分享了当年的诺贝尔化学奖。无论是在负载金属氧化物催化剂还是 Ziegler-Natta 催化剂的作用下，所生产的聚乙烯都仅有少量的短支链，密度在 $0.940\sim0.970\ g/cm^3$，这类聚乙烯被称作高密度聚乙烯。与氧引发聚合所得的低密度聚乙烯相比，它们有更高的结晶度和硬度，熔融温度也有了极大的提高，因而扩大了材料应用的范围。

同样在 20 世纪 50 年代,Natta 和 Breslow 等发现金属钛与环戊二烯配位后在烷基铝作用下(Cp$_2$TiCl$_2$/AlEt$_2$Cl)可以催化乙烯进行聚合,但当时的催化活性较低,并未受到重视。由于 Ziegler - Natta 催化体系可以与水发生强烈的反应生成水解产物,而失去催化聚合活性,因此长期以来人们一直认为水会使该催化体系"中毒"。偶然的机会,1973 年 Reichert 和 Meyer 发现向 Cp$_2$TiCl$_2$/AlEt$_2$Cl 催化体系中加入少量水不但没有使催化剂"中毒"失去活性,反而大大增加了催化乙烯聚合的活性[9]。随后,1978 年德国化学家 Kaminsky 发现烷基铝与水反应形成的是一种结构特殊的化合物——甲基铝氧烷(methylaluminoxane,MAO),而该化合物可以作为助催化剂与 Cp$_2$ZrCl$_2$ 催化体系相结合,对乙烯和丙烯聚合表现出惊人的聚合活性[10-12]。而后,此类催化体系便引起了大家广泛的关注。通常,由过渡金属(如钛、锆、铪)或稀土金属和至少一个环戊二烯或环戊二烯衍生物(如取代环戊二烯、茚基、芴基)配位组成的有机金属配合物,统称为茂金属催化剂。茂金属催化剂的成功开发使聚烯烃工业发生了革命性的变革。经过近 40 年的研究,茂金属催化剂无论在基础理论研究还是在应用开发方面都取得了重大进展,也使聚烯烃工业有了新的突破。

随着茂金属催化剂的发展,人们了解到环戊二烯基团在整个催化过程中可以起到调解反应活性反中心的空间位阻效应与电子效应的作用,从而使茂金属催化剂具有单活性反应中心的特点。其实,这并不是茂配体所独有的,许多非茂配体同样也能起到类似的作用,因此便衍生出一系列新型单活性反应中心烯烃聚合催化剂,尽管此类催化剂并不包含环烯烃结构,在助催化剂甲基铝氧烷的作用下,依然可以很好地催化烯烃聚合。由于此类催化剂出现的时间在茂金属催化剂之后,并且配合物的中心金属多以铁、钴、镍等后过渡金属为主,因此把它们统称为后茂烯烃催化剂或者后过渡金属烯烃催化剂。后过渡金属烯烃催化剂是继 Ziegler - Natta 催化剂和茂金属催化剂之后近年来兴起的一类新型烯烃聚合催化剂。这类催化剂不仅具有与茂金属催化剂相似的特点,还具有茂金属催化剂所不具备的一些优点,从而引起了国内外科学家和各大工业界的广泛兴趣。更重要的一点是,这类催化剂受国外知识产权的限制较小,有利于我们开发具有自主知识产权的新型烯烃聚合催化剂。

8.3.1 铬系(Phillips)催化剂

负载铬系催化剂是由美国 Phillips 公司设在俄克拉何马州的研究室成员 J. P.

Hogan 和 R. L. Banks 于 1951 年发明的，并且由该公司于 1955 年实现连续法工业生产，因此又称为 Phillips 催化剂[4, 13]。该催化剂是无机铬或有机铬化合物负载到无定型载体(如硅胶或者二氧化硅与氧化铝复合的颗粒)上制备而成的。通常采用硅胶颗粒悬浮在溶剂中，加入水溶性良好的铬酸铵，获得硅球吸附了三氧化二铬的颗粒，然后高温焙烧获得具有催化聚合活性的铬系催化剂[14]，如图 8-3 所示。其中铬在负载催化剂中的负载质量比为 0.2%～2%，但只有一小部分的铬具有聚合活性。

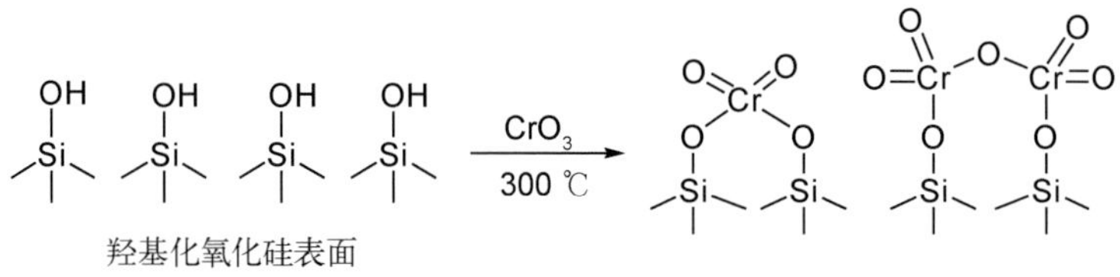

图 8-3　氧化铬在硅胶载体表面的负载

负载铬系催化剂(Cr/SiO$_2$)催化生产的聚乙烯为高密度聚乙烯(HDPE)，产品具有较宽的分子量分布，在满足材料性能要求的同时，具有良好的加工性能，备受成品制造者的青睐。目前，世界聚乙烯总量的三分之一以上是由铬系催化剂催化制得的。尽管该催化体系在聚烯烃工业中具有重要的地位，也有大量的理论和应用研究，但依然有很多争论，且争议的内容从该催化剂的发现以来就一直存在，包括该催化剂活性中心的价态、催化聚合的反应机理、催化剂本身的分子结构[15]。

普遍认为，氧化铬在热活化过程中与载体上的羟基发生酯化反应形成六价态的铬酸酯化合物，而铬 Cr(Ⅵ)的存在形式，随着硅胶载体的种类和铬化合物的负载量，在铬酸酯、重铬酸酯或聚铬酸酯之间变化。不同价态的铬，颜色是不同的，六价铬是橘红色的，三价铬是绿色的，实验表明，CrO$_3$(六价铬)在超过 200 ℃处理时很容易转化为低价铬；而实际操作中，工业铬系催化剂使用前都是需要焙烧处理才能充分发挥其催化聚合活性，因此，三价态的 Cr$_2$O$_3$ 是铬系催化剂表面较为明确的存在形式，特别是在加热速率比较快、催化剂铬化合物负载量比较高的时候。同时，研究还发现在负载铬系催化剂部分还原时，会出现很强的电子自旋共振谱(electron spin resonance spectroscopy，ESRS)信号，部分学者认为这是五价态的 Cr(Ⅴ)以独立的离子形式存在的证据，而其他学者则认为该信号是六价铬(Ⅵ)与三价铬(Ⅲ)混合的结果。大量的研究证实铬离子变价转化比较容易，考虑到进行乙烯聚合反应是一个相对强的还原气氛，因此，科学家使用光谱跟踪验证了使用一氧化碳还原后的 Cr/SiO₂ 催化剂，发现 Cr(Ⅱ)是主要的组成部分[16]。可以看到，负载铬系催化剂的中心金属 Cr 有多种不同的价态，且高价态与低价态之间可以相互转化(图 8-4)。商业上利用 CO 还原作用下的 Cr(Ⅵ)/SiO₂ 催化剂来生产烯烃聚合物，那么我们是否可以认为 Cr(Ⅱ)是该催化剂的活性前驱体呢？由 X 射线光电子能谱(X-ray photoelectron spectroscopy, XPS)实验的结果发现，当催化剂与乙烯单体接触时，铬系催化剂的氧化态有可能会发生进一步转变，转变为 Cr(Ⅲ)抑或是 Cr(Ⅳ)。目前，大部分学者认为 Cr(Ⅳ)是被聚合起始阶段的烯烃氧化成的合理价态。

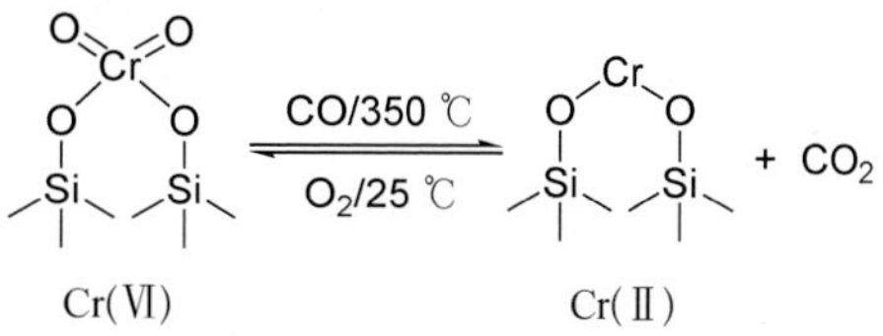

图 8-4 六价铬与二价铬之间的氧化还原过程

有关铬系催化剂的聚合机理，普遍认为遵循经典的 Cossee-Arlman 单金属机理[17-20]。首先乙烯在还原气氛下，将高氧化态铬还原成低氧化态铬，通过配位吸附乙烯并转化为烷基或者氢在 Cr 中心上成键，形成催化中间体。单体乙烯进一步与 Cr 中心配位形成 π 配位体，通过四元环的过渡态，发生持续乙烯插入反应形成长链聚乙烯，如图 8-5 所示。同时，新的配位乙烯单体也可以发生氢迁移到聚乙烯链的过程，最终产生聚乙烯及新的烷基铬催化中间体。新的催化中间体可以进一步与催化乙烯聚合反应。

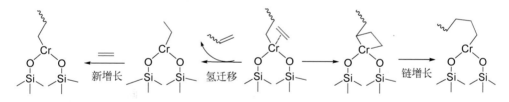

图 8-5 Cr/SiO₂ 催化乙烯聚合的 Cossee-Arlman 单金属机理

铬系催化剂不需要烷基金属助催化剂就可以直接实现乙烯聚合，那么催化剂是如何铬烷基(或氢)化形成中间体，并满足进一步的乙烯插入反应的？在接近 60 年的研究中，人们依然没有找到明确的答案。目前具有代表性的解释有以下几种：一种解释是硅胶中羟基的氢转移到铬上，形成了铬氢键的催化中间体，然后与乙烯配位、发生插入反应形成"乙基铬"的烷基铬活性种，之后继续与乙烯发生链增长得到聚乙烯[21]，如图 8-6 所示。

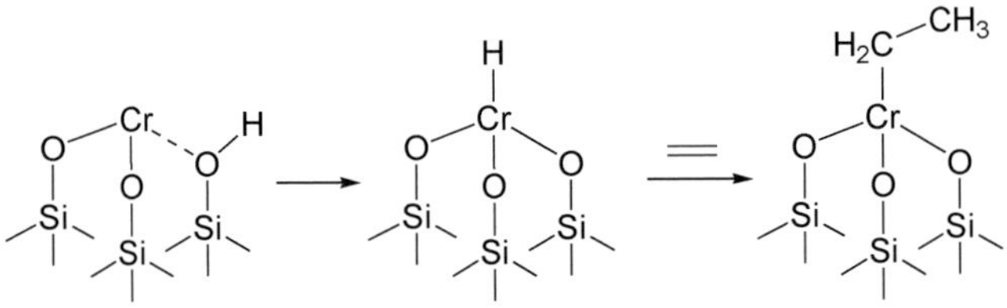

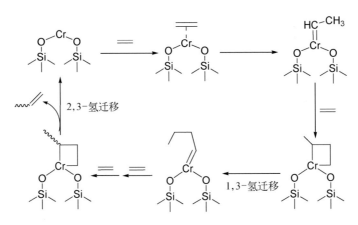

图 8-6 基于硅胶羟基氢引发的链增长

另一种机理解释是基于 Cr(Ⅱ) 与乙烯配位形成 Cr(Ⅳ) 的乙基卡宾铬化合物,再进一步与乙烯配位、插入形成铬杂环丁烷的过渡态。在 1,3-氢迁移后,形成新的烷基卡宾铬,乙烯不断配位插入进行链增长,如图 8-7 所示。链终止通过 2,3-氢迁移,得到端基含双键的聚乙烯产物,同时催化剂变为起始的 Cr(Ⅱ) 反应物[22]。

图 8-7 基于 Cr(Ⅳ) 烷基卡宾进行聚合的机理

除了生成长链的聚乙烯外,铬系催化剂可以选择性对乙烯催化进行二聚和三聚,得到丁烯和己烯,这个反应需要另一种机理来解释,即金属环中间体[23]。Cr(Ⅱ) 与两个乙烯配位插入形成铬杂戊烷中间体活性中心,如图 8-8 所示。由于受环张力影响,催化活性中心不能与更多的乙烯配位,使得产物主要集中于三聚的己烯。金属环中间体的机理可以很好地解释如下几个重要的信息:氢迁移形成端烯基中间体;丙烯基配位的催化中间体可以转化形成双键位移到内部的烷烃,造成无法清晰测得聚乙烯的双键位置。

目前,负载铬系催化剂仍然是工业界最常用的烯烃聚合催化剂,所生产的聚乙烯也占到整个市场的三分之一。显然,负载铬系催化剂具有非常广泛的实用价值及商业价值,未来工业界也会持续对其进行催化效率和性能的改良和提高。可惜,相比于铬系催化体系在工业界的巨大成功,在基础科学层面,仍然有很多未知有待去解决,这类基础研究任务显得更艰巨。目前计算化学作为有力的技术手段,对催化反应机理和催化中间体的研究,显示了强大的功能与作用,能否与实践结果相符以及吻合的程度仍然有待深入探索。

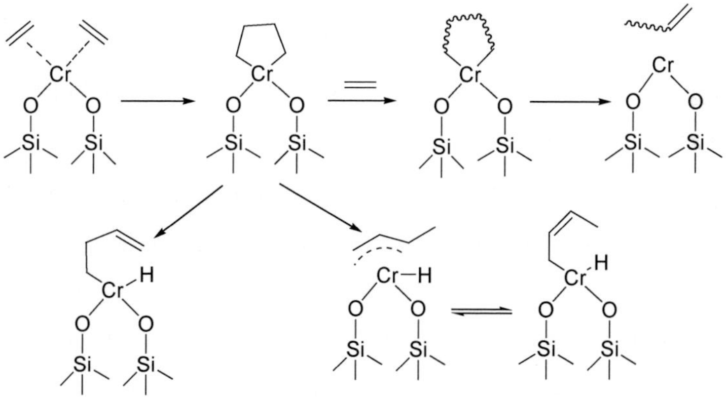

图 8-8　基于铬杂环烷基与丙酰基铬催化中间体的机理

8.3.2　钛系（Ziegler‑Natta）催化剂

Ziegler‑Natta(齐格勒-纳塔)催化剂是以第ⅣB～ⅧB族过渡金属为主催化剂、第ⅠA～ⅢA族的金属和烷基组成的烷基金属为助催化剂,用于 α-烯烃聚合的一类高效催化剂。名字来源于德国和意大利两位科学家的姓氏组合。可以毫不夸张地说,Ziegler‑Natta 催化剂是石油化工行业中最重要的催化剂体系,自 20 世纪 50 年代问世以来,经过不断研究和升级换代,其催化性能持续得到改进与提高,推动了聚烯烃工业的迅猛发展,聚烯烃生产规模不断扩大,高性能聚烯烃树脂层出不穷。Ziegler‑Natta 催化剂最早是在 1953 年,由德国化学家 Karl Ziegler 用钛系催化剂 $TiCl_4/AlEt_3$ 实现了乙烯的常温常压聚合,得到了高度线性的聚乙烯[24,25]。紧接着在 1954 年,意大利化学家 Giulio Natta 教授利用 $TiCl_3/AlEt_2Cl$ 体系催化丙烯聚合,首次得到了全同立构的聚丙烯[26,27],由此诞生了第一代 Ziegler‑Natta 催化剂。此时的催化剂虽相对以往的催化剂有了一定的突破,但是它的聚合活性与立体选择性满足不了工业的需求,并且反应产物里钛的残留量较多,需要脱除影响产品性能的无规产物和催化剂残渣的后处理工序。

很快在 20 世纪 60 年代,研究者提出了将 Lewis 碱(给电子体)加入 Ziegler‑Natta 催化剂体系中以提高聚合的催化活性与产物规整度。第二代 Ziegler‑Natta 催化剂体系中提出了添加给电子体的研究思路与方向,尽管催化剂的活性有了大幅度的提高,但催化剂中大部分的中心金属仍然是非活性的,催化聚合所得的聚烯烃中仍然保持了较高含量的催化剂残留,其中钛的残留会造成聚烯烃树脂有颜色,而氯的残留会使树脂容易降解和腐蚀。因此,所得聚烯烃通常需要洗掉无机盐灰分。不过给电子化合物的引入,对催化活性及立构选择性的提高,必将成为催化剂研究的一个重要领域。

科学研究中相同概念和主题研究间的启发是非常关键的,在 20 世纪 70 年代,有关学者借鉴了铬系催化剂负载的概念,采用了含羟基等功能基团的高比表面积载体对钛系催化剂进行负载,如 $MgCO_3$、SiO_2/Al_2O_3 等。制成的负载钛系催化剂活性获得极大的提高,使得催化聚合活性有了质的飞跃。当负载的 Ziegler‑Natta 催化剂工业化时,所得聚烯烃树脂中钛和氯的残留量均明显降低,在聚合工艺中免除了"脱色处理"工序,使得该催化体系真正进入烯烃聚合工业化生产的阶段[28]。因而,这类催化剂被称为"第三代 Ziegler‑Natta 催化剂"。

经过不断改进,催化剂的活性与聚合性能都已大幅度提升,烯烃催化的活性提高非常有限,已不是研究的重点。第四代的 Ziegler‑Natta 催化剂主要集中于新载体以及催化剂结构形态的研究。如开发出的 $MgCl_2/SiO_2$ 复合载体,这种载体具备球形形态,表现出颗粒反应器的性能,使得催化剂活性中心的负载分布更加均匀,合成的聚合物产品结构与加工性能也得到进一步提升。到 20 世纪 90 年代,利用内外给电子体的协同作用,对催化剂结构进行设计,制备特定性能的聚合物。相关的研究,测试了大量的脂肪族和芳香族的脂或醚,包括早期的琥珀酸,以及随后提出的二醚类、二醇酯类等。根据"给电子体"加入催化剂体系的顺序,分为"内给电子体"和"外给电子体"。前者是指制备载体催化剂时已经引入的,而后者则是在催化体系与载体催化剂共混时加入的。一般会采用脂或醚同时作内给电子体和外给电子体,也会有多种脂或醚给电子体。给电子体的作用是可以调节催化活性中心的电子效应,不仅可以极大地提高催化剂的活性与产率,同时,通过调控其结构,还可以达到对聚合物分子量、全同立构度、聚合物短链或长链分布的控制和性能的改善。尽管有人在发展给电子体催化剂体系中提出"第五代 Ziegler‑Natta 催化剂"的建议,其效果和科学本质仍然是第四代催化剂的范畴。虽然难说 Ziegler‑Natta 催化剂是"完美"的,但其催化活性和产物立构规整度确实已经达到极致。

对于 Ziegler‐Natta 催化剂催化乙烯聚合的机理，普遍被接受的是 1964 年 Cossee‐Arlman 提出的机理，如图 8‐5 所示。还有一个同样被接受的是 Green‐Rooney 机理[29, 30]，该机理认为金属活性中心周围有充分的空位进行配位，催化剂首先发生 α‐H 迁移，形成与铬系催化剂类似的烷基金属卡宾催化中间体，乙烯单体再与中心金属进行配位插入，并进一步成环进行链增长反应，最终获得长链聚乙烯（图 8‐9）。

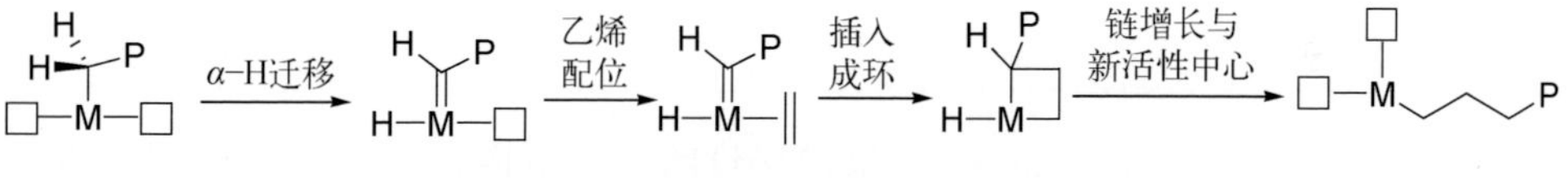

图 8‐9 乙烯聚合的 Green‐Rooney 机理

后来 Brookhart 和 Green 利用同位素标记研究发现，在以上两种聚合反应机理中，烷基链上 α 和 β 位碳原子所连的氢原子与中心金属存在相互作用，形成所谓的 α 或 β "抓氢键（agostic bond）"，该修正的机理即被称为"邻位抓氢键参与的乙烯聚合机理"[31, 32]，如图 8‐10 所示。

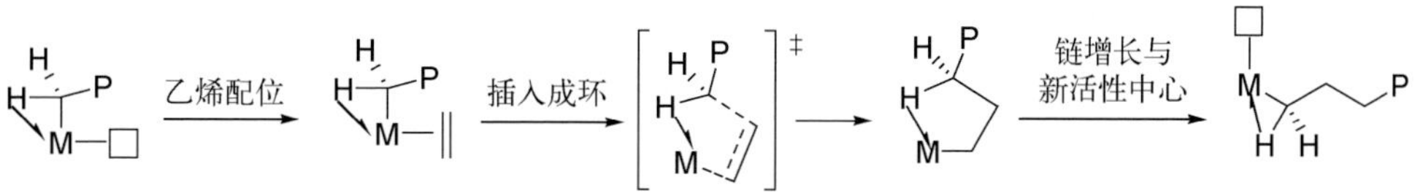

图 8‐10 α "抓氢键"参与的乙烯聚合机理

相比于乙烯，在丙烯参与聚合时，由于多了一个甲基在双键上，会有 1,2‐插入和 2,1‐插入两种聚合的位置选择性插入聚合方式，同时，考虑到甲基的立体选择性问题，就会产生不同结构的聚丙烯产物，包括等规聚丙烯、间规聚丙烯、无规聚丙烯，如图 8‐2 所示。在 Natta 催化剂催化丙烯聚合之前，负载铬系催化剂对丙烯进行聚合时，只获得了无规聚丙烯，材料很难固化而没有受到重视。Natta 催化剂使用钛催化剂催化丙烯聚合，获得等规聚丙烯，提高了所得聚烯烃的固化速率和强度。人们把最初重视催化剂活性的研究转到关注所得聚合物树脂的性能。针对聚烯烃树脂的高性能，有效的两个途径就是烯烃共聚和立体可控聚合，而立体可控聚合对于丙烯聚合更具实质意义。

8.3.3　锆系（metallocene）催化剂

早在 20 世纪 50 年代，Natta 和 Breslow 等就已经发现金属钛与环戊二烯配位的催化剂体系（Cp_2TiCl_2）可以催化乙烯进行聚合，但当时在烷基铝（$AlEt_2Cl$）作用下催化活性较低，并未受到重视。直到后来，Reichert 和 Meyer 发现向 $Cp_2TiCl_2/AlEt_2Cl$ 催化体系中加入少量水，可以大大增加催化乙烯聚合的活性。烷基铝与水反应形成的化合物甲基铝氧烷（MAO），作为助催化剂可以与 Cp_2ZrCl_2 催化体系相结合，对乙烯以及丙烯聚合表现出惊人的催化聚合活性。该结果在聚烯烃中具有里程碑意义，是非常重要的发现。在之后的 40 年里，MAO 的具体结构一直是未知的，普遍接受的观点是它是一种不同聚集态的氧桥联甲基铝簇合物[33]。后来，研究者就将此类由过渡金属（如钛、锆、铪）或稀土金属和至少一个环戊二烯或环戊二烯衍生物（如取代环戊二烯、茚基、芴基）配位组成的有机金属化合物，称之为茂金属催化剂。茂金属催化剂的成功开发使聚烯烃工业发生了革命性的变革，引发了茂金属催化剂催化烯烃聚合的集中研究与产业化发展，并且成为近二十年里高性能聚烯烃树脂研究与发展的推动力。

茂配合物催化剂体系中研究最多的是二茂锆化合物及其衍生物，这是由于在对乙烯和丙烯催化聚合时，二茂锆与甲基铝氧烷组成的催化体系比其同系物二茂钛与甲基铝氧烷组成的催化体系的催化活性都要高出两个数量级。不仅如此，茂基锆化合物更容易制备，且具有相对较好的溶解性。除了普通的二茂锆催化剂，还发展了不同桥联结构的茂锆化合物，其中，具有代表性的包括含有端烯基聚合性能，以及不同结构对称性的二茂锆化合物，见图 8-11。在合成这些二茂锆配合物的过程中，也合成了同族的钛和铪二茂金属配合物，在同等条件下对催化乙烯性能测试表明，茂锆配合物的聚合活性总是最高的[34]。虽然茂锆配合物的合成比茂钛配合物容易，但是，前过渡金属高价态的高亲氧性还是增加了合成的难度，使得合成的收率容易受到操作条件的影响。

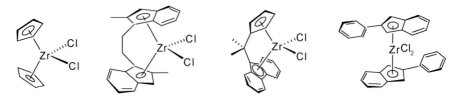

图 8-11　二茂锆催化剂的代表性模型

就催化乙烯的聚合活性而言，茂锆配合物与 Ziegler-Natta 催化剂不相上下。尽管茂锆配合物催化剂体系可以获得窄分子量分布的聚乙烯，但 Ziegler-Natta 催化剂也可以通过聚合条件的改变来控制所得聚乙烯的分子量。客观地讲，在乙烯聚合应用上，不论是催化活性还是所得聚合物结构，茂锆配合物并不占明显优势。而茂金属催化剂可以发挥其极致的特性，主要在于可控聚合和共聚合的实现。可控聚合是指茂锆配合物用于 α-烯烃聚合能够制备立体规整性不同的性能差异的聚烯烃树脂。比如，在对丙烯催化聚合时，由于聚丙烯材料中甲基的取向，会造成不同的立体规整性，除了图 8-2 所示的等规聚丙烯、间规聚丙烯、无规聚丙烯外，还有嵌段等规聚丙烯和立体嵌段聚丙烯（图 8-12）。而聚丙烯的空间构型将直接影响树脂材料的物化性能，如密度、熔点、结晶速率、结晶度、机械强度和拉伸强度等。在分子量相同的情况下，等规聚丙烯容易结晶成型，具有良好的耐热性和机械强度，可以用于制造塑料制品和容器；无规聚丙烯耐热性能差，结晶困难，呈现黏稠状或蜡状，在改性后可以用于制备改性沥青等。茂锆催化剂之所以可以立构可控聚合的主要原因是环戊二烯基团在整个催化过程中所起的空间位阻效应与电子效应的作用，使得茂金属催化剂具有单活性反应中心的特点。

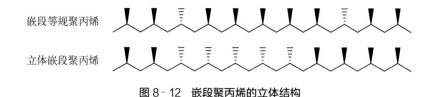

图 8-12　嵌段聚丙烯的立体结构

茂锆催化剂的另一特性是有效地催化乙烯与其他烯烃共聚。烯烃共聚是提高聚烯烃树脂材料性能的有效途径，如利用钒系催化剂催化乙丙共聚催化体系，以及 Ziegler-Natta 催化剂用于乙烯与 α-烯烃（1-丁烯、1-己烯和 1-辛烯等）的共聚。然而，钒系催化剂的催化效率要远低于茂金属催化剂，大有被茂金属催化剂取而代之的态势。Ziegler-Natta 催化剂催化乙烯与 α-烯烃的共聚是目前工业生产大品种线型低密度聚乙烯（LLDPE）的重要工艺，但是如果要提高树脂材料的机械和抗撕裂性能，就需要提高共聚树脂中 α-烯烃的共聚比例，不仅如此，还需要长链 α-烯烃（如辛烯或者癸烯）的有效共聚，而 Ziegler-Natta 催化剂很难做到这一点，需要茂金属催化剂解决。还有一种特殊的功能聚烯烃树脂也是由茂金属催化剂来聚合制备的，即乙烯与环烯烃（环戊烯或降冰片烯）共聚的工程塑料型聚烯烃树脂，该材料具有良好的透明性和抗撞击性能。

利用茂锆催化体系的共聚反应,制备了种类繁多的新型高性能聚烯烃树脂,使得茂金属催化剂获得学术界的广泛关注,也有多个品种实现了产业化应用。其中最值得推广和应用的高效茂金属催化剂是硅桥联四甲基茂基叔丁基胺化钛二氯化物(图8-13),

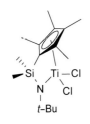

图8-13 限定几何构型的催化剂

即单茂桥联钛配合物催化剂,也被称为"限定几何构型催化剂"(constrained geometry catalysts, CGC)[35]。这个催化剂专利权最初归陶氏(DOW)化学公司所有(已过保护期),并与除中国外的世界聚烯烃大公司分享专利使用权。由于国际聚烯烃对高附加值市场的垄断且国内聚烯烃工程产业化能力不足,故目前国内还没有真正规模化使用茂金属催化剂制备高性能聚烯烃的装置运作。

8.4 后过渡金属配合物催化剂

在20世纪70年代,第三代Ziegler-Natta催化剂在催化活性上已经满足聚烯烃生产的需求,后续Ziegler-Natta催化剂的改进主要集中在内外给电子体对催化活性的提高与聚丙烯的规整性控制以及乙烯与α-烯烃的共聚性能研究上。茂金属催化剂在陶氏化学公司与埃克森美孚(Exxon-mobil)石油公司的两个催化剂体系建立之后,产业界一直致力于生产稳定性提高和满负荷运转保障上。虽然研究界的热点持续同时也伴有更多的热点被提出,都没有根本上改变聚烯烃产业界的认知,使得聚烯烃树脂产业达到了一个"天花板"状态。直到20世纪90年代中叶,美国Brookhart课题组使用α-二亚胺镍或钯配合物(图8-14A)将乙烯聚合所得聚乙烯分子量极大地提高[36],随后与英国Gibson课题组同期发现2,6-二亚胺吡啶的铁或钴配合物(图8-14B)催化乙烯聚合[37,38]。由于后过渡金属配合物制备简单且稳定性高,很快引起了学术界与产业界的广泛关注,各国都投入巨大的人力与物力,但是后过渡金属配合物催化剂体系的"耐热稳定性差"限制了其实际应用导致产业界很快失去研究热情;催化剂模型实质完善的困难和可炒作热点的降温,使得跟风的研究者们慢慢舍弃相关的研究。然而,科学研究就是打破"科学瓶颈"和跃上"技术的天花板",持续的研究还是提供了新型高效的金属配合物模型(图8-14C,D和E),呈现了具有实用价值的催化剂体系,不仅如此,所得聚乙烯树脂新颖的微观结构是以往催化剂体系所不能制备的,新型聚烯烃材料又开始吸引产业界的投入[39,40]。

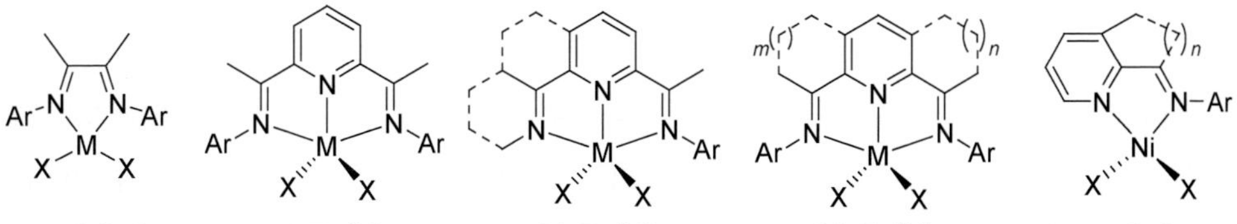

图 8-14　典型后过渡金属配合物催化剂模型

后过渡金属配合物催化烯烃聚合研究的突破口和意义,必然且应该集中在所得材料的性质与性能上。不同中心金属的配合物表现出各自特有的聚合性能:镍和钯配合物在催化乙烯聚合的过程中有更多氢转移,获得了高度支化的聚乙烯甚至是聚乙烯弹性体[39];铁和钴配合物催化乙烯聚合获得高度线性的聚合物,而且在分子量低的聚乙烯中能够观察到清晰的端双键,成为制备不同高级 α-烯烃的基石(作为新型长链共聚单体)和乙烯齐聚的高效催化剂[40]。

8.4.1　铁配合物催化乙烯制备 α-烯烃

α-烯烃指双键在分子链端部的单烯烃,化学式是 $R—CH＝CH_2$,其中 R 为烷基。当 R 为直链烷基时,则为直链 α-烯烃(LAO)。α-烯烃主要来源于石脑油裂解与乙烷裂解的产品,与乙烯进一步反应加工,最后通过闪蒸、蒸馏等工序提炼出的聚合级 α-烯烃。按照链的长度,α-烯烃可以应用在不同的领域:C4~C8 的短链可以作为共聚单体,稍长一些的 C8~C16 可以成为聚 α-烯烃(PAO)的原料,而 C14~C16 的 α-烯烃可以用于制备表面活性剂、醇等,C18~C24 及 C24 以上的 α-烯烃则可以作为润滑油添加剂、钻井液助剂、聚烯烃蜡等。α-烯烃对于聚烯烃产业有着至关重要的作用,它在聚烯烃弹性体(polyolefin elastomer,POE)、PAO、高端润滑油、包装膜材料、管材等领域都有着十分关键的应用,也是国产聚烯烃打破国外垄断的重要一步,未来也将积极探索高碳 α-烯烃在各个领域的应用与产品。

自 1977 年美国 UCC 公司采用乙烯和 α-烯烃共聚生产 LLDPE 以来,各大公司都积极在此领域开展研究工作，并取得迅猛的进步，在各类生产工艺陆续工业化的同时，为 α-烯烃用作共聚单体提供了广阔的市场空间。目前已经工业化的共聚单体有 1-丁烯、1-己烯和 1-辛烯。1-丁烯用作 LLDPE 与 HDPE 的共聚单体时，可以使共聚物的抗撕裂强度、抗冲击强度和使用寿命等性能得到明显的改善。共聚单体的含碳数越高，聚合物的综合性能就越佳。虽然目前由丁烯共聚得到的聚乙烯是全球生产量最大的 PE 品种，但由 1-己烯共聚得到的聚乙烯由于出色的性价比而成为当前增长最快的 PE 品种。国外公司生产开发的 PE 新产品约 94% 采用 1-己烯作为共聚单体，而 1-丁烯共聚产品仅占 4% 左右。但由于原料来源、技术等问题，国内 1-丁烯在较长时间内依然是应用最多的共聚单体原料。1-己烯及 1-辛烯与乙烯共聚生产的线型低密度聚乙烯（LLDPE）熔体强度大，具有良好的拉伸性能、抗冲击性能及耐环境应力开裂性能，可以明显改善聚乙烯的机械加工性能、耐热性、柔软性、透明性等。在改善 LLDPE 抗撕裂强度和破坏强度等方面，1-辛烯也明显优于其他 α-烯烃。此外，1-辛烯还被用来生产高、中密度聚乙烯管材，1-辛烯共聚的聚乙烯管材具有更好的韧性和更优异的抗蠕变性能等优势。在 1-辛烯及 1-辛烯与乙烯共聚的相关产品都处在国外垄断的情况下，国内生成 α-烯烃的产量与纯度均无法满足聚合生产的需求。截至 2018 年，全球生产 α-烯烃的厂家及产量如表 8-1 所示。

表 8-1　全球生产 α-烯烃的厂家及产量

工　厂　名　称	α-烯烃	生产量/（万吨/年）
壳牌（Shell）	C4～C20＋	167.5
雪佛龙（Chevron）股份有限公司	C4～C20＋	115.0
英力士（Ineos）	C6～C20＋	110.5
沙特基础工业公司（SABIC）	C4～C20＋	15.0
俄罗斯 Nizhnekamsk 石化公司	C4～C20＋	9.0
日本出光（Idemitsu）兴产株式会社	C4～C20＋	6.0
总计		423.0

注：数据来源于 Lubes-n-Greases，NACO estimates。

对于 1-己烯，2007 年，中国石油化工股份有限公司北京燕山分公司（简称燕山石化）凭借自身的技术实力，建成并投产了国内首套产量为 5 万吨/年的 1-己烯工业装置，并于 2008 年开车，成功生产了纯度满足聚合的 1-己烯单体。

对于乙烯齐聚，我国独立设计了 2-亚氨基邻菲咯啉铁配合物催化剂（图 8-15），催化乙烯聚合可以生成 C4～C20＋的 α-烯烃聚合物,且聚合产物中 C4～C14 的比例占到 80% 以上[40,41]。由于其优异的催化活性,且催化所得聚合产物高度线性和端双键保持的优异品质,该催化剂体系于 2009 年一次试车完成了 500 t 的中试生产。2021 年 9 月,中国石油化工集团有限公司(简称中国石化)在中国石油化工股份有限公司茂名分公司(简称茂名石化分公司)5 万吨装置上实现了国内首套 α-烯烃生产示范线并分离出合格产品,2021 年 11 月在天津建设 20 万吨乙烯齐聚装置。不仅打破了数十年来国际跨国石化公司在乙烯齐聚上的垄断,更关键地解决了我国高级润滑油的基础原料和高端聚烯烃所需共聚单体,而且是首个铁催化剂用于烯烃产业,体现了中国人的智慧。

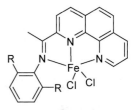

图 8-15 2-亚氨基邻菲啰啉铁配合物催化剂

8.4.2　铁/钴配合物催化乙烯制备聚乙烯蜡

聚乙烯蜡是一种聚烯烃合成蜡,主要是指分子量在 10 000 以下的低分子量聚乙烯,通常分子量范围在 1 000～8 000,熔点为 95 ℃左右,外观为白色或淡黄色块状、片状或粉末状固体。聚乙烯蜡的化学稳定性良好,并且具有软化点高、熔融黏度低、硬度高、耐磨性好、耐热性好及润滑性良好等优点。

目前,国内市场的聚乙烯蜡,主要作为添加剂、分散剂、加工剂应用到涂料、油漆、油墨,以及 PVC 管材、橡胶与其他种类的蜡及聚烯烃树脂中,以提高塑料加工的生产效率并改善成品的外观。尽管应用范围广,但用途常规,经济与社会效益明显偏低。相反,国际市场上聚乙烯蜡材料,则主要应用在高级润滑油、食品级聚乙烯蜡以及用于储能的相变材料等高端、高附加值领域。国内在相变材料领域的研究开始起步,中国石化的主要研发单位是抚顺石油化工研究院和南阳能源化工有限公司,但产品的相变温度较窄(70 ℃以下)。国内在高级合成润滑油与食品级蜡领域,都没有可以产业化生产的工艺与技术,国内市场对高端聚乙烯蜡材料均依赖国外进口。

目前商品聚乙烯蜡的生产方法可以分为三类:裂解法、分离聚乙烯生产时的副产物、聚合法。其中聚合法是利用乙烯单体通过直接聚合而得,由于所得的聚乙烯蜡分子量分布窄,分子量可控,因此性能优于其他两种方法。

据报道,2015 年全球共消耗合成蜡 91 万吨,其中美国和中国是最大的用户。美国消耗的合成蜡中约三分之二是通过聚合方法所得的产品,而中国依然大量使用裂解或分离副产物所得的聚乙烯蜡。由于国内没有合成聚乙烯蜡的产业化生产工艺与技术，目前每年进口聚乙烯蜡材料将近 3 万吨（国内售价约 3 万元/吨）。随着我国经济与社会的快速发展，对高档聚乙烯材料的需求在逐年增长，可以预见国内对高端聚乙烯蜡的进口量会越来越大。

最近，利用稠环取代的吡啶二亚胺铁/钴配合物（图 8-16），对乙烯进行催化聚合时可以得到聚乙烯蜡，并且通过微调催化剂的分子结构，可以实现对所得聚乙烯产品相对分子量的调控。同时所得聚乙烯蜡具有分子量分布窄、熔点高的特性[42]。此外，聚合分子链保持了高度的线性，且端基含有双键，可以进一步功能化以扩展其应用范围[43]，其中有些特制聚乙烯蜡还具有较高潜热能[40]。

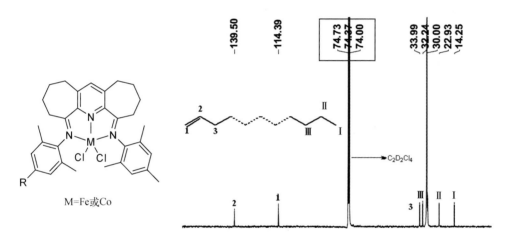

图 8-16　环庚烷取代的吡啶二亚胺铁/钴配合物催化剂以及聚合产物端双键结构的定量[13]C NMR 标定

8.4.3　镍配合物催化乙烯制备聚烯烃弹性体材料

聚烯烃弹性体（POE）主要是指具有窄分子量分布和均匀短支链分布的热塑性弹性体。目前这种弹性体主要是由美国的陶氏化学公司以茂金属为催化剂将乙烯和 α-烯烃通过原位聚合而得。由于其独特的分子结构，这种弹性体在很多方面的性能指标都超过了普通弹性体。聚乙烯链中的结晶区（树脂相）起物理交联点的作用，具有典型的塑料性能，加入一定量的 α-烯烃后，削弱了聚乙烯链的结晶区，形成了呈现橡胶弹性的无定型区（橡胶相），使产品又具有了弹性体的性质。POE 的分子主链结构与三元乙丙橡胶(ethylene-propylene-diene monomer，EPDM)类似，也为饱和结构。但是，POE 有更窄的分子量分布，使得其力学性能、流变性能更好，低温韧性和性价比也更有吸引力。POE 用于各种热塑性树脂和工程塑料等的改性和增韧时，可以保持较高的屈服强度和流动性，且易于加工。POE 有着极低的结晶度和分子密度，且分子量分布窄、玻璃化温度低，同时还有热稳定性高、加工性能好、可透明等优势。这些特性使得 POE 与聚烯烃有着良好的相容性、回弹性和柔韧性，因此 POE 将在各种行业都有着广泛的应用。

POE 的全球市场容量在 170 万吨以上，产品主要用于树脂增韧、汽车密封材料、电线电缆、医疗器械、家用电器和包装薄膜等领域。中国对 POE 的年需求量在 15 万～18 万吨，仍有较大发展潜力。目前国外汽车保险杠领域的共混改性已大部分采用 POE，而国内仅有 20% 左右的保险杠材料采用 POE。中国汽车制造、塑料制造的生产体量巨大，但对 POE 的应用率仍然较低，因此未来 POE 在中国仍有较大的发展潜力。POE 下游消费结构包括热塑性聚烯烃弹性体(thermoplastic polyolefin，TPO)终端、聚合物改性、电线电缆等，其中替代 EPDM 作为共混型 TPO 原料和聚合物改性是最主流的两大应用。生产共混型 TPO 是 POE 的最大应用领域。目前，在全球范围内，POE 已经替代了 70% 的 EPDM 用于制造共混型 TPO，只有在某些要求耐低温冲击性的领域才使用 EPDM。聚合物改性则是 POE 增长最快的应用领域。由于 POE 与聚烯烃相容性好，玻璃化温度低，断裂伸长率很大，非常适合其他高分子材料的增韧。目前针对 PP 的增韧改性是 POE 的重要应用之一，并且具有长期的发展潜力。当前生产 POE 的催化体系均为茂金属催化剂，工艺技术以陶氏化学公司开发的 Insite 溶液法聚合工艺以及埃克森美孚石油公司开发的 Exxpol 高压聚合技术为主。其他生产企业有日本三井、韩国 LG 和韩国 SK。

最近，利用二亚胺镍配合物的衍生物(图 8-17)催化乙烯单体时发现，可以得到含有高支化、高分子量且窄分子量分布的聚乙烯，并且在不添加任何其他 α-烯烃的情况下，所得聚乙烯材料的诸多性能均能达到商业 POE 产品的标准，如力学性能、流变性能、拉伸性能、回弹性能等[39,44]。此类镍配合物催化剂在聚烯烃弹性体方面，将具有良好的应用价值与市场前景。

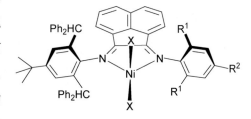

图 8-17　α-二亚胺镍配合物催化剂

利用后过渡金属铁、钴、镍的配合物催化剂所制备的聚乙烯树脂，结构新颖、性能优异，并且成本较低，在不久的将来会极大程度上影响新型高性能烯烃树脂材料的布局和发展，在帮助提高人们生活水平的同时，也将极大地减少对环境的污染和影响，相关的科学研究和产业化正在稳步进行中。

8.5　聚烯烃生产工艺

聚乙烯的生产技术按照产品的类型可以分为以下几类：一是在高压下，通过自引发或过氧化物引发聚合，用于生产低密度聚乙烯（LDPE），因此也被称为高压聚合；二是在相对较低的压力下，采用铬系催化剂、Ziegler‐Natta 催化剂或是茂金属催化剂，通过控制工艺条件可生产出密度为 $0.880\sim0.960\ \mathrm{g/cm^3}$ 的各类 PE，有时也称为低压聚合。

8.5.1　低密度聚乙烯（LDPE）生产工艺

生产 LDPE 主要有高压釜式法和管式法。管式法与釜式法两种工艺生产流程大体相同，工业化的 LDPE 装置通常由乙烯压缩系统、引发剂制备及注入系统、聚合器反应系统、分离系统、挤出造粒系统等部分组成。两种方法的不同主要在于反应器的形式不同，管式法主要以内径为 $25\sim64\ \mathrm{mm}$、长度在 $0.5\sim1.5\ \mathrm{km}$ 的长管盘旋而成，结构简单，制造和维修方便；而釜式法则是长径比为 $2:1\sim20:1$ 的反应釜，且有搅拌轴和挡板，结构较复杂，安装与维修困难。

其中管式法工艺主要包括：（1）德国巴塞尔（Basell）公司的 Lupotech 高压管式法工艺。该工艺除了可以生产 LDPE，还可生产醋酸乙烯（VA）质量分数高达 30% 的 EVA、丙烯酸乙酯质量分数高达 20% 的乙烯-丙烯酸乙酯共聚物。（2）荷兰皇家帝斯曼（DSM）公司的高压管式法工艺。该工艺的主要特点是使用混合的过氧化物引发剂，可得到较高的单程转化率、较低的峰温，反应管不易结焦，产品具有更好的光学性质。（3）美国埃克森美孚石油公司的管式法工艺。该工艺的特点是反应器采用多侧线进料口——两个单体侧线进料口、四个或更多的引发剂进料口，单程转化率可达 34%～36%；可生产 VA 含量达 28% 或更高的 EVA 产品。

釜式法工艺主要包括：（1）意大利埃尼（ENI）化学公司的釜式法工艺。该工艺与英国 ICI 公司相似，反应器为有内部搅拌器的多区反应器，而埃尼化学公司对釜式法工艺的主要改进体现为装置的大型化（理论上最大反应器可达 3 m³）和将产品范围扩大到线型低密度聚乙烯（LLDPE）、超低密度聚乙烯（ULDPE）和 EVA。（2）美国埃克森美孚石油公司的釜式法工艺。该工艺的反应器是埃克森美孚石油公司自行设计的 1.5 m³ 的釜式反应器，并替代了用氧气作引发剂的管式法反应器；反应器具有较高的长径比，有利于生产质量类似管式法工艺的薄膜产品；压力范围很宽，可生产低熔体流动速率的均聚物和高 VA 含量的共聚物。（3）美国等星（Equistar）化工公司的釜式法工艺。该工艺采用的引发剂可以是空气或有机过氧化物，生产的产品主要是挤出涂层料，LDPE 的长链支化和分子量分布可控。（4）英国 ICI 公司的釜式法工艺。该工艺利用在不同温度下操作的多个反应区来改进其基本设计，以便更好地控制最终聚合物的分子量分布和熔体流动速率，适宜生产差别化的产品牌号。

　　与釜式法生产工艺相比，管式法的单程转化率要高，反应的压力与温度也稍高，反应不易发生分解，同时，管式法的投资与操作费用低，因此，目前全球 LDPE 产能中以管式法为主，约占 65.3%。从未来发展看，新建装置基本上为管式法，只有建设以生产 EVA 为主的 LDPE 装置时，才考虑釜式法装置。管式法生产工艺所得聚乙烯的分子量分布较宽，支链较少，产品的光学性好，适于加工成薄膜；同时在共聚反应物中，VA 含量一般不超过 20%。相反，釜式法生产工艺中反应温度、压力均匀，且反应停留时间短，所以易形成有许多长支链的聚合物，产品的冲击强度较好，同时可生产高 VA 含量的 EVA，用于热熔胶和挤出涂覆等。

8.5.2　线型低密度与高密度聚乙烯（LDPE 和 HDPE）生产工艺

　　线型低密度聚乙烯的生产工艺以气相法为主，主要工艺包括：（1）美国陶氏化学公司的 Unipol 气相法工艺。该工艺主要的改进是采用冷凝态和超冷凝态聚合操作方式使反应器处理量增大；通过加大夹带段以下部分反应器长度使反应器的时空产率提高；不断改进 Ziegler‑Natta 催化剂，所得聚乙烯产品的密度为 0.890～0.965 g/cm³。目前世界范围内已建成 100 多套装置。（2）英国英力士（Ineos）公司的 Inovene 气相法工艺。该工艺使用单一的 Ziegler‑Natta 催化剂，能生产许多窄分子量分布的产品。该公司也开发了适宜采用铬系催化剂生产宽分子量分布的吹塑产品。该工艺中的催化剂对温度的反应相对温和,因而操作中流化床的热点和结块现象比较少。目前,世界范围内已建成 40 多套装置。(3) 德国巴塞尔(Basell)公司的 Spherilene 气相法工艺。该工艺采用钛系 Ziegler - Natta 催化剂,可以生产 $0.900 \text{ kg/cm}^3 > \rho > 0.960 \text{ kg/cm}^3$ 的多种产品。由于采用两台气相反应器,故可生产分子量呈双峰分布的聚乙烯和特种聚合物。目前,已有 10 套装置采用该工艺。

高密度聚乙烯生产工艺中以淤浆法为主,主要工艺包括:(1) 美国 Phillips 公司的淤浆法工艺。该工艺采用环管反应器,可以生产密度为 $0.918 \sim 0.970 \text{ g/cm}^3$ 的乙烯均聚物和共聚物。近年来,美国 Phillips 公司主要改进它的铬系催化剂,且开发了茂金属催化剂,使用双中心催化剂或混合催化剂在一个反应器中生产双峰聚乙烯树脂。全世界约 33% 的 HDPE 装置采用该技术。(2) 日本三井化学株式会社的低压淤浆法 CX 工艺。该工艺可生产相对分子质量分布窄或宽的产品,既可生产 HDPE 和 MDPE,还可生产双峰树脂。目前,全球有 40 条生产线在投运或建设中。(3) 北欧化工 (Borealis) 的 Borstar 工艺。该工艺采用环管浆液反应器和气相流化床反应器串联设计,使用其专有的 Ziegler - Natta 催化剂,可以生产全密度范围($0.922 \sim 0.960 \text{ g/cm}^3$)的 LLDPE 和 HDPE,其产品都是以 1 - 丁烯作为共聚单体,有更好的耐环境应力开裂性能、机械强度和加工性能,特别适用于生产耐压管的树脂。(4) 德国 Basell 公司的 Hostalen 淤浆工艺。该工艺采用改进的钛系 Ziegler - Natta 催化剂,可生产相对分子质量分布曲线呈单峰和双峰的 HDPE。目前,在全球已有近 45 条生产线在运转或建设中。

除了气相法与淤浆法以外,溶液法也占有一席之地,其主要工艺包括:(1) 美国 Dow 化学公司的 Dowlex 低压溶液法工艺。该工艺一般采用两个串联的反应器,反应停留时间短,单程转化率可超过 90%,但是排放的废物比气相法多。由于该工艺使用较重的溶剂,因此操作压力是所有溶液法工艺中最低的。(2) 加拿大诺瓦(Nova)化学公司的 Sclairtech 溶液法工艺。该先进工艺使用专有的高活性 Ziegler - Natta 催化剂,通过在双反应器中强力搅拌,可生产具有不同性能的乙烯均聚物和共聚物。此外,该公司还开发了以稀乙烯(纯度<85%)为原料的聚乙烯树脂生产技术,减少了新建和改造蒸汽裂解装置的投资。(3) 荷兰 DSM 公司的 Compact 溶液法工艺。该工艺的特点是,操作温度比陶氏化学公司和诺瓦化学公司的工艺低,可以充分发挥催化剂活性,还可以与长链 α - 烯烃,如 1 - 辛烯,进行共聚反应。该工艺的主要产品是其他工艺不愿意生产的小批量牌号的专用树脂。

8.5.3　聚丙烯（PP）生产工艺

聚丙烯的生产工艺中应用最为广泛和最有发展前景的两种方法是气相法工艺和本体法工艺。气相法工艺采用的反应器主要有立式搅拌床、卧式搅拌床和流化床。本体法工艺按反应器类型可分为本体法环管反应器和搅拌釜反应器。

气相法工艺主要包括：(1) 英国 Ineos 公司的气相法工艺。该工艺采用高效催化剂，不需要脱灰和脱氯，可以得到聚丙烯的均聚物和共聚物。该工艺的特点是投资少、能稳定地生产抗冲共聚物，所得抗冲共聚物的低温抗冲击性能和挠曲模量的平衡性优异。(2) 德国巴斯夫(BASF)公司开发的 Novolen 气相法工艺。该工艺采用两个反应器，分别用于均聚物和无规共聚物的生产，以及抗冲共聚物的生产。过去采用该工艺的多为较小规模装置，使用新的以镁为载体的高效 Ziegler - Natta 催化剂后，不论是使用单个、双个，还是多个串联反应器，产能均有明显的提高。(3) 美国 Dow 化学公司的 Unipol 气相法工艺。该工艺采用壳牌公司的高活性载体催化剂和原联合碳化物公司的气相流化床反应器。目前，全球有近 50 套该工艺的生产装置在运行。(4) 日本窒素石油化学公司的气相法工艺。该工艺的特点是采用小反应器体系，可生产聚丙烯均聚物、乙烯质量分数为 5% 的无规共聚物，以及乙烯质量分数高达 15% 的抗冲共聚物。该公司开发了一系列特殊性能的聚丙烯产品，如三元共聚物，高结晶性、吹塑级和发泡级的高熔体强度聚丙烯。目前该工艺在全球有近 10 套装置。

本体法工艺主要包括：(1) 德国 Basell 公司的 Spheripol 工艺。该工艺能生产均聚物、无规共聚物、三元共聚物、抗冲共聚物和多相抗冲共聚物。同时，乙烯与烯烃、非烯烃及极性共聚单体在反应器内形成合金。目前，采用该工艺的 PP 装置超过 120 套。(2) 日本三井化学株式会社的 Hypol 技术。该工艺生产的抗冲共聚物中乙烯质量分数可达 25%，橡胶质量分数可达 40%。目前，全世界范围内采用此工艺的装置有 20 多套。(3) 北欧化工的 Borstar 工艺。该工艺采用双反应器，即环管反应器串联气相反应器，生产均聚物和无规共聚物，再串联一台或两台气相反应器则可生产抗冲共聚物产品。与传统 PP 工艺不同，该工艺的环管反应器则可在高温(85～95 ℃)或超过丙烯超临界点的条件下操作，聚合温度和压力都很高，能够防止气泡的形成。

8.5.4　中国聚烯烃生产装置状况及技术进展

我国的聚烯烃技术研究始于 20 世纪 60 年代，原中华人民共和国化学工业部北京化工研究院（现中国石油化工股份有限公司北京化工研究院）开发的间歇式液相本体法装置在国内得到了广泛应用。但是与连续生产工艺相比，该工艺还存在产品质量稳定性差、品种少、消耗高等问题。到 20 世纪 70 年代，我国从日本三井化学株式会社引进的聚丙烯成套工艺与设备，是第一套聚烯烃生产装置，建于燕山石化，使用的是第三代 Ziegler‐Natta 催化剂。针对这个催化剂体系，当时中国科学院化学研究所和隶属于化学工业部的北京化工研究院以及中华人民共和国石油工业部的石油科学研究院联合攻关，获得了我国具有实用价值的聚丙烯催化剂。到 20 世纪 90 年代，中国石化工程建设有限公司在充分研究的基础上，开发出自己的环管法聚丙烯生产技术，利用该技术当时在中国石化的多家分公司建设生产装置。进入 21 世纪，中国石化上海石油化工股份有限公司乙烯改扩建，之后茂名石化分公司乙烯改扩建，均使用该技术建设的聚丙烯装置，产能进一步增加。目前，该技术已成为中国石化新建或扩建聚丙烯装置的主要技术来源。

近年来，我国聚烯烃工业仍处于快速发展时期，随着大量装置的投产，未来中国聚烯烃自给率将持续提高，但由于高端及一些具有特种功能的聚烯烃树脂生产技术的匮乏，在未来较长的一段时间内，我国聚烯烃生产工艺的发展模式仍主要依赖国外技术。通过剖析和仿制的催化剂与聚合工艺，来满足市场的需求，其后果是大量装置生产的是中低档聚烯烃材料。虽然我国是聚烯烃材料和 Ziegler‐Natta 催化剂的重要生产大国，但是四分之一以上的高性能聚烯烃树脂仍然要靠进口。一方面，中国聚烯烃产品以中低端通用料为主，市场竞争激烈；另一方面，高端聚烯烃产品严重依赖于进口，当前自给率不足四成。因此，结构性矛盾突出是阻碍中国聚烯烃行业良性发展的重要因素。问题的根源在于自主基础研发薄弱、工业技术开发滞后。这就要求中国聚烯烃产业升级应走重高端化、差异化、多元化产品开发的技术创新之路。通过催化剂和催化工艺上的创新研究和技术突破，以改变我国缺少自主知识产权的现状。

8.6 聚烯烃发展前景与展望

聚烯烃高分子合成材料发展近半个世纪来，人类社会的衣食住行等方方面面都发生了极大的变化与革新，人们逐渐摆脱了依赖天然材料和无机材料的历史。聚烯烃材料不仅提高了社会繁荣程度,并且使人们的生活水平有了质的飞跃,也满足了人们不断提升的审美要求。同时,高分子材料的广泛应用和普遍推广,使得自然材料的消耗量下降,对自然资源起到了保护作用。随着化学和物理学的认知发展,新材料研究和持续发展仍在进行中。高端聚烯烃树脂作为先进高分子材料的重要分支,得到广泛的关注,未来几年,高端聚烯烃材料持续保持较高的年均复合增长率。随着城镇化、农业现代化的发展,以及在轨道交通、汽车轻量化、医疗器械、电子电器等行业应用更加广泛,聚烯烃消费量将持续增长。

制备高端或高性能聚烯烃树脂,都离不开高效催化剂与聚合工艺,在量大面广的高分子合成中,任何合成与加工工序中微小的效率提高都将极大地提高产业的附加值。尽管目前某些特种聚烯烃每年需求量并不高,一旦新型高效催化剂出现,将显著降低生产成本,材料的生产与应用将会有飞跃性的发展。常规聚烯烃生产的催化剂虽然成熟,但聚烯烃新材料,特别是后过渡金属催化剂制备的聚乙烯新材料还刚刚起步;无论是高度线性聚乙烯材料还是高度支化聚乙烯材料都是以往产业界所不能预测的新材料。此外,聚烯烃产业未来的变化趋势还具有裂解原料轻质化的特点:全球乙烯生产中石脑油原料所占的比例将大幅下降,而乙烷与液化天然气原料所占的比例将逐年上升。当前烯烃生产原料的多样化,将为聚烯烃行业发展带来机遇。随着聚烯烃生产工艺、新型催化剂、改性技术及其制品加工技术不断进步,新产品层出不穷,不断地满足人们在生产与生活各方面的需求。

聚烯烃材料及其催化剂与工艺的研究发展是目前和未来半个世纪材料科学领域革新的基础,而材料革新必将促进交通运输工具和工程技术的飞跃发展。无论是专业需求还是社会需求,都为合成高分子材料相关催化问题研究提供了广阔的空间与发展平台,并为社会和每个参与者展示了光明的未来。

参考文献

[1] Bamberger E, Tschirner F. Ueber die einwirkung von diazomethan auf *β-arylhydroxylamine*[J]. *Berichte Der Deutschen Chemischen Gesellschaft*, 1900, 33(1): 955 - 959.

[2] Fawcett E W, Gibson R O, Perrin M W, et al. Improvements in or relating to the polymerisation of ethylene: GB 471590(A)[P]. 1937 - 09 - 06.

[3] Wassermann A, Boer J, Finlayson D, et al. General discussion[J]. Transactions of the Faraday

Society，1936，32：69－73.

［4］ Hogan J P，Banks R L. Polymers and production thereof：US 2825721A［P］. 1958－03－04.

［5］ Field E，Feller M. Group via oxide-alkaline earth metal hydride catalyzed polymerization of olefins：US2731452A［P］. 1956－01－17.

［6］ Ziegler K，Breil H，Martin H，et al. Polymerization of ethylene：US 3257332A［P］. 1966－06－21.

［7］ Natta G，Porri L，Zanini G，et al. Stereospecific polymerization of conjugated diolefins. note iv：Preparation of syndiotactic 1,2－polybutadiene［M］//Stereoregular Polymers and Stereospecific Polymerizations. Amsterdam：Elsevier，1967：680－683.

［8］ Natta G，Corradini P，Ganis P. Chain conformation of polyproplyenes having a regular structure ［J］. Die Makromolekulare Chemie，1960，39(1)：238－242.

［9］ Reichert K H，Meyer K R. Zur kinetik der niederdruckpolymerisation von äthylen mit löslichen ZIEGLER-katalysatoren［J］. Die Makromolekulare Chemie，1973，169(1)：163－176.

［10］ Andresen A，Cordes H G，Herwig J，et al. Halogenfreie lösliche ziegler-katalysatoren für die ethylen-polymerisation. regelung des molekulargewichtes durch wahl der reaktionstemperatur［J］. Angewandte Chemie International Edition，1976，88(20)：689－690.

［11］ Sinn H，Kaminsky W，Vollmer H J，et al. "living polymers" on polymerization with extremely productive ziegler catalysts［J］. Angewandte Chemie International Edition，1980，19 (5)：390－392.

［12］ Kaminsky W. New polymers by metallocene catalysis［J］. Macromolecular Chemistry and Physics，1996，197(12)：3907－3945.

［13］ Clark A，Hogan J P，Banks R L，et al. Marlex catalyst systems［J］. Industrial & Engineering Chemistry，1956，48(7)：1152－1155.

［14］ Clark A. Polymerization and copolymerization of olefins on chromium oxide catalysts［M］// Addition and Condensation Polymerization Processes. Washington，DC：American Chemical Society，1969.

［15］ McDaniel M P，Collins K S，Benham E A，et al. The activation of Phillips Cr/silica catalysts：V. Stability of Cr(Ⅵ)［J］. Applied Catalysis A：General，2008，335(2)：252－261.

［16］ Ruddick V J，Badyal J P S. CO reduction of calcined CrO_x/SiO_2 ethene polymerization catalysts ［J］. Langmuir，1997，13(3)：469－472.

［17］ Cossee P. On the reaction mechanism of the ethylene polymerization with heterogeneous Ziegler-Natta catalysts［J］. Tetrahedron Letters，1960，1(38)：12－16.

［18］ Cossee P. The formation of isotactic polypropylene under the influence of Ziegler-Natta catalysts ［J］. Tetrahedron Letters，1960，1(38)：17－21.

［19］ Cossee P. Ziegler-Natta catalysis Ⅰ. mechanism of polymerization of α-olefins with Ziegler-Natta catalysts［J］. Journal of Catalysis，1964，3(1)：80－88.

［20］ Arlman E J，Cossee P. Ziegler-Natta catalysis Ⅲ. stereospecific polymerization of propene with the catalyst system $TiCl_3$－$AlEt_3$［J］. Journal of Catalysis，1964，3(1)：99－104.

［21］ Groeneveld C，Wittgen P P M M，Swinnen H P M，et al. Hydrogenation of olefins and polymerization of ethene over chromium oxide/silica catalysts：V. In situ Infrared measurements and investigation of the polymer［J］. Journal of Catalysis，1983，83(2)：346－361.

［22］ Ellermann J，Hagen H，Krauss H L. Chemie polyfunktioneller liganden. LIX. komplexe von Chrom(Ⅱ)-chlorid und oberflächen-chrom (Ⅱ) mit mehrzähnigen P- und As-liganden［J］. Zeitschrift für Anorganische Und Allgemeine Chemie，1982，487(1)：130－140.

［23］ McDaniel M P. Supported chromium catalysts for ethylene polymerization［J］. Advances in Catalysis，1985，33：47－98.

[24] Ziegler K, Holzkamp E, Breil H, et al. Polymerisation von äthylen und anderen olefinen[J]. Angewandte Chemie International Edition, 1955, 67(16): 426.

[25] Ziegler K, Holzkamp E, Breil H, et al. Das mülheimer normaldruck-polyäthylen-verfahren[J]. Angewandte Chemie International Edition, 1955, 67(19/20): 541 - 547.

[26] Natta G, Pino P, Corradini P, et al. Crystalline high polymers of α-olefins[J]. Journal of the American Chemical Society, 1955, 77(6): 1708 - 1710.

[27] Natta G. Stereospezifische katalysen und isotaktische polymere [J]. Angewandte Chemie International Edition, 1956, 68(12): 393 - 403.

[28] Boor J Jr. Highlights of Ziegler-Natta catalysts and polymerizations[M]//Ziegler-Natta Catalysts Polymerizations. Amsterdam: Elsevier, 1979: 1 - 18.

[29] Ivin K J, Rooney J J, Stewart C D, et al. Mechanism for the stereospecific polymerization of olefins by Ziegler-Natta catalysts[J]. Journal of the Chemical Society, Chemical Communications, 1978(14): 604 - 606.

[30] Green M L H. Studies on synthesis, mechanism and reactivity of some organo-molybdenum and - tungsten compounds[M]//Organometallic Chemistry. Amsterdam: Elsevier, 1979.

[31] Brookhart M, Green M L H. Carbon-hydrogen-transition metal bonds [J]. Journal of Organometallic Chemistry, 1983, 250(1): 395 - 408.

[32] Piers W E, Bercaw J E. .alpha. Agostic assistance in Ziegler-Natta polymerization of olefins. Deuterium isotopic perturbation of stereochemistry indicating coordination of an.alpha. carbon-hydrogen bond in chain propagation[J]. Journal of the American Chemical Society, 1990, 112(25): 9406 - 9407.

[33] Zurek E, Ziegler T. Theoretical studies of the structure and function of MAO (methylaluminoxane)[J]. Progress in Polymer Science, 2004, 29(2): 107 - 148.

[34] McKnight A L, Waymouth R M. Group 4 ansa-cyclopentadienyl-amido catalysts for olefin polymerization[J]. Chemical Reviews, 1998, 98(7): 2587 - 2598.

[35] Braunschweig H, Breitling F M. Constrained geometry complexes — Synthesis and applications [J]. Coordination Chemistry Reviews, 2006, 250(21/22): 2691 - 2720.

[36] Johnson L K, Killian C M, Brookhart M. New Pd (Ⅱ)- and Ni (Ⅱ)-based catalysts for polymerization of ethylene and.alpha.-olefins[J]. Journal of the American Chemical Society, 1995, 117(23): 6414 - 6415.

[37] Small B L, Brookhart M, Bennett A M A. Highly active iron and cobalt catalysts for the polymerization of ethylene[J]. Journal of the American Chemical Society, 1998, 120(16): 4049 - 4050.

[38] J P Britovsek G, C Gibson V, J McTavish S, et al. Novel olefin polymerization catalysts based on iron and cobalt[J]. Chemical Communications, 1998(7): 849 - 850.

[39] Wang Z, Liu Q B, Solan G A, et al. Recent advances in Ni-mediated ethylene chain growth: N_{imine}-donor ligand effects on catalytic activity, thermal stability and oligo-/polymer structure[J]. Coordination Chemistry Reviews, 2017, 350: 68 - 83.

[40] Wang Z, Solan G A, Zhang W J, et al. Carbocyclic-fused N, N, N-pincer ligands as ring-strain adjustable supports for iron and cobalt catalysts in ethylene oligo-/polymerization[J]. Coordination Chemistry Reviews, 2018, 363: 92 - 108.

[41] 孙文华,介素云,张树.一种用于乙烯齐聚和聚合的催化剂及制备方法和用途: CN1850339A [P]. 2006 - 10 - 25.

[42] Du S Z, Wang X X, Zhang W J, et al. A practical ethylene polymerization for vinyl-polyethylenes: Synthesis, characterization and catalytic behavior of α, α'-bisimino-2, 3: 5, 6 - bis

(pentamethylene)pyridyliron chlorides[J]. Polymer Chemistry，2016，7(25)：4188 - 4197.

[43] Suo H Y，Oleynik I V，Oleynik I I，et al. Post-functionalization of narrowly dispersed PE waxes generated using tuned N，N，N'-cobalt ethylene polymerization catalysts substituted with ortho-cycloalkyl groups[J]. Polymer，2021，213：123294.

[44] Mahmood Q，Sun W H. N，N-chelated nickel catalysts for highly branched polyolefin elastomers：A survey[J]. Royal Society Open Science，2018，5(7)：180367.

Chapter 9

荷电大分子体系的分子模拟

廖琦

中国科学院化学研究所

9.1 引言

分子模拟方法，一般来说可以分为分子动力学模拟方法（molecular dynamics，MD）和蒙特卡洛模拟方法（Monte Carlo，MC）两类。本章中我们讨论的分子模拟方法，主要指经典的分子动力学模拟方法。因为经典的分子动力学模拟方法是采用牛顿力学来模拟分子运动轨迹，所以我们有必要首先介绍一下这种方法的主要适用范围。在分子模拟方法中，蒙特卡洛模拟方法也是一种重要的手段。这两种方法在计算分子相互作用势时采用的是相同的算法，所以这里介绍的相互作用势算法，同样也适用于分子模拟的蒙特卡洛算法。

9.2 荷电大分子体系中的主要算法

与中性大分子体系不同，在荷电大分子体系模拟中，静电相互作用的计算是最重要的部分，也是最耗费计算资源的部分。所以我们在这一节中，重点介绍关于静电相互作用所代表的长程相互作用模拟算法及其最新进展。

9.2.1 分子模拟中的短程相互作用和长程相互作用

在分子模拟中，与短程相互作用采取的截断处理不同，长程相互作用需要考虑周期性边界条件下所有镜像粒子的相互作用。这是因为长程相互作用在物理图像上，定义为"随着距离增加，其衰减程度大于空间体积的增加程度"。如果点粒子间相互作用势能 u 随相互作用距离 r 以幂律形式衰减，也就是说 $u(r) \sim r^{-a}$，那么，在周期性边界条件下的体系中，一个粒子与整个球对称空间中所有其他粒子的相互作用势能 $U(r)$，是如下方程所表示的相互作用势函数对体积的积分。（在分子模拟中，由于原子是离散分布的，故实际上的计算是求和。为了理解方便，我们认为粒子在空间中连续分布）

$$U(r) \sim \int_r^R u(r)\, \rho(r)\, r^{d-1} \mathrm{d}r \sim \int_r^R r^{-a}\, r^{d-1} \mathrm{d}r \qquad (9-1)$$

式中，$\rho(r)$ 为点粒子密度；符号"～"代表正比；$r^{d-1}\mathrm{d}r$ 正比于空间维数 d 下的球壳体积；a 为势能随相互作用距离衰减的快慢程度。当空间维数 $d \geqslant a$ 时，式(9-1)所表示的相互作用势在对整个空间进行积分的时候（$R \to \infty$）不收敛，这意味着在总势能中，远处的相互作用势能贡献将大于近处相互作用势能的贡献。也就是说，远处的相互作用将起主导作用，因此我们可以据此物理图像，在相互作用的数学形式上严格区分长程相互作用和短程相互作用。

在物理学上，静电相互作用 $u(r) \sim r^{-1}$ 和偶极相互作用 $u(r) \sim r^{-3}$，以及流体力学相互作用 $u(r) \sim r^{-1}$，都是长程相互作用的典型例子。如果在分子模拟中，直接计算这些长程相互作用，那么需要将周期性边界的尺寸扩大到数个能够屏蔽这些长程相互作用的尺度。因为计算能力的限制，这样的直接算法往往效率低下，甚至是不可能完成的。

目前 Ewald 加和算法是计算长程相互作用的最为可靠的算法。这种算法有严格的数学物理基础，并且能够利用已有的各种加速技巧。一方面，由于长期的知识积累，这一算法的各种改进形式非常丰富，各有优点，但是另一方面，这些数学物理的推导和加速技巧的运用，对初学者和对算法不感兴趣的理论工作者提出了不低的学习门槛。目前许多优秀的开源软件大多支持这一算法和它的各种加速形式。我们将在下一节重点介绍 Ewald 加和算法的数学物理框架，以及各种基于该算法的加速算法和粗粒化算法的大意。

9.2.2　Ewald 加和算法

在周期性边界条件下的静电相互作用势能 U_e 可以表示为

$$U_e = \sum_n \left[\frac{1}{2} \sum_{i=1}^{N} \sum_{j=1}^{N} \frac{q_i q_j}{4\pi \varepsilon_0 (r_{ij} + n)} \right] \tag{9-2}$$

式中，r_{ij} 为粒子 i 到粒子 j 的方向向量；$n = (n_x L_x, n_y L_y, n_z L_z)$ 为简立方格子的周期坐标，但是除去了中心格子中的自身相互作用项，也就是 $r_{ij} = 0$ 的项；ε_0 为介电常数；N 为周期格子中的粒子数；q_i 为粒子 i 的电荷；q_j 为粒子 j 的电荷。式(9-2)所表示的相互作用势能是条件收敛的，也就是说，其求和值取决于对 $n = (n_x L_x, n_y L_y, n_z L_z)$ 的求和顺序。所谓 Ewald 加和，就是对式(9-2)所表示的相互作用势能，求算根据距离远近的球形层状加和的条件收敛极值。具体的几何图像如图9-1所示。Ewald 加和的求和顺序，就是沿着图中所示的红色、黄色、绿色、白色的顺序，逐渐由里到外，直到对整个空间的周期性边界格子进行求和。

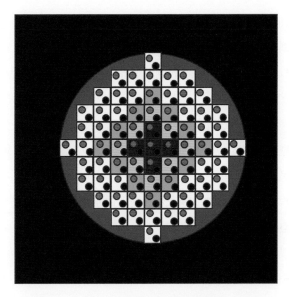

图9-1 Ewald加和算法中的求和顺序示意图

为了具体求得 Ewald 加和的收敛值，需要一些复杂的数学技巧。我们这里不介绍这些数学技巧，只是从物理图像上对这一求和过程进行描述，以便在模拟的时候能够把握算法的参数选择方向。Ewald 加和算法在物理图像上，可以理解为图9-2所示的两种屏蔽势能相互作用的加和。如图9-2所示，在周期性边界条件下相互作用的点电荷，

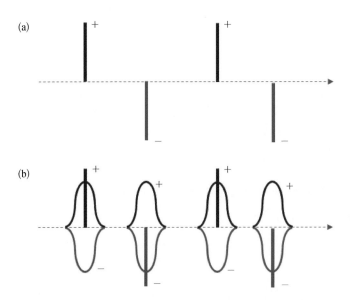

图9-2 （a）实际电荷分布；（b）Ewald 加和算法中的屏蔽电荷分布及抵消屏蔽电荷的反电荷分布

在叠加一对相互抵消的电荷分布后,其相互作用可以分解为实空间中迅速收敛的短程相互作用,以及在倒易空间中迅速收敛的相互作用。

在实际计算中,与点电荷 q_i 屏蔽的电荷分布 $\rho_i(r)$,通常选取为高斯分布形式:

$$\rho_i(r) = -\frac{q_i \alpha^3}{\pi^{\frac{3}{2}}} \mathrm{e}^{-\alpha^2 r^2} \tag{9-3}$$

式中,α 为倒易高斯分布宽度常数,其物理意义是图 9-2(b)中所示屏蔽电荷的分布宽窄。

那么实空间中,点电荷 q_i 与式(9-3)所表示的屏蔽电荷构成类似于离子氛的短程相互作用,所以实空间作用势可以表示为

$$U_{\mathrm{real}} = \sum_n \left[\frac{1}{2} \sum_{i=1}^{N} \sum_{j=1}^{N} \frac{q_i q_j \mathrm{erfc}(\alpha \mid r_{ij} + n \mid)}{4\pi \varepsilon_0 \mid r_{ij} + n \mid} \right] \tag{9-4}$$

式中,$\mathrm{erfc}(x) = \frac{2}{\sqrt{\pi}} \int_x^{\infty} \mathrm{e}^{-t^2} \mathrm{d}t$ 为余误差函数。

与屏蔽电荷分布进行抵消的补偿分布的相互作用,通常被称为倒易空间作用势,可以表示为

$$U_{\mathrm{kspace}} = \frac{1}{2} \sum_{k \neq 0} \left[\frac{1}{\varepsilon_0 V} \sum_{i=1}^{N} \sum_{j=1}^{N} \frac{q_i q_j}{\mid k \mid^2} \mathrm{e}^{-\frac{\mid k \mid^2}{4\alpha^2}} \cos(k \cdot r_{ij}) \right] \tag{9-5}$$

式中,$k = \left(\frac{2\pi k_x}{L_x}, \frac{2\pi k_y}{L_y}, \frac{2\pi k_z}{L_z} \right)$ 为倒空间格子向量;$V = L_x \times L_y \times L_z$ 为中心周期格子单元的体积。将这一项引入一个简单的傅里叶变换形式,即令 $S(k) = \sum_{j=1}^{N} q_j \exp(ik \cdot r_j)$,那么

$$U_{\mathrm{kspace}} = \frac{1}{2\varepsilon_0 V} \sum_{k \neq 0} \left[\frac{1}{\mid k \mid^2} \exp\left(-\frac{\mid k \mid^2}{4\alpha^2} \right) S(k) \cdot S(-k) \right] \tag{9-6}$$

我们可以从式(9-6)看出,倒易空间作用势 U_{kspace} 随着 $\mid k \mid^2$ 的增加迅速收敛。另外,在上述计算过程中,我们重复计算了引入的屏蔽分布的自身相互作用,所以我们要在最终的结果中扣除这一自能项:

$$U_{\mathrm{self}} = -\frac{\alpha}{\sqrt{\pi}} \sum_{i=1}^{N} \frac{q_i^2}{4\pi\varepsilon_0} \tag{9-7}$$

除此之外,由于环绕的环境不同,那么 Ewald 加和的最外层表面会有极性,这一能量并不会随着级数的收敛而趋近于零,而是和外界媒质的介电常数 ε_s 相关。这一势能

贡献可以表示为

$$U_{\text{surface}} = \frac{2\pi}{(2\,\varepsilon_s + 1)\,V}\,\Big|\,\sum_{i=1}^{N}\frac{q_i}{4\pi\,\varepsilon_0}\,\boldsymbol{r}_i\,\Big|^2 \tag{9-8}$$

综上所述，最终 Ewald 加和的完整结果是上述四项贡献之和：

$$U_{\text{Ewald}} = U_{\text{real}} + U_{\text{kspace}} + U_{\text{self}} + U_{\text{surface}} \tag{9-9}$$

我们从式(9-4)和式(9-5)，可以看到，通过选取适当的 α 值，就可以将式(9-4)所表示的实空间作用势的贡献，截断处理在小于一个周期性边界长度的范围内；而式(9-5)所表示的倒易空间作用势，通过式(9-6)可以表示为单一周期格子中粒子位置的傅里叶变换。这样，通过将式(9-2)所表示的求和，转换为式(9-9)所表示的四项之和，我们可以对单一周期格子中的有限加和项进行计算，避免了式(9-2)所要求的无穷级数求和问题。式(9-9)及相关的公式[式(9-4)、式(9-5)、式(9-7)、式(9-8)]，就是 Ewald 加和算法的基本公式。

在 Ewald 加和基本算法的基础上，我们可以看到，求和项中算法复杂性最大的项是倒易空间作用势的计算。现代分子动力学软件包中，通常包含各种基于 Ewald 加和的改进加速算法。这些算法的中心思想是利用快速傅里叶变换来加速式(9-6)所表示的倒易空间项中傅里叶变换 $S(\boldsymbol{k})$ 的计算。这类加速算法已经在绝大部分主流分子动力学模拟软件包中实现，在这里我们就不进行更多介绍了，感兴趣的读者可以参考相关文献和相关开源软件的源代码。

9.2.3　带电表面与界面上静电相互作用的模拟及粗粒化算法

1. 带电表面与界面上静电相互作用的模拟算法

对于在二维方向上具有周期性而在第三方向上只有有限尺寸的系统，二维 Ewald 加和算法给出的系统总静电能，可以表示为

$$
\begin{aligned}
U_{\text{EW2D}} = &\sum_{\boldsymbol{m}}\Big(\frac{1}{2}\sum_{i=1}^{N}\sum_{j=1}^{N}\frac{q_i\,q_j\,\text{erfc}(\alpha\,|\,\boldsymbol{r}_{ij} + \boldsymbol{m}\,|)}{4\pi\,\varepsilon_0\,|\,\boldsymbol{r}_{ij} + \boldsymbol{m}\,|}\Big) + \\
&\frac{\pi}{2A}\sum_{\boldsymbol{h}\neq 0}\sum_{i=1}^{N}\sum_{j=1}^{N}\frac{q_i\,q_j}{4\pi\,\varepsilon_0}\frac{\cos(\boldsymbol{h}\cdot\boldsymbol{r}_{ij})}{h}\Big[\text{e}^{hz_{ij}}\,\text{erfc}\Big(\alpha\,z_{ij} + \frac{h}{2\alpha}\Big) + \\
&\text{e}^{-hz_{ij}}\,\text{erfc}\Big(-\alpha\,z_{ij} + \frac{h}{2\alpha}\Big)\Big] - \frac{\pi}{A}\sum_{i=1}^{N}\sum_{j=1}^{N}\frac{q_i\,q_j}{4\pi\,\varepsilon_0}\Big[z_{ij}\,\text{erfc}(\alpha\,z_{ij}) + \\
&\frac{1}{\alpha\,\sqrt{\pi}}\,\text{e}^{-\alpha^2 z_{ij}^2}\Big] - \frac{\alpha}{\sqrt{\pi}}\sum_{i=1}^{N}\frac{q_i^2}{4\pi\varepsilon_0}
\end{aligned}
\tag{9-10}
$$

式中，$m=(m_x L_x, m_y L_y, 0)$ 为二维周期系统的格子向量；$h=\left(\dfrac{2\pi h_x}{L_x}, \dfrac{2\pi h_y}{L_y}, 0\right)$ 为二维倒空间格子向量，h 为 h 的模；$A=L_x \times L_y$ 为周期模拟单元的面积。但是，我们可以看到，采用式(9-10)计算二维周期性边界条件下的 Ewald 加和算法非常复杂。

在表面和界面上的带电高分子模拟中，只有在二维方向上具有周期性。采用式(9-10)所表示的严格的二维 Ewald 加和算法在计算上非常耗费计算资源，得不偿失。在实际的分子模拟中通常采用对三维 Ewald 加和的加速算法进行校正后的算法。也就是说，我们通常利用式(9-9)计算三维周期性边界条件下的 Ewald 加和，再加上在非周期性边界方向上校正项的算法，这样可以利用快速傅里叶变换的算法复杂性的优势，避免计算式(9-10)所表示的复杂积分，从而更有效地计算二维空间上的长程相互作用。

上述三维周期性边界下的 Ewald 加和再加校正项的算法的物理图像，可以解释如下：如果我们计算在 Z 方向无限薄的三维周期性边界条件下的 Ewald 加和，那么式(9-8)所代表的表面极化贡献项，可以表示为

$$U_{\text{correct2D}} = \frac{2\pi}{V}\left| \sum_{i=1}^{N} \frac{q_i}{4\pi\varepsilon_0} z_i \right|^2 \tag{9-11}$$

所以我们通过扣除这一贡献，就可以想象，在总电荷之和为零的电中性条件下，在 Z 方向上的静电相互作用将趋近于电荷为零的平行板电容器。这一算法，称为 Ewald3DC 算法，是目前处理二维周期性边界条件下静电相互作用最有效的算法[1]。

2. 带电表面与界面上静电相互作用的粗粒化算法

在理论计算和粗粒化模拟工作中，我们常常需要考虑无结构的带电表面，所以粗粒化的带电表面与界面，在分子模拟中需要适当地进行处理。我们可以通过对上述 Ewald3DC 算法的变形，得到与细粒化模型结果相一致的粗粒化算法。由于在分子动力学中，我们重点处理的是相互作用力，而不是计算上述式(9-9)和式(9-11)所表示的相互作用势，所以我们下面把这个算法写成相互作用力的形式。Ewald3DC 算法中第 i 个粒子受到的力 F_i 可以表示为

$$F_i = F_i^r + F_i^k + F_i^d \tag{9-12}$$

式中，F_i^r 为实空间中的贡献，可以表示为

$$F_i^r = \frac{q_i}{4\pi\varepsilon_0} \sum_{j=1}^{N} q_j \sum_{n}' \left[\frac{2\alpha}{\sqrt{\pi}} e^{-\alpha^2 |r_{ij}+n|^2} + \frac{\text{erfc}(\alpha |r_{ij}+n|)}{|r_{ij}+n|} \right] \frac{|r_{ij}+n|}{|r_{ij}+n|^2} \tag{9-13}$$

式中，r_{ij} 为粒子 i 到粒子 j 的方向向量；$n = (n_x L_x, n_y L_y, n_z L_z)$ 为简立方格子的周期坐标，但是除去了中心格子中的自身相互作用项，也就是 $r_{ij} = 0$ 的项；ε_0 为介电常数；N 为周期格子中的粒子数；q_i 为粒子 i 的电荷。F_i^k 为倒易空间中的贡献，可以表示为

$$F_i^k = \frac{q_i}{\varepsilon_0 V} \sum_{j=1}^{N} q_j \sum_{k \neq 0} \frac{k}{|k|^2} e^{-\frac{|k|^2}{\alpha^2}} \sin(k \cdot r_{ij}) \tag{9-14}$$

F_i^d 为极性表面导致的校正项的贡献，可以表示为

$$F_i^d = \left(0, 0, -\frac{q_i}{4\pi \varepsilon_0 V} \sum_{j=1}^{N} q_j z_{j,z}\right) \tag{9-15}$$

对于一个均匀带电的表面 S，如果表面电荷密度可以表示为 $\rho = \frac{q_s}{L_x L_y}$，那么根据上述算法，通过平行板电容器的相互作用原理，第 i 个粒子受到的力 F_i 可以表示为

$$F_i = F_i^S + F_i^{r,NS} + F_i^{k,NS} + F_i^d \tag{9-16}$$

式中，F_i^S 为来自带电表面的贡献：

$$F_i^S = \left(0, 0, -\frac{\rho q_i}{8\pi \varepsilon_0}\right) \tag{9-17}$$

$F_i^{r,NS}$ 为实空间中非表面电荷的贡献：

$$F_i^{r,NS} = \frac{q_i}{4\pi \varepsilon_0} \sum_{j \notin S} q_j \sum_{n}' \left[\frac{2\alpha}{\sqrt{\pi}} e^{-\alpha^2|r_{ij}+n|^2} + \frac{\text{erfc}(\alpha|r_{ij}+n|)}{|r_{ij}+n|}\right] \frac{|r_{ij}+n|}{|r_{ij}+n|^2} \tag{9-18}$$

$F_i^{k,NS}$ 为倒易空间中非表面电荷的贡献：

$$F_i^{k,NS} = \frac{q_i}{4\pi \varepsilon_0 V} \sum_{j \notin S} q_j \sum_{k \neq 0} \frac{4\pi k}{|k|^2} e^{-\frac{|k|^2}{\alpha^2}} \sin(k \cdot r_{ij}) \tag{9-19}$$

F_i^d 为表面极性校正项的贡献：

$$F_i^d = \left[0, 0, -\frac{q_i}{4\pi \varepsilon_0 V}\left(\rho L_x L_y z_{i,z} + \sum_{j=1}^{N} q_j z_{j,z}\right)\right] \tag{9-20}$$

我们可以证明[2]，只要添加平行板电容器的相互作用项［式(9-17)］和相应的校正项［式(9-20)］，就能够把电中性的 Ewald3DC 算法，扩展到含有均匀带电的粗粒化表面和界面的模拟体系中，而这个体系在物理上虽然是电中性的，但是在分子模拟算法上，并不

要求模拟体系具有电中性。通过这套算法,我们可以将表面和界面上粗粒化的理想带电表面,引入分子模拟中来,从而大幅度提高计算效率。

9.3 聚电解质溶液的分子模型

9.3.1 稀溶液中性高分子构象

在高分子的物理图像中,一般认为,当化学结构大于库恩(Kuhn)长度的尺度时,大分子的性质具有普适性。也就是说,微观化学结构的改变,只会影响整体性质的指前因子,而不会影响对结构参数的标度依赖性。我们将在这一节中,首先介绍中性高分子溶液标度理论的一些基本概念。如图9-3所示,在良溶剂中,高分子的第一个重要特征尺度是刚刚提到的库恩(Kuhn)长度或者库恩链段。若干个库恩链段可以构成热链包(thermal blob)尺寸。这个尺寸的物理意义,是溶剂中高分子链段间相互作用的大小和热能 kT 大致相当的尺寸:

$$kT \mid V \mid \frac{g_T^2}{\xi_T^3} \approx kT \tag{9-21}$$

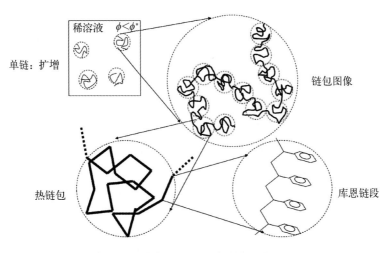

图9-3 稀溶液中高分子链的多尺度特征

式中，V 为每个链节的排斥体积，g_T 为热链包中的链节数目；ξ_T 为热链包尺寸；k 为玻耳兹曼常数；T 为绝对温度。这个公式左侧表达的物理意义为在一个热链包尺寸空间内，链段排斥体积所占总分率为 $|V|\,g_T^2/\xi_T^3$，这一分率也就是每个链节在其中发生排斥的概率；当一个包含 g_T 个相邻链段的链包中，所有链段间的相互排斥体积大致为一个链节的排斥体积时，排斥相互作用就大致和温度相当了。这一物理图像其实在排斥体积为负的不良溶剂中估计热链包尺寸大小的时候同样适用，只是排斥体积相互作用变成相互吸引，所以在上述公式中，将排斥体积写成绝对值的形式。

在小于热链包尺寸 ξ_T 的尺度上，热扰动强于高分子链节的相互作用，链节的构象接近于理想的无规行走构象：

$$\xi_T \approx b\,g_T^{\frac{1}{2}} \tag{9-22}$$

式中，b 为高分子库恩链节尺寸。根据式(9-21)和式(9-22)，我们可以得到热链包尺寸 ξ_T 和热链包中的链节数目 g_T 的表达式：

$$\begin{cases} \xi_T \approx \dfrac{b^4}{|V|} \\[2mm] g_T \approx \dfrac{b^6}{V^2} \end{cases} \tag{9-23}$$

在大于热链包尺寸 ξ_T 的尺度上，高分子链节的相互作用强于热扰动，链节的构象由于高分子链节间的体积排斥作用而呈现扩张的构象特征，其扩张程度可以用高分子末端距 R 表示为

$$R \approx \xi_T \left(\frac{N}{g_T}\right)^\nu \approx b\left(\frac{|v|}{b^3}\right)^{2\nu-1} N^\nu \tag{9-24}$$

式中，ν 为链尺寸的标度指数；N 为链节数。对于无扰的理想链，$\nu=0.5$，而对于具有相互排斥作用的真实链，$\nu \approx 0.588$。

高分子溶液的交叠浓度定义为溶液中高分子间的平均距离与高分子尺寸相当时的高分子溶液浓度。在中性高分子溶液中，交叠浓度 ϕ^* 可以表示为

$$\phi^* \approx \frac{Nb^3}{R^3} \approx \left(\frac{b^3}{|v|}\right)^{6\nu-3} N^{1-3\nu} \tag{9-25}$$

上述公式表明，在高分子溶液中，区分高分子稀溶液和亚浓溶液的交叠浓度，和分子量的 $(1-3\nu)$ 次方成正比。例如，对于中性的高分子 θ 溶液（$\nu=0.5$），交叠浓度将和

分子量的 $\frac{1}{2}$ 次方成反比,而对于高分子良溶液($\nu = 0.588$),交叠浓度将和分子量的 0.76 次方成反比。在高分子浓度高于交叠浓度的溶液中,一个最重要的尺度是关联长度 ξ。关联长度的物理意义,是区分高分子链内相互作用和链间相互作用的尺度。在标度理论中,关联长度中所包含的链段,只有链内相互作用;大于关联长度 ξ 的尺度上,将包含链内和链间的相互作用。根据物理图像可知,关联链包(correlation blob)在标度理论意义上可以理解为溶液是这个尺度空间链包的密堆砌,所以溶液中高分子的体积分率 ϕ 可以表示为

$$\phi \approx \frac{g_\xi b^3}{\xi^3} \tag{9-26}$$

式中,g_ξ 为关联链包中的链节数目。同时结合关联长度内的链段-尺寸关系[式(9-24)],标度理论意义上关联长度的理论表达式为

$$\xi \approx \left(\frac{g_\xi b^3}{\phi}\right)^{\frac{1}{3}} \approx b \left(\frac{b^3}{v}\right)^{(2\nu-1)/(3\nu-1)} \phi^{-\nu/(3\nu-1)} \tag{9-27}$$

在亚浓溶液里,大于关联长度的尺度上,链构象因为多链之间屏蔽了体积排斥作用,所以呈无扰状态。因此整链尺寸在标度理论意义上,可以表示为如下理论表达式:

$$R \approx \xi \left(\frac{N}{g_\xi}\right)^{\frac{1}{2}} \approx b \left(\frac{v}{\phi b^3}\right)^{(2\nu-1)/(6\nu-2)} N^{\frac{1}{2}} \tag{9-28}$$

在下面几节中,我们将在这些高分子中性溶液基本概念和物理图像的基础之上,介绍聚电解质溶液标度理论的主要结果。

9.3.2 稀溶液聚电解质构象

1. 稀溶液聚电解质构象的 Flory 理论

聚电解质是指主链上带有可电离基团的高分子。在极性溶剂(如水)中,聚电解质分子上的可电离基团电离出抗衡离子,使得主链上带有和抗衡离子相反的电荷。聚电解质分子的静态构象和动态性质都表现出强烈的多尺度特征。聚电解质体系的主要特征尺度有热链包尺寸、静电链包(electrostatic blob)尺寸、静电屏蔽长度、关联长度、缠结管道尺寸、整链尺寸,等等。

当聚电解质高分子的整链尺寸小于分子间距,即 $\phi < \phi^*$ 时,聚电解质溶液为稀溶

液。最简单的无外加盐时聚电解质构象的 Flory 理论为我们理解更复杂的聚电解质构象理论提供了一个基本的物理图像。聚电解质构象的 Flory 理论的基本思想是链上所带电荷的相互排斥作用和链连接性所导致链段聚集的熵贡献之间的平衡关系，决定了链构象的基本框架。在标度理论意义上链构象熵对自由能的贡献 F_C，可以表示为高分子末端距 R_e 的函数：

$$F_C \approx kT \frac{R_e^2}{N b^2} \tag{9-29}$$

在 Flory 理论中，聚电解质由于静电排斥而被拉伸成一个椭球状构象，如图 9-4(a) 所示。这个椭球的长轴尺寸和聚电解质的末端距 R_e^2 的尺寸相当，而椭球的短轴尺寸则和理想链尺寸 $b N^{\frac{1}{2}}$ 相当。均匀带电的椭球体的静电能可以表示为

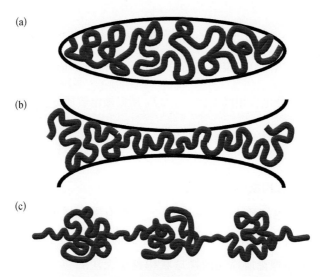

图 9-4　Flory 理论中聚电解质的椭球状构象（a）、标度理论所描述的哑铃形构象（b），以及含疏水主链的项链形构象（c）

$$F_E \approx kT \frac{l_B (Nf)^2}{R_e} \ln \left(\frac{R_e}{N^{\frac{1}{2}} b} \right) \tag{9-30}$$

式中，l_B 为溶剂介电常数影响的比耶鲁姆长度（Bjerrum length）；f 为聚电解质大分子的链段带电分率。所以在 Flory 理论中聚电解质的构象是式（9-29）所代表的熵贡献导致的收缩和式（9-30）所代表的静电排斥引起的拉伸的平衡的结果，最终聚电解质大分

子末端距可以表示为其自由能最小时的尺寸:

$$R_e \approx bN \left(\frac{l_B f^2}{b} \right)^{\frac{1}{3}} \left\{ 1 + \ln \left[N \left(\frac{l_B f^2}{b} \right)^{\frac{2}{3}} \right] \right\}^{\frac{1}{3}} \qquad (9-31)$$

当分子量 N 比较大时,我们可以看到 Flory 理论中预言的聚电解质大分子末端距大致和 $N(\ln N)^{\frac{1}{3}}$ 成正比。式(9-31)所表示的关系只有在大分子末端距小于完全伸长尺寸 bN 时才大致成立。如果静电排斥作用导致的链尺寸接近完全伸长尺寸 bN 时,聚电解质大分子末端距将正比于分子量 N。所以我们把结果总结如下。

$$R_e \approx \begin{cases} bN \left(\frac{l_B f^2}{b} \right)^{\frac{1}{3}} \left\{ 1 + \ln \left[N \left(\frac{l_B f^2}{b} \right)^{\frac{2}{3}} \right] \right\}^{\frac{1}{3}}, & N^{-\frac{3}{2}} < \frac{l_B f^2}{b} < 1 \\ bN, & \frac{l_B f^2}{b} \geq 1 \end{cases} \qquad (9-32)$$

式中,在相态区间 $N^{-\frac{3}{2}} < \frac{l_B f^2}{b} < 1$,上述结果描述了从无扰链到完全伸直链的构象变化情况,在这一个相态空间里,聚电解质分子的尺寸和分子量呈现非线性变化。而当 $\frac{l_B f^2}{b} < N^{-\frac{3}{2}}$ 时,由于静电作用能不到一个 kT,所以聚电解质分子构象呈现无扰的理想链状态,也就是说末端距大致为 $R_e \approx bN^{\frac{1}{2}}$。

2. 聚电解质稀溶液构象的标度理论

在上面介绍的聚电解质 Flory 理论中,完全没有考虑链的相关性。而在实际溶液构象中,如图 9-4(b)所示,由于处于链段中央的部分所受到的静电拉伸作用是最大的,可以想象,上述理论所描述的椭球状构象是无法和应力分布的物理图像相一致的。基于这一物理图像,我们需要引入具有链段相关性的聚电解质稀溶液构象的标度理论模型。我们首先借助相互作用链段的图像,引入静电链包尺寸的概念。所谓静电链包尺寸 D_e,就是聚电解质链段中的静电相互作用和热相互作用大致相当的尺寸:

$$kT l_B \frac{(f g_e)^2}{D_e} \approx kT \qquad (9-33)$$

式中,g_e 为静电链包中的链段数,在小于静电链包尺寸 D_e 的尺度上,聚电解质分子的构象和中性大分子类似,而在大于这一尺寸的尺度上,聚电解质大分子的构象因为静电排斥作用而被拉长。所以根据中性链的尺寸[式(9-24)和式(9-33)]，我们可以计算出标度理论所表示的静电链包尺寸 D_e 的大小为

$$D_{e0} \approx b \left(\frac{v}{b^3}\right)^{(4\nu-2)/(2-\nu)} \left(\frac{b}{l_B f^2}\right)^{\nu/(2-\nu)} \qquad (9-34)$$

我们可以证明[3]，聚电解质大分子在稀溶液中的静电链包尺寸 $D_e(z)$ 可以表示为

$$D_e(z) \approx D_{e0} \left[1 + \ln\left(\frac{R_e^2 - 4 z^2}{2 R_e D_{e0}}\right)\right]^{-\frac{1}{3}} \qquad (9-35)$$

式中，z 为距离链中心的轴向距离；R_e 为聚电解质的整链尺寸。正如式(9-35)所预测的那样，聚电解质的构象如图9-4(b)所示，最小静电链段出现在链中间；而在聚电解质分子的两端，静电链段尺寸最大。根据式(9-35)，我们可以计算聚电解质的整链尺寸为

$$R_e \approx bN \left(\frac{l_B f^2}{b}\right)^{\frac{1}{3}} \left[1 + \ln\left(\frac{N}{g_{e0}}\right)\right]^{\frac{1}{3}} \qquad (9-36)$$

式中，$g_{e0} \approx \left(\frac{v}{b^3}\right)^{(2\nu-1)/(2-\nu)} \left(\frac{b}{l_B f^2}\right)^{1/(2-\nu)}$，为聚电解质分子中静电链段的链节个数。如果 $\nu = \frac{1}{2}$，式(9-36)给出的结果和根据 Flory 理论推导出的式(9-32)给出的结果是一致的。这说明虽然标度理论所描述的哑铃形构象和 Flory 理论所描述的椭球状构象，在物理图像细节上完全不同，但是由于造成大分子拉伸的静电排斥作用是一致的，所以在整体构象尺寸上的预测是相同的。但是标度理论不仅给出了更完整准确的构象信息，同时将不同溶剂性质对聚电解质大分子的构象的影响，也一致地进行了描述，给出了简单的便于与实验结果相对照的理论预测结果。为了证明这一理论预测结果，我们同时进行了系统的分子动力学模拟工作。模拟结果表明，式(9-36)给出的结果与计算机模拟结果高度一致。[3]

虽然式(9-34)~式(9-36)所表示的标度理论模型，相对于仅仅考虑无扰链的 Flory 理论模型，加入对应于良溶剂的体积排斥作用，但是用同样的方法将标度理论推广到相对主链的作用为不良溶剂的体系，却是失败的。这里的原因是主链为疏水结构的聚电解质高分子体系存在聚集结构的瑞利-泰勒不稳定性。这一物理图像如图9-4(c)所示。一方面，主链由于静电相互作用而被拉伸；另一方面，由于主链的疏水相互作用，在一定条件下，局部高分子疏水主链由于表面能的贡献，而会出现如图9-4(c)所示的项链形构象。这一构象是主链疏水聚电解质的一个特征构象，引入新的链段关

联性,不能用前述简单的标度理论所包含的关联性来描述,需要新的理论模型。因为绝大多数合成聚电解质大分子的主链化学结构是碳链,一般都具有疏水性,所以这一模型具有非常广泛的应用背景。这一模型的标度理论首先由 Andrey Dobrynin 和 Michael Rubinstein 提出,现在一般把这一模型称为疏水聚电解质的 Dobrynin‐Rubinstein 项链模型。下面我们介绍这一标度模型的基本物理图像和主要结果。

3. 疏水聚电解质稀溶液构象的项链模型

与理想溶液和良溶液不同,当聚电解质大分子处于相对于主链为不良溶剂的环境中时,由于主链上带电基团的静电排斥作用,溶液不会发生整体的相分离,但是大分子链节之间会互相吸引,理论上可以表示为体积排斥作用为负值。大分子链节因为相互吸引,会在单链内部聚集成球形聚集体,所以在这种情况下,存在着静电的排斥作用与球形聚集体表面收缩能的平衡。这一平衡并不是一个平滑过程,而是存在着一系列的物理相变。这一物理图像如图 9‐4(c)所示,如果没有静电排斥作用,疏水高分子将塌缩成一个单个球形聚集体,以减小表面张力。随着聚电解质高分子链段带电分率的增加,静电能逐渐增加,直到发生聚集体的分裂,变成两个通过高分子链节相连的小聚集体。随着聚电解质高分子链段带电分率的进一步增加,聚集体的分裂可能会继续进行,从而进一步降低静电能的贡献。所以在稀溶液中,聚电解质单链构象因为静电排斥作用与球形聚集体表面收缩能的平衡,一般呈现为图 9‐4(c)所示的项链形构象。这一构象极大地影响了聚电解质溶液的静态结构和动力学特征。[4]

我们还是从中性塌缩的高分子标度图像开始,逐步引入链节相关性来构建我们的疏水聚电解质大分子模型。在主链疏水高分子中,热链包尺寸同样可以用式(9‐22)和式(9‐23)来表述,只是体积排斥作用参数 V 为负值。在大于热链包尺寸 ξ_T 的尺度上,高分子链节的相互吸引作用强于热扰动,链节的构象由于高分子链节间的吸引作用,链构象呈现球形塌缩的构象特征,高分子末端距通常可以表示为

$$R_e \approx \xi_T \left(\frac{N}{g_T}\right)^{\frac{1}{3}} \approx b^2 \mid V \mid^{-\frac{1}{3}} N^{\frac{1}{3}} \tag{9-37}$$

式中,$\mid V \mid$ 为排斥体积。在理论上我们可以用高分子实际所处的绝对温度 T 与其对应的 θ 温度的差值来估计排斥体积 V:

$$V \approx \left(1 - \frac{\theta}{T}\right) b^3 \tag{9-38}$$

由于一个热链包对自由能的贡献为一个 kT，所以塌缩的球形高分子的表面张力 γ 在标度理论意义上，可以表示为

$$\gamma \approx \frac{kT}{\xi_{\mathrm{T}}^2} \tag{9-39}$$

那么对于这样一个末端距为式(9-37)所表示的高分子塌缩的球形构象，其表面能 F_{S} 为

$$F_{\mathrm{S}} \approx R^2 \gamma \approx kT \mid v \mid^{\frac{2}{3}} b^{-2} N^{\frac{1}{3}} \tag{9-40}$$

当链段带有电荷的分率为 f 时，静电能 F_{E} 为

$$F_{\mathrm{E}} \approx kT l_{\mathrm{B}} \frac{(fN)^2}{R} \tag{9-41}$$

将上述能量进行对电荷分率 f 最小化，很容易得到如下结果：表面能 F_{S} 和静电能 F_{E} 在链段电荷分率 f 超过如下临界值的时候，塌缩的球形疏水聚电解质构象会发生分裂。

$$f \approx \left(\frac{\mid V \mid}{b^2 l_{\mathrm{B}} N} \right)^{\frac{1}{2}} \tag{9-42}$$

按照这个物理图像和模型引入的链结构相关性，我们可以计算疏水聚电解质大分子的项链形构象的大小。首先，根据式(9-42)，疏水聚电解质的项链形构象中，疏水的塌缩球形数目 m 可以估计为

$$m \approx \frac{l_{\mathrm{B}} f^2 N b^2}{\mid V \mid} \tag{9-43}$$

通过计算自由能，我们可以得到平衡状态的项链形构象中的塌缩球形之间的连接弦长度 l_{S} 为

$$l_{\mathrm{S}} \approx \frac{bfN}{m} \left[\frac{l_{\mathrm{B}} b^2}{\mid V \mid} \ln m \right]^{\frac{1}{2}} \tag{9-44}$$

所以最终我们根据式(9-43)和式(9-44)，可以估计疏水聚电解质的项链形构象的总尺寸 R 为

$$R \approx m l_{\mathrm{S}} \approx bfN \left[\frac{l_{\mathrm{B}} b^2}{\mid V \mid} \ln \left(\frac{l_{\mathrm{B}} f^2 N b^2}{\mid V \mid} \right) \right]^{\frac{1}{2}} \tag{9-45}$$

式(9-43)～式(9-45)就是目前对大部分合成高分子聚电解质中，主链疏水聚电解

质的静态结构的标度理论预测结果。同样，我们可以通过计算机模拟手段，系统研究疏水聚电解质的静态结构，和该理论相对照。分子动力学模拟结果表明，这一理论预测具有非常高的可靠性。[4]

9.3.3 聚电解质稀溶液中抗衡离子的聚沉和溶液渗透压

聚电解质的渗透压是溶液的重要性质，在各种生物物理现象中起非常关键的作用。和中性高分子溶液不同，聚电解质的渗透压往往由电离的抗衡离子的浓度决定。在介绍完聚电解质稀溶液的链构象之后，我们来考虑从主链电离出来的抗衡离子的浓度分布问题。我们知道，在稀溶液中，由于主链上的静电排斥，在屏蔽尺度以内，聚电解质的构象大致呈伸直状态。对于线性的棒状构象，如果聚电解质的荷电密度超过一定数值，那么带相反电荷的抗衡离子将聚集在聚电解质周围一个非常小的皮层区域，这个现象最早被曼宁（Manning）在理论上所预言，一般被称为曼宁聚沉（Manning condensation）现象。我们这里简单介绍这一现象的物理图像和标度理论预测结果。

通过上节的介绍，在稀溶液中，聚电解质由于主链上的静电排斥作用，分子构象呈棒状。那么围绕主链的抗衡离子是如何分布的呢？我们通过一个简单的理论说明，当主链的电荷密度达到一定值以后，抗衡离子将吸附在主链上，从而使主链的有效电荷密度维持在一个很窄的范围内，而聚电解质溶液的渗透压取决于有效电荷所对应的抗衡离子浓度。如图 9-5 所示，假设聚电解质溶液的抗衡离子分布在两个区域，一个区域是接近伸直主链的半径为 r 的圆柱区域内的聚沉区域，另一个区域是除去主链占据的半径为 r 的圆柱区域的更大的一个圆柱区域。在聚电解质亚浓溶液中，这个聚电解质链段大小 L 和前述关联长度 ξ 大致相当。如果假设图 9-5 所示的蓝色区域代表聚电解质的平均占有体积，长度为 L 的含有 N 个聚电解质链节，每个链节的占有体积为 V，这一区域内吸附有 n_1 个抗衡离子；而在蓝色区域以外的区域，含有 n_2 个自由的抗衡离子。在简单的曼宁聚沉理论中，抗衡离子没有占有体积，聚沉的离子分布在聚电解质分子的占有体积 NV 内部，即图 9-5 中所示的蓝色柱状区域，据此我们也可以估计柱状区域半径 r 的大小。如果定义聚沉离子分率 $\beta = \dfrac{n_1}{n_1 + n_2}$，高分子体积分率 $\phi = \dfrac{NV}{V}$，那么处于区域 2 和区域 1 的抗衡离子的平动熵之差和离子浓度差的关系为

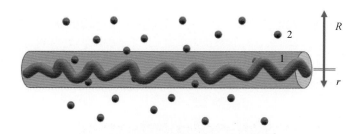

图 9-5　聚电解质溶液中的抗衡离子聚沉

$$\Delta\varphi = \ln\left(\frac{n_2}{V_1 - NV}\right) - \ln\left(\frac{n_1}{NV}\right) = \ln\left(\frac{\phi}{1-\phi}\right) - \ln\left(\frac{\beta}{1-\beta}\right) \tag{9-46}$$

式中，V_1 为图 9-5 所示的总体积；V 为每个链节的占有体积；$\dfrac{n_2}{V_1 - NV}$ 和 $\dfrac{n_1}{NV}$ 分别为自由离子和聚沉抗衡离子的浓度。

从区域 1 到区域 2 的电势差 $\Delta\varphi$ 为

$$\Delta\varphi \approx l_B \frac{(1-\beta)fN}{L}\ln\left(\frac{r}{R}\right) \tag{9-47}$$

在高分子体积分率很小时（注意并不要求是稀溶液），$\ln\left(\dfrac{r}{R}\right) \approx \ln\left(\dfrac{\phi}{1-\phi}\right) \approx \ln\phi$。当抗衡离子的自由能在两个区域平衡时，有

$$\ln\left(\frac{\beta}{1-\beta}\right) \approx \left[1 - (1-\beta)\frac{l_B fN}{L}\right]\ln\phi \tag{9-48}$$

式（9-48）有两个渐进解。当 $\dfrac{l_B fN}{L} \ll 1$ 时，聚沉在高分子主链附近的抗衡离子分率和高分子体积分率相等，并随着高分子体积分率的下降而下降。当 $\dfrac{l_B fN}{L} \gg 1$ 时，分布在区域 2 的自由抗衡离子分率为

$$1 - \beta \approx \frac{L}{l_B fN}\left[1 - \ln\left(\frac{l_B fN}{L}\right)\bigg/\ln\phi\right] \tag{9-49}$$

这一自由抗衡离子分率（$1-\beta$）随着高分子聚电解质溶液浓度的下降，逐渐趋近于一个很小的极限值 $\dfrac{L}{l_B fN}$，这意味着大部分高分子上的电荷无法电离，而是保持一个基本恒定的有效电离密度。此时高分子约化有效电荷密度 $(1-\beta)\dfrac{l_B fN}{L}$ 趋近于 1。同时，在聚电

解质主链上有效电荷之间的平均距离 $\dfrac{L}{(1-\beta)fN}$ 约等于比耶鲁姆长度 l_B。式(9-48)

和式(9-49)就是最基本的曼宁聚沉理论的主要框架。在无外加盐的聚电解质溶液中,自由的抗衡离子决定了溶液的渗透压,所以曼宁聚沉理论给出的聚电解质溶液渗透压的表达式为

$$\pi \approx kT \frac{L}{l_B V} \left[1 - \ln \left(\frac{l_B fN}{L} \right) \Big/ \ln \phi \right] \tag{9-50}$$

上面介绍的曼宁聚沉理论基于聚电解质和抗衡离子的柱状对称性所导致的电势和距离对数的依赖性,也就是式(9-50)所表达的内容。这一柱状对称性的要求,一般只能在亚浓溶液中才能达到,而这一理论实际上又是当高分子溶液浓度无限小时的溶液理论,例如要求 $\ln \left(\dfrac{r}{R} \right) \approx \ln \left(\dfrac{\phi}{1-\phi} \right) \approx \ln \phi$。这一矛盾在后继的改进模型中得到了解决[5]。限于篇幅,这里就不做更深入的介绍。

9.3.4　聚电解质溶液的动力学

这一节主要介绍聚电解质体系中高分子溶液动力学的一些主要标度理论结果。聚电解质溶液具有和中性高分子溶液迥异的动力学性质。例如,在中性高分子良溶液中,在稀溶液浓度区间溶液黏度和高分子浓度成正比;在亚浓溶液浓度区间,溶液黏度和高分子浓度的1.3次方成正比。而对于聚电解质溶液,其黏度在一个很宽的浓度范围内,都和高分子浓度的平方根成正比,这就是从实验中总结出来的富斯定律(Fuoss law)。我们需要从物理图像上定量解释和预测这些聚电解质溶液的动力学行为。

1. 单个粒子的流体动力学

在三维空间中,单个粒子无规扩散的方均位移可以表示为

$$\langle [r(t) - r(0)]^2 \rangle = 6Dt \tag{9-51}$$

式中,r 为粒子位置向量;D 为扩散系数;t 为扩散时间。在通常的溶液中,粒子运动通常速度不快。在这种情况下,粒子在溶液中受到的摩擦力 f 和粒子运动速度 v 成正比。

$$f = -\zeta v \tag{9-52}$$

式中，ζ 为粒子的摩擦系数。扩散系数 D 和粒子的摩擦系数 ζ 遵循 Einstein 关系：

$$D = \frac{kT}{\zeta} \tag{9-53}$$

式中，k 为玻耳兹曼常数；T 为绝对温度。在黏度为 η 的溶液中低速运动且半径为 R 的粒子，其摩擦系数 ζ 遵循 Stokes 定律：

$$\zeta = 6\pi\eta R \tag{9-54}$$

根据式（9-54）的 Stokes 定律和式（9-53）的 Einstein 关系，我们得到所谓的 Stokes-Einstein 关系：

$$D = \frac{kT}{6\pi\eta R} \tag{9-55}$$

在实验研究中，我们通常通过测量粒子的扩散系数，利用上述关系，来确定粒子的半径。这样确定的离子半径，称为流体力学半径。这些关系，是我们构筑高分子动力学的理论基础。

2. 高分子稀溶液的动力学

在高分子稀溶液中，由于高分子链节对溶剂分子的拖拽，高分子线团的运动表现为整体的协同运动。这种高分子链节对溶剂分子的拖拽作用，称为流体力学相互作用，大致和距离的倒数成正比。这一衰减很慢的长程相互作用（参见 9.2.1 节），导致稀溶液中高分子线团整体拖拽着其中的溶剂分子一起运动。这一运动模式通常称为 Zimm 模式。在这一运动模式中，高分子链可以看作一个半径为 R 的宏粒子，其摩擦系数由 Stokes 定律确定。

$$\zeta_Z \approx \eta_s R \tag{9-56}$$

式中，η_s 为溶剂黏度。这里忽略了严格的 Stokes 定律中的系数，只给出标度理论意义上的结果。那么由 Einstein 关系，高分子链在稀溶液中的扩散系数 D_Z 可以表示为

$$D_Z \approx \frac{kT}{\eta_s R} \approx \frac{kT}{\eta_s b N^\nu} \tag{9-57}$$

式中，N 为高分子链节数；b 为库恩长度；ν 为 Flory 指数。高分子链的弛豫时间，在标度理论上的物理定义为高分子扩散的均方根位移和高分子链尺寸大致相当的时间。所

以高分子链在稀溶液中的弛豫时间 τ_Z 可以表示为

$$\tau_Z \approx \frac{R^2}{D_Z} \approx \frac{\eta_s}{kT} R^3 \approx \frac{\eta_s b}{kT} N^{3\nu} \tag{9-58}$$

上述定量关系,就是标度理论对含有流体力学相互作用的高分子的弛豫时间的理论预测。这一预测,最近得到了含有溶剂分子的分子动力学模拟的严格验证[6]。高分子的溶液黏度,在标度理论上可以表示为高分子应力剪切模量的时间积分。高分子链在稀溶液中的应力剪切模量,在标度理论的物理图像上,定义为高分子链的数密度热能的贡献,也就是说,每一个高分子链贡献一个 kT:

$$G(\tau_Z) \approx kT \frac{\phi}{N b^3} \tag{9-59}$$

式中,ϕ 为高分子体积分率。利用式(9-58)和式(9-59),高分子稀溶液的黏度的标度理论估计可以表示为

$$\eta - \eta_s \approx G(\tau_Z) \tau_Z \approx \eta_s b^{-2} \phi N^{3\nu-1} \tag{9-60}$$

上述结果,就是著名的 Fox-Flory 公式的主要物理框架。

3. 聚电解质亚浓溶液的非缠结动力学

在中性高分子的亚浓溶液中,存在着动态的流体力学屏蔽长度 ξ_h 和静态的关联长度 ξ 两个尺度。当空间尺度小于流体力学屏蔽长度 ξ_h 的尺度时,高分子的动力学可以用上一小节中的 Zimm 模式来描述。而当空间尺度大于流体力学屏蔽长度 ξ_h 的尺度时,高分子链节之间的流体力学相互作用被环绕的其他高分子链节所屏蔽,高分子的动力学表现为只有自身链节局部摩擦的模式,我们把这种运动模式称为 Rouse 模式。一般认为,动态的流体力学屏蔽长度 ξ_h 和静态的关联长度 ξ 成正比,所以在标度理论的意义上,我们认为两者相等。

在聚电解质亚浓溶液中,还有一个特征尺度,就是静态的静电屏蔽长度 ξ_D。因为同时具有静电屏蔽长度和流体力学屏蔽长度,聚电解质的动力学有特殊性。在这两个尺度不一致的情况下,可能出现与中性高分子体系完全不一样的性质。我们的计算机模拟结果表明,聚电解质亚浓溶液的静态性质和动力学性质,可能是受单一的特征关联尺度控制[7],所以我们有理由认为,动态的流体力学屏蔽长度 ξ_h 及静态的静电屏蔽长度 ξ_D 都和静态的关联长度 ξ 成正比,所以在标度理论的意义上认为三者是相等的。

基于以上的物理图像基础,在理论上可以给出关于聚电解质溶液在亚浓溶液区间的非缠结动力学的标度理论预测结果。在亚浓溶液浓度范围内,无论是中性高分子还是带有电荷的高分子,动态的流体力学屏蔽长度 ξ_h、静态的静电屏蔽长度 ξ_D 和静态的关联长度 ξ 可以表示为

$$\xi_h \approx \xi_D \approx \xi \approx b\,\phi^{-\nu/(3\nu-1)} \tag{9-61}$$

式中,ϕ 为高分子体积分率,满足如下关系:

$$\begin{cases} \phi \approx \dfrac{g\,b^3}{\xi^3} \\[2mm] \xi \approx b\,g^\nu \end{cases} \tag{9-62}$$

式中,g 为高分子关联链包中的链节数;b 为库恩长度;ν 为 Flory 指数。在关联长度 ξ 以下,高分子链段的弛豫时间 τ_ξ 为

$$\tau_\xi \approx \frac{\xi^2}{D_Z} \approx \frac{\eta_s}{kT}\,\xi^3 \approx \frac{\eta_s\,b^3}{kT}\,\phi^{-3\nu/(3\nu-1)} \tag{9-63}$$

在关联长度 ξ 以上,高分子链无论是在良溶剂中还是在不良溶剂中,无论是中性还是带电的,均呈现无规行走的构象。而在这一尺度以上,链动力学可以用 Rouse 模式描述。在 Rouse 模式中,高分子链的摩擦系数与关联包数 $\dfrac{N}{g}$ 成正比。同样,根据弛豫时间的标度理论定义,高分子链的弛豫时间 τ_{chain} 和链节数 N 的平方成正比。

$$\tau_{chain} \approx \frac{R^2}{D_R} \approx \frac{\frac{R^2}{kT}\,\eta_s\,\xi N}{g} \approx \tau_\xi \left(\frac{N}{g}\right)^2 \tag{9-64}$$

所以亚浓溶液中,高分子链的弛豫时间可以表示为

$$\tau_{chain} \approx \frac{\eta_s\,b^3}{kT}\,N^2\,\phi^{(2-3\nu)/(3\nu-1)} \tag{9-65}$$

可以看到,中性高分子亚浓溶液中,链弛豫时间随浓度增加而增加,而聚电解质溶液中正好相反,链弛豫时间随浓度增加而减少。同样地,结合高分子亚浓溶液中的应力弛豫模量的定义,高分子亚浓溶液的黏度可以表示为

$$\eta - \eta_s \approx G(\tau_{chain})\,\tau_{chain} \approx \eta_s N\,\phi^{1/(3\nu-1)} \tag{9-66}$$

也就是说,在中性高分子良溶剂($\nu = 0.588$)中,亚浓溶液的黏度和浓度的 $1/(3\nu-1) \approx$

1.3 次方成正比；而对于聚电解质（$\nu = 1.0$）来说，溶液的黏度和浓度的 $1/(3\nu - 1) \approx 0.5$ 次方成正比。这就是前述实验总结聚电解质溶液黏度的富斯定律所包含的理论解释。同样地，我们通过计算机模拟手段，系统研究了疏水聚电解质的动态特征，证明了这一理论预测的可靠性。[7]

参考文献

［1］Yeh I C，Berkowitz M L. Ewald summation for systems with slab geometry［J］. The Journal of Chemical Physics，1999，111(7)：3155 - 3162.

［2］Yang W，Jin X G，Liao Q. Ewald summation for uniformly charged surface［J］. Journal of Chemical Theory and Computation，2006，2(6)：1618 - 1623.

［3］Liao Q，Dobrynin A V，Rubinstein M. Molecular dynamics simulations of polyelectrolyte solutions：nonuniform stretching of chains and scaling behavior［J］. Macromolecules，2003，36 (9)：3386 - 3398.

［4］Liao Q，Dobrynin A V，Rubinstein M. Counterion-correlation-induced attraction and necklace formation in polyelectrolyte solutions：Theory and simulations［J］. Macromolecules，2006，39(5)：1920 - 1938.

［5］Liao Q，Dobrynin A V，Rubinstein M. Molecular dynamics simulations of polyelectrolyte solutions：Osmotic coefficient and counterion condensation［J］. Macromolecules，2003，36(9)：3399 - 3410.

［6］Yao N，Li J T，Gu F，et al. Relaxation time spectrum and dynamics of stretched polymer chain in dilute θ solution：Implicit solvent model versus explicit solvent model［J］. Macromolecular Theory and Simulations，2020，29(3)：1900064.

［7］Liao Q，Carrillo J M Y，Dobrynin A V，et al. Rouse dynamics of polyelectrolyte solutions：Molecular dynamics study［J］. Macromolecules，2007，40(21)：7671 - 7679.

Chapter 10

单分子荧光显微与光谱技术，以及高分子物理研究

杨京法 赵江

中国科学院化学研究所

10.1 引言

从物质构成基本单元的层面获得信息,是研究物质与材料基本性质物理根源的最有效途径,因此,关于单分子的研究是近年来高分子物理研究的重要方向。在高分子物理研究历程中,诸多理论模型都是从单分子链的层面发展而来的,如高分子流变学的 Rouse 模型通过将高分子链简化为由多个弹簧连接的珠子构成,从而很好地描述了非缠结高分子体系的流变学性质。[1]蛇行(reptation)模型则通过将缠结松弛时间内分子链的运动描述为沿着分子链轮廓方向的蛇形运动,而有效地揭示了缠结体系流变学性质的机理。[2]这些从单分子层面发展而来的成功理论模型凸显了在实验上开展高分子单链物理研究的重要性。随着现代高分子物理研究的不断深入与发展,从单分子链的层面理解与认识高分子的物理性质是从根本上揭示其物理根源的有效途径与方法,这已经成为学术界的共识。

从实验上获取高分子单链信息是颇具难度的。由于高分子链的尺寸很小($10^0 \sim 10^2$ nm),且与周边环境和介质的反差偏小(如折光指数),因此,很难在实验上直接观察到高分子单链。研究人员曾采用原子力显微镜观察固体表面聚苯乙烯等高分子单链的形态及运动。[3]还有研究人员采用分子尺寸很大的 DNA 分子作为高分子的模型体系,对其进行荧光染色而采用荧光显微镜进行观察研究。[4]近年来,更有研究人员采用电子显微镜成功观察到液体表面高分子单链的形态。[5]然而,上述研究手段或未能研究真正的合成高分子或在一定程度上改变了高分子链本身的形态与性质,因此,如何在尽量不对高分子链产生影响的情况下获取高分子单链的信息即成为重要的研究任务与目标。

单分子荧光显微与光谱技术具有极高的探测灵敏度和空间分辨率,在生命科学领域广泛地实现了单分子级别的研究工作,取得了巨大的成功。这些方法能够在光学分辨率极限条件下探测与记录单个荧光分子的荧光发射强度,对其进行成像与轨迹追踪,测量其发射光谱等。[6]生物物质与高分子同属软物质范畴,两者的存在条件及其动力学在很大程度上相近,因此,单分子荧光方法在高分子物理的研究中具有很大的前景,比如高分子溶液与凝胶、高分子表界面、高分子玻璃化转变及固液转变过程等。美国斯坦福大学的 Steven Chu 教授采用荧光染色的 DNA 分子作为高分子模型,率先开展了关于高分子单链物理的研究工作。[4]美国伊利诺伊大学的 Steve Granick 教授采用单分子荧光显微与光谱技术研究了固体-液体界面上单根高分子链的平动扩散运动,首次观察到了高分子单链在界面上的平动扩散系数与分子量呈现－1.5 标度关系,并成功地以界面 reptation 模型对此发现进行了解释,开辟了以单分子荧光方法研究高分子物理的先河。[7]近年来,采用单分子荧光显微与光谱技术研究高分子物理化学性质的研究工作不断涌现。

以单分子荧光显微与光谱技术为手段开展高分子研究,必须有针对性地建设适合高分子研究的实验技术与方法。高分子物质与其他物质相比有着特殊的物理化学性质,如链状分子拓扑结构的大分子特性、由于连接链带来的熵弹性及体系的黏弹性,这些特性具有独特的时间与温度依赖性,因此,我们采用自行研制与搭建的途径,建设了适合高分子物理研究的单分子荧光显微与光谱实验平台,以荧光涨落光谱、单分子荧光成像等为主要技术手段,有效地开展了关于高分子单链以及单分子链段的研究工作。科研实践表明,单分子荧光显微与光谱技术是研究高分子物理基础问题的有力手段。以下以三个方面的研究作为实例进行说明。

10.2 关于多电荷大分子单分子链构象及电荷状态的研究

多电荷大分子是主链上带有多个电荷的链状大分子,它包括合成的聚电解质以及生物大分子(如 DNA、蛋白质等),主导这类分子的相互作用为长程静电相互作用,其作用距离可以达到 10^2 nm,这一点区别于其他高分子所常见的短程相互作用,如范德瓦耳斯相互作用,其作用距离仅仅为几个纳米。[8]长程静电相互作用使得多电荷大分子个体之间具有强烈的相互耦合,赋予了整个体系诸多复杂而特殊的结构及动力学性质。多电荷大分子体系的第二个重要特征是大量抗衡离子的存在。由于多电荷大分子的主链带有众多电荷,为了保证体系的电中性,体系同时拥有同等数量或带有同样电量的抗衡离子。抗衡离子的作用是通过中和效应来调节主链的电荷,是决定大分子电荷密度的决定性因素。抗衡离子的分布受到诸多因素的影响,如温度、大分子浓度、盐浓度等,因此,抗衡离子造就了多电荷体系的响应性,同时在体系的流变学与动力学性质中发挥着十分重要的作用。[9]

然而,上述因素也为关于多电荷大分子的表征带来了很大挑战。由于长程静电相互作用的存在,多电荷大分子链之间不再如中性分子那般独立,而是具有运动耦合进而对体系的结构产生影响,因此,当采用对中性聚合物非常有效的散射方法研究多电荷大分子体系时,由于上述因素的综合作用,出现了动态光散射中的"快模式"与"慢模式"以及静态光散射中的结构峰,因而给表征带来了很大的困难。[10-11]由此可见,采用新方法开展多电荷大分子的研究尤为重要。

我们利用单分子荧光关联光谱及光子计数直方图技术成功地开展了水溶液中多电荷大分子的结构及动力学研究工作。由于单分子荧光技术具有很高的灵敏度，因而可以大幅降低被研究体系的浓度，从而在很大程度上避免了长程静电相互作用的影响从而得以成功获取单根带电分子链的信息。

荧光关联光谱（fluorescence correlation spectroscopy，FCS）是具有单分子探测灵敏度的统计光谱技术，它采用共聚焦荧光显微镜的光路结构，利用单光子计数器记录共聚焦空间中的荧光强度。由于荧光分子的扩散运动，使得共聚焦空间内的荧光强度发生涨落。[12] 由于共聚焦空间内激光光强呈现高斯分布，而荧光分子的运动满足布朗运动的规律，因而荧光信号涨落的关联函数将满足如下规律：$G(\tau) = (\pi^{\frac{3}{2}} w_0^2 z_0 \langle c \rangle)^{-1}$ $\left(1 + \dfrac{4D\tau}{w_0^2}\right)^{-1} \left(1 + \dfrac{4D\tau}{z_0^2}\right)^{-\frac{1}{2}}$，其中 w_0、z_0 分别为共聚焦空间的横向半径及纵向半长度，D 为荧光分子的扩散系数，$\langle c \rangle$ 为荧光分子的平均浓度。在实验中，通过标准物质获得 w_0、z_0 的数值，进而在对未知样品测量时，将实验数据与上述公式拟合，即可获得被测量分子的扩散系数与平均浓度。由于聚合物分子大部分不具备荧光性质，因此在实验中将对聚合物分子进行荧光标记。为了避免荧光标记改变聚合物本身的性质，每根分子链上仅通过化学键连接一个荧光分子。另外，由于荧光分子本身的尺寸约为 1.0 nm，因此采用这个方法研究分子量较大的聚合物获得的结果更加合理可靠。因此，为了保证实验数据能如实反映分子链的特点与性质，在实验中需要比较不同分子量样品的数据。

在使用荧光关联光谱研究水溶液中聚电解质分子链构象的研究中，我们采用永久带电的聚苯乙烯磺酸钠（NaPSS）及季铵化聚 4-乙烯吡啶（QP4VP）作为模型体系，样品具有窄的分子量分布，并在其分子链的末端标记一个荧光分子。如图 10-1 所示为具有不同分子量的聚苯乙烯磺酸钠、季铵化聚 4-乙烯吡啶的关联函数数据以及对其进行数值拟合得到的扩散系数随聚合度的变化规律。[13] 如果将 NaPSS 与 QP4VP 的单分子链扩散系数（D）随聚合度（N）的变化规律按照标度率（$D \propto N^\nu$）进行分析，可以发现其标度幂律指数分别为 -0.7 与 -0.9，这些数值说明分子链在主链电荷的静电排斥作用下，处于强烈伸展状态。然而在理论上很难理解上述两个标度幂律指数的含义，因为任何溶胀的无规线团都应遵从 -0.6 的标度幂律指数。因此，在分子链强烈伸展的假设下，采用直棒模型来拟合数据。直棒构象分子的流体力学半径（R_h）随其聚合物的变化规律由 $R_h = \dfrac{L}{2}\left[\ln(L/d) + \gamma\right]^{-1}$ 来描述，其中 L

和 d 分别为直棒的长度与横向直径，γ 为与长径比相关的常数。[14]

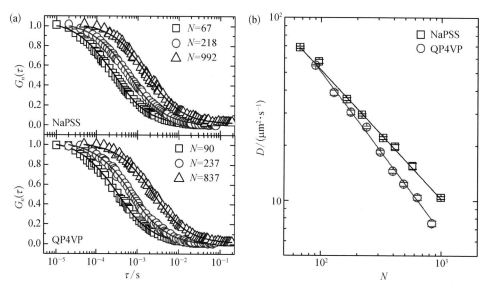

图 10-1 （a）聚苯乙烯磺酸钠、季铵化聚 4-乙烯吡啶单分子链在无盐水溶液中扩散运动的关联函数；（b）NaPSS 与 QP4VP 单分子链扩散系数与聚合度的依赖关系[13]

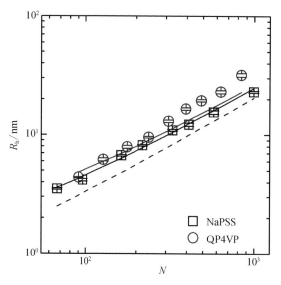

图 10-2 无盐水溶液中 NaPSS、QP4VP 单分子链流体力学半径随聚合度的变化规律（实线为采用直棒构象拟合的结果，虚线为假设水合分子链的拟合结果）[13]

数据拟合结果（图 10-2）表明，NaPSS 与 QP4VP 聚电解质分子链在无盐状态下为直棒构象。但是，数据拟合参数表明，分子链的横向尺寸远远超过了普通水合分子链的横向直径。水合分子链的横向直径大约为 0.8 nm，采用该参数的拟合结果如图 10-2 中的虚线所示，远远低于实验数据，说明聚电解质分子链的横向流体力学尺寸不能仅仅考虑为水合分子链尺寸。与实验数据接近的拟合结果表明，NaPSS 与 QP4VP 单分子链的横向直径分别为 2.2 nm 与 3.0 nm。这些数值均远大于水合分子链尺寸，其原因是聚电解质分子链周围都围绕着大量的抗衡离子,这些由于静电吸引相互作用而永远与分子链并存的抗衡离子带来了流体力学效应,即为分子链的扩散带来流体力学阻力。这个结果表明聚电解质分子链周围存在着抗衡离子云,它们与分子链同步运动。

上述结果印证了我们前期关于聚电解质分子链抗衡离子分布的研究结果:抗衡离子在分子链周边的分布是静电相互作用与热激发的平衡结果,抗衡离子由静电相互作用吸引在分子链上,而热激发则使得其脱离分子链,两者的平衡与竞争造就了抗衡离子云的结构。[15]值得注意的是,以前学术界流行的物理模型是"抗衡离子凝聚"模型。[16]该模型将聚电解质分子链看成无限长的直棒,当主链电荷距离小于比耶鲁姆长度时,抗衡离子将由于与分子链的静电相互作用而"凝聚"到主链上,从而中和一部分主链电荷使得其有效电荷间距等于比耶鲁姆长度,而与电荷距离大于该长度的抗衡离子则由于热激发而远离分子主链,且该临界电荷密度不发生变化。在这样的模型框架下,聚电解质主链周围不应该存在抗衡离子浓度梯度,即分子链周围的抗衡离子浓度与溶液中的浓度相等。然而,上述实验结果则表明聚电解质主链周围存在抗衡离子云,说明聚电解质主链的抗衡离子分布不能由"抗衡离子凝聚"模型描述。

聚电解质主链的抗衡离子分布的真实情形应该如何描述呢?2004年,"抗衡离子吸附"模型被提出,这个模型除了考虑静电相互作用因素,还将聚电解质分子链的构象熵、抗衡离子的平动熵一起纳入考虑从而来决定体系的自由能。在这个模型框架下,抗衡离子的分布是静电吸引作用与熵极大的平衡结果。那么,有没有可能在实验上得到抗衡离子的分布信息呢?我们采用单分子荧光光子计数直方图技术,通过在分子链末端标记pH响应荧光探针分子,研究了NaPSS分子链周围抗衡离子浓度及其变化规律。

光子计数直方图技术基于荧光关联光谱硬件设施及其配置,通过测量共聚焦空间内的荧光信号涨落而获得单个荧光分子在单位时间内发出的光子数。对于空间位置固定不变的稳定光源,其发射光子数的分布满足泊松分布(Poisson distribution)。但是,如果被测量的光源(如荧光分子)由于布朗运动而发生涨落时,其荧光发射的光子计数分布将被展宽,而满足超泊松分布。[17]通过准确的理论分析与数值拟合,光子计数直方图技术可以准确获取单个荧光分子在单位时间内发出荧光的光子数(单分子亮度)信息。鉴于聚电解质周围存在抗衡离子云,如果在分子链的特殊位置标记pH响应性的荧光探针分子,水溶液中大量存在的氢离子将由于静电吸引而与钠离子一同围绕在NaPSS分子链周围。因此,将pH敏感型荧光探针标记于分子链,同时结合光子计数直方图技术,可以帮助我们得到聚电解质分子链周围抗衡离子的浓度及其分布信息。

图 10-3 所示为 NaPSS 分子链末端标记的 pH 响应型荧光探针 Oregon Green 514（OG514）的单分子亮度随溶液 pH 的变化规律。其中,作为确定 pH 的工作曲线,自由 OG514 探针的单分子亮度随溶液 pH 的变化规律也一同展示。数据表明,在同一 pH 下,标记于 NaPSS 分子链末端探针的单分子亮度均低于自由探针的单分子亮度, NaPSS 的分子量越高,标记于分子链末端探针的单分子亮度也越低。这些数据表明, NaPSS 分子链周围聚集了大量的氢离子,使得其附近的 pH 远低于溶液的 pH（距离分子链无穷远处的 pH）。这直接证实了聚电解质主链附近抗衡离子云的存在,澄清了聚电解质抗衡离子分布的物理图像,即抗衡离子是"吸附"而非"凝聚"于聚电解质分子链上。

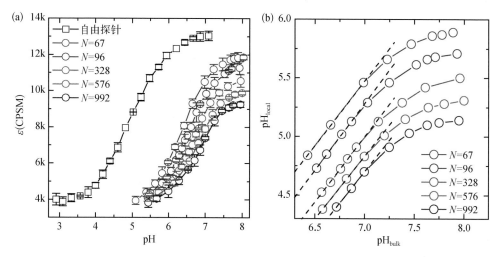

图 10-3 （a）NaPSS 分子链末端标记的 pH 响应型荧光探针 Oregon Green 514（OG514）的单分子亮度随溶液 pH 的变化规律,其中作为参照同时作为确定 pH 的工作曲线,自由 OG514 探针的单分子亮度随溶液 pH 的变化规律也一同展示。（b）分子链局部 pH（pH$_{local}$）随溶液 pH（pH$_{bulk}$）的变化关系,其中虚线表示玻耳兹曼分布关系拟合结果[13]

随着溶液 pH 的升高,分子链局部的 pH 也单调升高,表明随着溶液氢离子浓度的降低,分子链局部的氢离子浓度也同步降低。既然抗衡离子是吸附于聚电解质分子链上并达到浓度平衡,那么就应该满足热力学平衡状态下的玻耳兹曼分布,即 $[H^+]_{local} = [H^+]_{bulk} \exp\left(-\dfrac{e\psi}{k_B T}\right)$,其中 $[H^+]_{local}$、$[H^+]_{bulk}$ 分别为分子链局部的氢离子浓度、溶液中的氢离子浓度,e 为标准电荷,ψ 为电势能,k_B 为玻耳兹曼常数,T 为温度。根据 pH 与氢离子浓度的关系,该表达式可转换为 $pH_{local} = pH_{bulk} + 0.43 \dfrac{e\psi}{k_B T}$。采用玻耳兹曼分布对数据的拟合结果展示在图 10-3(b)中，可以看到在溶液 pH 较低的区域，分子链局部 pH 与溶液 pH 能够采用玻耳兹曼分布拟合，该拟合直线的截距为单分子电势。（随着溶液 pH 的进一步升高，分子链局部 pH 不再升高，表明分子链的电势进一步升高，很可能是由溶液氢离子浓度进一步降低而导致原吸附于分子链的抗衡离子脱附造成的）

图 10-4 所示为无盐水溶液中 NaPSS 单分子链电势的绝对值随其聚合度的变化规律。数据显示，单分子链电势随着聚合度的增高而单调升高，但是，电势的升高非常缓慢且很快就达到饱和。如果假设 NaPSS 主链电荷密度固定不变，则单分子链电势将随着聚合度的增加而呈现线性关系。上述实验结果说明，随着聚合度的增加，聚电解质分子链的单分子电荷密度在不断降低，说明了随着分子量的增加，更多的抗衡离子被吸引而吸附于主链，从而中和了主链电荷，继而导致电荷密度下降。

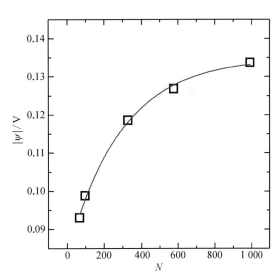

图 10-4 无盐水溶液中 NaPSS 单分子链电势的绝对值随其聚合度的变化规律[13]

高灵敏度和空间分辨率的单分子荧光显微与光谱技术能够实现在远低于常规方法探测浓度下的测量。采用荧光关联光谱与光子计数直方图技术，能够获得单个聚电解质分子链的扩散系数以及测量单分子链电势，从而准确表征单分子构象及抗衡离子分布状态。在无盐水溶液中，聚电解质单分子链处于直棒构象，分子链周围存在抗衡离子云，说明抗衡离子与分子链的相互作用与分布是"抗衡离子吸附"过程。

10.3　关于高分子结晶过程中物质输运性质的研究

结晶过程一直是高分子物理中的重要研究课题，在过去的几十年中，研究人员在高分子结晶领域取得了巨大的研究成就。[18] 在高分子结晶中，物质输运是极为重要的过程，在决定晶体生长速率及形貌上具有十分重要的作用。例如，学术界一直认为晶体生长前沿的物质扩散场对晶体形貌起着决定性作用,不同的扩散场决定着诸如树枝状、手指状、海藻状等形貌。[19]在晶体生长过程中,高分子如何运动至晶体的生长前沿以及如何进入晶体,对于我们从微观层面理解与认识高分子结晶及其动力学过程无疑是至关重要的。

从上面的讨论我们不难看出,如何在晶体生长前沿捕捉到单个分子的运动信息,如何勾勒出晶体生长过程中扩散场的空间分布,对于理解高分子晶体形成与生长过程是十分关键的。因此,基于这个出发点,我们采用单分子荧光成像技术,对聚合物薄膜结晶过程中分子的扩散运动机理以及空间分布进行了系统的研究。值得注意的是,目前尚无有效的手段能够使得研究人员直接观察到分子在结晶过程中的运动,单分子荧光成像技术有效地利用了其超高的灵敏度与合适的时间分辨率,成功地实现了聚合物薄膜结晶过程中单个聚合物分子的运动特征及其空间分布的研究。单分子荧光成像技术采用研究级光学显微镜,优化光学配置从而压制背景荧光噪声,以获得足够高的信号噪声比(简称信噪比),同时配备具有单分子探测能力的 EMCCD 相机,以摄取单分子荧光影像。

在研究中,聚己内酯[poly(ε-caprolactone),PCL,M_n = 9 500 g·mol^{-1},M_w/M_n = 1.2]被选为模型聚合物体系。为了帮助单分子荧光显微镜观察,PCL 分子链末端用一个荧光分子进行标记。荧光分子为 N,N'-双(2,6-二异丙基苯基)-1,6,7,12-四苯氧基-3,4,9,10-苝四甲酰二亚胺(PDI)。[20]将荧光标记的 PCL(浓度为 10^{-9} mol/L)掺杂于未标记的 PCL 溶液中,采用旋涂法在熔融石英基片或硅片上制备 PCL 薄膜,进而对薄膜在 25 ℃下进行真空退火 24 h,薄膜厚度为 6.0 nm。然后将样品温度升至 68 ℃ 并维持 5 min,进而降温至 35 ℃ 进行等温结晶实验。图 10-5 所示为正在生长的 PCL 片晶形貌,图 10-5(a)为采用原子力显微镜观察到的结果,图 10-5(b)为采用单分子荧光显微镜观察到的结果。从图 10-5(a)中可以看到明显的树枝状片晶结构,晶体的厚度为 11.0 nm。同样的树枝状片晶结构也在单分子荧光显微镜观察中体现,图中黄色线条勾勒出片晶的形状。从单分子荧光显微录像可以看到,片晶内的 PCL 分子处于不运动状态,而片晶之外的分子都呈现出热运动特征。通过仔细分析大量分子的运动轨迹,我们发现在片晶生长前沿附近,到前沿的距离不同,其内部分子的运动特征也不一样,大致可以分成三个区域,分别被命名为区域Ⅰ、Ⅱ和Ⅲ。如图 10-5(b)所示,区域Ⅰ紧邻片晶生长前沿,区域Ⅲ则远离生长前沿,而区域Ⅱ则位于上述两个区域之间。

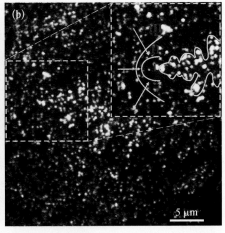

图 10-5　正在生长的 PCL 片晶形貌

（a）采用原子力显微镜观察到的聚己内酯（PCL）在 35 ℃下形成的树枝状片晶形貌；（b）采用单分子荧光显微镜观察到的 PCL 树枝状片晶形貌，右上方为放大部分，黄色线条勾勒出片晶形状、扩散场的各个区间（Ⅰ、Ⅱ、Ⅲ）以及分子的大致运动方向[20]

对单分子荧光图像的观察与定量分析发现，区域Ⅲ中的 PCL 分子进行正常扩散运动（布朗运动），区域Ⅱ中的分子进行着指向晶体生长前沿的定向扩散运动，区域Ⅰ中的分子的扩散运动没有方向选择性，但是其运动速率远小于区域Ⅲ内分子的运动速率。区域Ⅲ是与晶体生长前沿相距最远的区域，在这个区域中，PCL 分子的运动为典型的布朗运动，分子并没有"感知"到晶体的存在及其生长过程，因此，区域Ⅲ中分子的扩散运动为正常扩散运动。这个正常扩散可以在其典型的运动轨迹中看到，如图 10-6(a)所示的在 35 ℃条件下测量得到的运动轨迹。从这个典型的轨迹可以看出分子的运动没有方向选择性，根据 100 个分子的运动计算得到方均位移（mean square displacement，MSD）数据[图 10-6(b)]。可以看到，区域Ⅲ中的分子方均位移与延时量呈线性关系，即 $MSD \propto \Delta t^\alpha$，其中 $\alpha = 0.98$，这直接证实了区域Ⅲ中 PCL 分子进行的是正常扩散运动。从区域Ⅱ中的分子轨迹可以明显观察到分子的定向运动特征[图 10-6(a)]，这些分子来自区域Ⅲ 并定向运动进入区域Ⅰ。这些分子的运动特征可以通过"定向运动"+"扩散运动"进行描述，这个运动特征可以定量地从其方均位移数据与延时量的关系证实：两者呈非线性关系，且指数大于 1.0（$\alpha = 1.4$）[图 10-6(b)]，表明了其呈现出超扩散（super-diffusion）特征。区域Ⅰ中 PCL 分子的运动呈现出亚扩散（sub-diffusion）特征，这一点从方均位移随延时量变化的数据中得到证实[图 10-6(b)]；在所有温度条件下，该区域中所有分子的 α 值均小于 1.0，温度越低，α 值越小。比如，α 值在 45 ℃与 25 ℃条件下分别为 0.72 与 0.36，远低于正常扩散的 1.0。以上三个区域中 PCL 分子的扩散系数也有明显差别，区域Ⅲ中的扩散系数为 0.01 $\mu m \cdot s^{-1}$，而区域Ⅰ中的扩散系数远低于上述数值，具有一个数量级的差别：25 ℃时为 0.002 5 $\mu m \cdot s^{-1}$，45 ℃时为 0.005 $\mu m \cdot s^{-1}$。

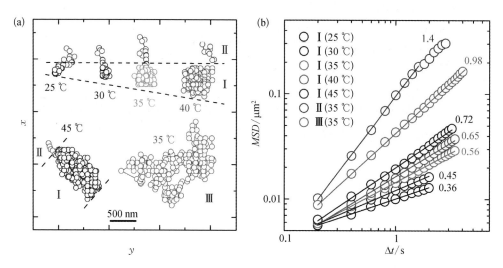

图 10-6 （a）PCL 片晶生长前沿处几类区域（Ⅰ、Ⅱ、Ⅲ）中典型的分子运动轨迹，测量温度分别标记在每一个轨迹数据的旁边；（b）不同区域内 PCL 分子的方均位移数据，所在区域及测量温度标记在图中[20]

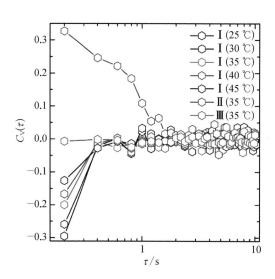

图 10-7 片晶生长前沿附近各个区域中 PCL 分子的速度-速度关联函数[20]

紧邻片晶生长前沿的区域Ⅰ中的分子运动特征反映出 PCL 分子跨越能垒进入晶体前的情形。一般认为扩散分子（或粒子）在非均匀介质中出现亚扩散行为，是因为其完成扩散过程需要跨越障碍。但是，在区域Ⅰ中并不存在任何阻碍 PCL 分子进行扩散运动的障碍物，每个分子除了与之相邻的分子外，其扩散过程中不会遇到任何障碍物。因此，区域Ⅰ中 PCL 分子发生亚扩散运动的原因很可能来自局部浓度涨落带来的黏弹效应。这一点在对运动轨迹的仔细分析结果中得以证实。图 10-7 所示为片晶生长前沿附近各个区域中 PCL 分子的速度-速度关联函数（velocity-velocity correlation function），从图中的数据可以清晰地看到在区域Ⅰ中，PCL 分子在其扩散运动的前后两步之间的速度为反关联，说明分子在完成了一步随机运动后，经历一个与其运动方向相反的力，使其反向运动。我们认为这个反向力来自晶体生长前沿 PCL 薄膜由于浓度变化带来的弹性。这正是链状分子的重要特性：分子运动带来链段浓度的差异从而导致分子链构象熵的改变，链段浓度升高产生反向推力，链段浓度降低产生反向拉力。与之相比，在区域Ⅲ中的 PCL 分子的速度-速度关联为零，说明其前后两步运动完全随机，而在区域Ⅱ中，分子的运动在很长时间内均呈正关联，这就证明了在这个区域中分子进行定向运动的结论。

为什么同为随机运动，PCL 分子在区域Ⅰ中的运动存在反关联，而在区域Ⅲ中则不存在关联？这是由两者中的分子链构象差异所致。在区域Ⅲ中，PCL 薄膜的厚度为 6.0 nm，大约为一个 PCL 分子的方均回转半径（4.0 nm），体系为准二维结构，分子链的构象中包含紧贴界面的链段（train）、链环（loop），以及从二维平面伸展的分子链尾（tail），分子链之间可以跨越与穿插，链段密度均匀，因此，PCL 分子的运动呈现出正常扩散（布朗运动）的特征。[21] 与之相比较，在紧邻片晶生长前沿的区域Ⅰ，由于晶体生长耗费了大量的分子链，区域Ⅰ的膜厚远小于区域Ⅲ，在这种情形下 PCL 分子链平铺于界面，可以假设在极端条件下（薄膜厚度为单分子厚度），PCL 分子采取完全平躺界面的构象（pancake 构象），处于这种构象的分子链不能相互跨越。而在热激发下，当两个或多个分子发生平动扩散而互相接近时，其界面链段密度的增高产生横向推力，该作用力的作用方向与分子的运动方向相反，因而促使分子反向运动。这个反向作用力作用在每一个分子上，导致每个分子都发生与前一步运动的反向运动。由于片晶生长的速度随着温度的降低而加快，所以，紧邻生长前沿的区域膜厚也越小，分子链构象越接近完全平躺构象，这个反向作用力也越大，其效应也越明显。

获得晶体形成与生长过程的物质输运信息能够为理解晶体形貌的产生机理提供重要的实验证据。通过对 PCL 分子扩散运动以及片晶生长的各种参数数据进行分析，发现 PCL 片晶形貌的产生与 Mullins - Sekerka 非稳定性具有强烈关联性。Mullins - Sekerka 非稳定性是基于物质由液态到晶态转变时放出的潜热耗散而导致晶体生长前沿的扩散增强现象。[20, 22] 因此，扩散到片晶生长前沿的分子会受到潜热的激发而出现扩散加快的现象。在具有 Mullins - Sekerka 非稳定性的体系中，片晶的分支形貌与分子的扩散运动特性具有数量关系。理论分析表明，片晶的侧晶枝宽度（w）、主晶枝前沿的曲

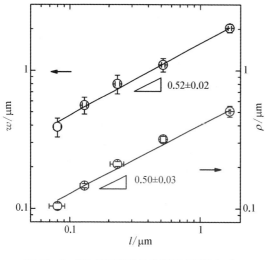

图 10-8 PCL 树枝状片晶的侧晶枝宽度（w）、
主晶枝前沿的曲率半径（ρ）与
扩散长度（l）的关系[20]

率半径（ρ）与扩散长度（l）呈 0.5 次方的幂律关系。扩散长度定义为片晶生长前沿处的分子扩散系数与片晶生长速率的比值（$l = D/G$）。本研究中，单分子荧光显微获得单分子扩散运动信息，原子力显微测量获得晶体生长信息，这些实验的综合分析结果能够提供晶体生长与分子扩散运动的相互关系，其结果如图 10-8 所示。图中 w、ρ 与 l 之间的 0.5 次方的幂律关系清晰体现，这证明了 Mullins-Sekerka 非稳定性是决定 PCL 树枝状片晶形貌产生的根源。

单分子荧光成像技术能够有效实现高分子薄膜结晶过程中单个分子运动轨迹的追踪，准确分辨不同区域内分子的运动状态，对理解物质输运在晶体生长过程中所起的关键作用具有重要的意义。

10.4　关于玻璃化转变过程中分子动力学的研究

玻璃化转变是高分子乃至软物质科学中的经典重要难题，由于玻璃态物质在自然界及多个领域的普遍存在与大量应用，认识与理解玻璃态及玻璃化转变的物理实质无疑是研究人员的重要课题。[23]虽然经历了多年的努力，人们对玻璃化转变的物理实质的理解依然不清楚，很多关于玻璃化转变的理解都处在描述性与经验性阶段，真正能够客观准确描述玻璃化转变的理论及模型还很欠缺。

为了实现对玻璃化转变的正确理解，研究人员应该从不同的层面与角度开展有效的实验工作，以期获取有价值的实验信息与证据。在以往的研究中，人们采用了多种手段开展关于玻璃化转变的研究，包括热力学与动力学的方法与手段。[21]伴随着玻璃化转变过程，玻璃形成体（包括高分子、小分子、胶体及其他软物质等）体系的动力学性质发生了巨大的变化,例如,体系的黏度可以在玻璃化转变前后发生多达 12 个数量级的变化。不难看出,玻璃化转变与形成玻璃液体的动力学性质直接相关,从动力学角度研究玻璃化转变应该是极具针对性的研究课题。在前人的研究中,已经有多种动力学研究手段被采用,如动态黏弹谱、介电松弛谱、荧光光谱烧孔恢复技术等。[23] 作为微观层面动力学研究的重要手段,单分子荧光技术也被应用于玻璃态及玻璃化转变的研究当中,如单分子荧光散焦成像技术、单分子荧光各向异性光谱技术等。[24] 这些研究方法与技术能够测量单个荧光分子在玻璃体及液体中的转动运动,从而获得体系的动态信息。

单分子荧光散焦成像技术是获取单个荧光分子空间取向及其随时间变化的有效手段。该研究方法的原理是利用单个分子发射的荧光在偏离共轭相平面处发生干涉而生成与分子空间取向一对一关联的特殊图案,从而确定分子的空间取向。[25] 实验中采用单分子荧光显微成像光路、高数值孔径的显微物镜,将成像平面偏离共轭平面大约 $0.6\,\mu m$,从而在成像平面上记录得到与荧光分子空间取向一一对应的荧光发射图案。图 10-9 所示为

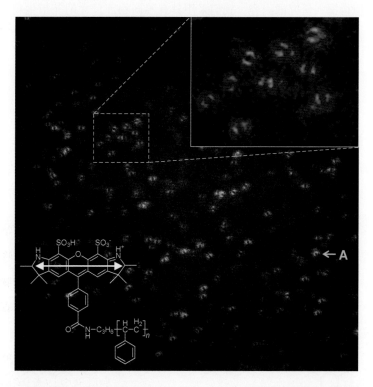

图 10-9　标记于聚苯乙烯分子链末端的荧光分子(Alexa 532)在聚苯乙烯薄膜中的单分子荧光散焦影像
(图中的两瓣式图案为平行于基片表面取向的单个 Alexa 532 分子的荧光发射图案。 探针分子
及聚合物的化学结构式也标记在图中,其中白色箭头表示荧光分子偶极矩的方向)[26]

标记于聚苯乙烯分子链末端的荧光分子(Alexa 532)在聚苯乙烯薄膜中的单分子荧光散焦影像。图中大部分图案为两瓣形状,这是偶极矩平行于基片(或者说垂直于显微物镜光轴)分子的荧光发射图案。[26]连续拍摄影像可以反映出分子取向角随时间的变化情况,从而获得单个荧光分子的转动运动信息。由于该方法可以同步测量多个分子的转动运动,因此还能够获得有关不同分子转动运动差别的信息,这对于研究具有动态非均匀性的玻璃态物质及玻璃化转变过程无疑是非常有力的研究手段。

毫无疑问,利用单个荧光分子的转动运动信息可以获取与探测玻璃体及玻璃形成液体的动力学性质与特征,这已经得到前人关于探针分子转动运动代表体系 α-松弛过程的研究证实。[27]但是,如何保证信息的客观性与真实性,如何从定量的层面保证上述要求得到满足,必须对诸多因素进行考查,如探针分子的尺寸、探针分子与聚合物本体的相互作用。由于探针分子的固有实际尺寸往往区别于它的周边物质(如聚合物),因此,其尺寸如何反应被探测体系的动力学性质、它与体系的玻璃化转变究竟具有什么样的关联都是值得深入研究的内容。我们采用具有不同物理尺寸的苝衍生物作为荧光探针,以聚醋酸乙烯酯($M_w = 500 \times 10^3$ g·mol^{-1})作为模型聚合物玻璃体(玻璃化转变温度 = 42.5 ℃),单分子荧光散焦成像技术为研究手段,仔细考查了荧光探针分子的尺寸效应。[28]

图 10-10 所示为具有不同物理尺寸的苝系列荧光探针分子的化学结构式,按照尺寸从小到大的顺序分别被标记为 Probe-XS、Probe-S、Probe-M 和 Probe-L,这四个探针分子的范德瓦耳斯体积分别为 0.51 nm^3、0.69 nm^3、1.03 nm^3 和 2.63 nm^3。这些分子都能够很好地通过溶液混合的方法与聚醋酸乙烯酯形成混合溶液,溶剂采用乙酸乙酯,聚合物浓度为 1.7%(质量分数),探针分子的浓度大约为 10^{-9} mol/L,通过旋涂法在玻

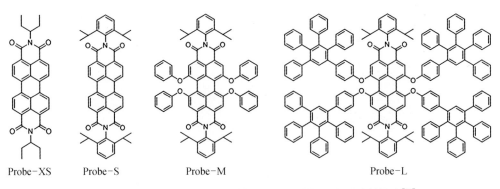

Probe-XS　　　Probe-S　　　　Probe-M　　　　　　　Probe-L

图 10-10　具有不同物理尺寸的苝系列荧光探针分子的化学结构式[28]

璃基片上制备厚度约为96.0 nm的薄膜。之后,将样品放置在温度为100℃的真空中退火24 h以消除旋涂过程中的残余应力与残余溶剂。处理完成的样品随后被安放于具有温度控制的样品台中进行单分子荧光散焦显微观察与测量。值得注意的是,由于单分子荧光显微测量要求使用高数值孔径的物镜,紧贴样品的物镜无疑给温度控制带来了挑战。实验中,我们采用稳定热源、精确控温的方法成功地实现了对样品温度的精确控制(±0.1℃)。

采用单分子荧光散焦成像技术可以清晰地观察到单个荧光探针分子的荧光发射图案(苝系列荧光探针分子的荧光发射图案与图10-9所示的Alexa 532探针分子相似),通过优化信噪比,同时结合单分子转动速率,在实验中每100~200 ms拍摄一帧影像,连续拍摄400~600帧,进而合成视频。对视频进行回放分析,可以清楚地看到单个探针分子发生转动运动。通过对回放视频的观察,能够明显看到几个重要特征:(1)对于同一样品,温度越高,探针分子转动得越"剧烈";(2)温度越高,发生转动运动的分子越多。

探针分子的面内取向角随时间的变化情况可以定量描述上述实验现象。图10-11(a)(b)(c)所示为聚醋酸乙烯酯薄膜中荧光探针分子Probe-M在不同温度下的面内取

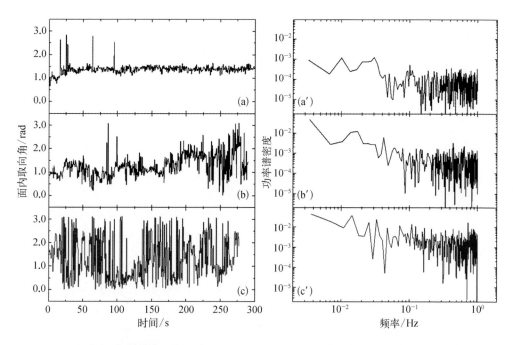

图10-11 聚醋酸乙烯酯薄膜中荧光探针分子Probe-M在不同温度下的面内取向角随时间的变化情况及其对应的由快速傅里叶变换计算得到的功率谱:(a)(a′) 36.0℃;(b)(b′) 39.8℃;(c)(c′) 43.6℃[28]

向角随时间的变化情况,温度分别为 36.0 ℃、39.8 ℃、43.6 ℃。可以看到,随着温度的上升,分子的面内取向角随时间的改变越来越剧烈:发生转动运动的概率逐渐升高,而角度变化值越来越大。然而,从面内取向角随时间变化的数据,很难获得关于分子转动松弛时间参数,其原因在于玻璃态物质具有动态非均匀性。动态非均匀性是玻璃体或非理想液体中局部动力学性质随空间位置的不同而各异,同时在同一位置的动力学性质(如松弛时间)也会随着时间的推移而变化的现象。可见,在这种条件下,样品的动力学性质是难以使用一个具有单一数值的参数来描述的。前人在处理这种动态非均匀性体系时,常用的做法是获得转动运动角度变化的关联函数 $c(\tau)$,进而以展宽的 e 指数函数,即 Kohlrausch‐Williams‐Watts(KWW)函数,来拟合关联函数。[29] KWW 函数的表达式为 $c(\tau) = c_0 \exp[-(t/\tau)^{\beta}]$,其中 τ 为特征松弛时间,β 为展宽指数,当 $\beta = 1$ 时,KWW 函数转变为 e 指数衰减函数;而当 $0 < \beta < 1$ 时,松弛函数则为展宽 e 指数衰减函数,β 越小,展宽越大。但是,依此得到的特征松弛时间并不具备明确的物理意义。

正如我们期待的那样,探针分子的随机转动运动一定与分子所处介质相关,因此,角度随时间的随机变化数据中包含着分子运动的特征信息,如果对该数据进行功率谱分析,应该可以获得分子随机转动过程中的频率信息。这个过程可以通过对数据进行傅里叶变换完成。这就如我们对声波进行频谱分析一样,可以得到其中各个频率的能量分布,从而了解分子随机转动运动中的频率分布。图 10‐11(a')(b')(c')分别为图 10‐11(a)(b)(c)中面内取向角随时间变化的数据所对应的功率谱。可以看到,分子转动运动的功率集中在低频区域,同时随着温度的升高,功率逐步增加,这是温度升高分子运动加剧这一实验观察现象的直接体现。

通过对大量分子的转动运动进行图像与数据分析,可以获得每一实验条件下每一种探针分子发生转动运动时的功率谱。在研究中,我们对每一实验条件下的 50 个探针分子的数据进行分析,并将得到的关于每一实验条件下的平均功率谱进行比较,结果如图 10‐12 所示。结果表明,对于同一探针分子而言,随着温度的升高,功率谱整体上升,但是,不同尺寸的探针具有不同的结果。Probe‐S 和 Probe‐M 在温度高于玻璃化转变温度后,出现了低频部分功率下降的现象,与此同时高频部分的功率继续随温度的升高而上升。Probe‐L 的功率则在所有观测频段都随着温度的升高而上升。而对比在同一温度下,不同探针分子的功率谱也可以看出,功率谱有着强烈的尺寸依赖性。在 36 ℃ 下,尺寸小的探针在所有频段均具有较大的功率;在 39.8 ℃ 下,Probe‐S 在低频的功率密度低于 Probe‐M 而高于 Probe‐L,但其在高频的功率密度依然均高于另外两种；在 43.6 ℃下，Probe‑S 与 Probe‑M 均出现了在低频的功率密度低于 Probe‑L 的现象。

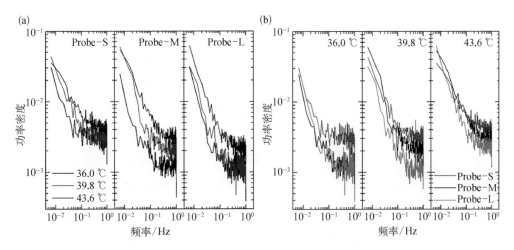

图 10‑12　（a）三个尺寸的探针分子（Probe‑S、Probe‑M、Probe‑L）在不同温度下转动运动的功率谱数据；（b）三个温度条件下，不同尺寸的探针分子转动运动的功率谱[28]

　　荧光探针的尺寸效应同样体现在样品中发生转动的荧光探针分子个数随温度的变化规律中。由于在确定玻璃化转变温度时［例如采用差示扫描量热法（differential scanning calorimetry，DSC）］，一般采用经验的 10 K/min 的升降温速率，即考查体系在 10^2 s 量级左右的响应情况。因此，在荧光显微观察研究中，我们有意截取时间长度约为 200 s 的视频，通过观察单分子荧光散焦显微视频，以确定观察区域内发生转动的荧光探针分子个数。由于在不同的实验中，观察区域内的荧光探针分子个数不尽相同，因此将分子总数进行归一化可得到转动分子数占分子总数的比例，即转动分子分数（f_r）。图 10‑13 所示为聚醋酸乙烯酯的 DSC 数据以及在其薄膜中四种荧光探针分子的转动分子分数随温度的变化情况。随着温度的升高，所有探针分子的 f_r 值均单调升高，从几乎为零直至达到饱和。比较四种探针分子，在 f_r 值达到饱和之前，同一温度下，分子尺寸越大的 f_r 值越小，表明物理尺寸越大的分子获得转动运动激发的概率越低。考虑到探针分子的转动运动反映了尺度范围约等于该分子物理尺寸的动力学过程，上述数据表明，长度越大的运动越难以激发。在玻璃形成体或液体中，存在着多个尺度的动力学过程，小尺度的运动具有较低的激发能，容易被激发，反之则难以被激发。如果我们采用激发势能面来描述，发生转动的分子接收到了超过其活化能的热激发。随着温度的上升，越来越多的探针分子的运动被激活。上述结果明确反映出玻璃化转变过程中,不同尺度运动的激发能的差别,这与探针分子的功率谱分布及其变化规律吻合。

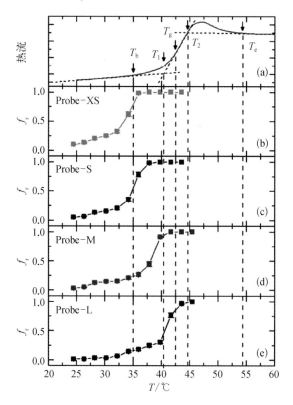

图 10‑13　聚醋酸乙烯酯的 DSC 数据（a）以及在其薄膜中四种荧光探针分子的转动分子分数随温度的变化情况（b）~（e）[28]

　　玻璃化转变究竟对应哪一个尺度的动力学过程呢?将体系的 DSC 数据与不同尺度探针的转动分子分数相比较,无疑将是很有意义的,图 10‑13 所示即为比较结果。可以看到,聚醋酸乙烯酯的玻璃化转变温度与其中 Probe‑M 的转动分子分数 f_r 变化有着明显的对应关系:当温度达到体系的玻璃化转变温度时,Probe‑M 的 f_r 值达到 1.0。玻璃化转变的表现形式虽然多种多样,最典型的表现方式是比热容变化,或者是热膨胀系数变化。只有当处于玻璃化转变特征长度的动力学过程都被激发时,体系的比热容或热膨胀系数才会发生显著改变,因此,当温度上升到玻璃化转变温度时,某一尺度探针分子的转动分子分数达到饱和,其对应的尺度可以认为是玻璃化转变特征长度。本研究考查的聚醋酸乙烯酯体系,由 DSC 测量得到的玻璃化转变温度与 Probe‑M 探针分子的转动分子分数达到饱和的温度对应,表明体系的玻璃化转变的特征长度与 Probe‐M 分子的尺度接近。Probe‐M 探针分子的范德瓦耳斯体积约为 $1.03\ \text{nm}^3$,说明体系的玻璃化转变特征长度约为 1.0 nm。

单分子荧光散焦成像技术是测量单个荧光分子空间取向的有效手段,对于研究聚合物体系的玻璃化转变具有重要意义。玻璃化转变过程有着强烈的尺寸依赖性,利用物理尺寸不同的探针分子可以实现在不同尺度考查玻璃化转变动力学性质的变化,将获得对于理解与认识玻璃化转变具有重要意义的实验证据。

单分子荧光显微与光谱技术以其出众的探测灵敏度、空间分辨率以及丰富的偏振、强度及相干性,能够为高分子物理的研究提供多种多样有价值的研究渠道。将单分子荧光显微与光谱技术与其他常规方法与技术结合,不仅能够从全新的层面与角度获取高分子物理与化学信息,而且还能从更加全面的角度考查高分子体系,对于高分子物理与化学的研究无疑具有十分重要的意义。

致谢

感谢国家自然科学基金、中华人民共和国科学技术部国家重点基础研究发展计划、中国科学院科研装备研制项目的支持与资助。

参考文献

[1] Doi M, Edwards S F. The theory of polymer dynamics[M]. New York: Oxford University Press, 1988.

[2] de Gennes P G. Scaling concepts in polymer physics[M]. Ithaca: Cornell University Press, 1979.

[3] Kumaki J, Hashimoto T. Conformational change in an isolated single synthetic polymer chain on a mica surface observed by atomic force microscopy[J]. Journal of the American Chemical Society, 2003, 125(16): 4907‐4917.

[4] Quake S R, Babcock H, Chu S. The dynamics of partially extended single molecules of DNA[J]. Nature, 1997, 388(6638): 151‐154.

[5] Nagamanasa K H, Wang H, Granick S. Liquid-cell electron microscopy of adsorbed polymers[J]. Advanced Materials (Deerfield Beach, Fla), 2017, 29(41): 1703555.

[6] Guardigli M. Markus Sauer, Johan Hofkens, and Jörg Enderlein: Handbook of fluorescence spectroscopy and imaging: From ensemble to single molecules[J]. Analytical and Bioanalytical Chemistry, 2012, 403(1): 1 – 2.

[7] Sukhishvili S A, Chen Y, Müller J D, et al. Materials science. Diffusion of a polymer 'pancake' [J]. Nature, 2000, 406(6792): 146.

[8] Oosawa F. Polyelectrolytes[M]. New York: Marcel Dekker, 1971.

[9] Muthukumar M. Polymer translocation[M]. Boca Raton: CRC Press, 2011.

[10] Sedlák M. What can be seen by static and dynamic light scattering in polyelectrolyte solutions and mixtures? [J]. Langmuir, 1999, 15(12): 4045 – 4051.

[11] Zhang Y B, Douglas J F, Ermi B D, et al. Influence of counterion valency on the scattering properties of highly charged polyelectrolyte solutions[J]. The Journal of Chemical Physics, 2001, 114(7): 3299 – 3313.

[12] Magde D, Elson E, Webb W W. Thermodynamic fluctuations in a reacting system — Measurement by fluorescence correlation spectroscopy[J]. Physical Review Letters, 1972, 29 (11): 705 – 708.

[13] Xu G F, Luo S J, Yang Q B, et al. Single chains of strong polyelectrolytes in aqueous solutions at extreme dilution: Conformation and counterion distribution[J]. The Journal of Chemical Physics, 2016, 145(14): 144903.

[14] Tirado M M, de la Torre J G. Translational friction coefficients of rigid, symmetric top macromolecules. Application to circular cylinders[J]. The Journal of Chemical Physics, 1979, 71 (6): 2581 – 2587.

[15] Muthukumar M. Theory of counter-ion condensation on flexible polyelectrolytes: Adsorption mechanism[J]. The Journal of Chemical Physics, 2004, 120(19): 9343 – 9350.

[16] Manning G S. Limiting laws and counterion condensation in polyelectrolyte solutions I. colligative properties[J]. The Journal of Chemical Physics, 1969, 51(3): 924 – 933.

[17] Chen Y, Müller J D, So P T C, et al. The photon counting histogram in fluorescence fluctuation spectroscopy[J]. Biophysical Journal, 1999, 77(1): 553 – 567.

[18] Reiter G, Sommer J U. Polymer crystallization[M]. Berlin, Heidelberg: Springer-Verlag, 2003.

[19] Liu Y X, Chen E Q. Polymer crystallization of ultrathin films on solid substrates[J]. Coordination Chemistry Reviews, 2010, 254(9/10): 1011 – 1037.

[20] Lu X, Zheng K K, Yang J F, et al. Probing the interplay between chain diffusion and polymer crystal growth under nanoscale confinement: A study by single molecule fluorescence microscopy [J]. Science China Chemistry, 2018, 61(11): 1440 – 1446.

[21] Zhao J, Granick S. How polymer surface diffusion depends on surface coverage [J]. Macromolecules, 2007, 40(4): 1243 – 1247.

[22] Mullins W W, Sekerka R F. Morphological stability of a particle growing by diffusion or heat flow [J]. Journal of Applied Physics, 1963, 34(2): 323 – 329.

[23] Debenedetti P G, Stillinger F H. Supercooled liquids and the glass transition[J]. Nature, 2001, 410(6825): 259 – 267.

[24] Kaufman L J. Heterogeneity in single-molecule observables in the study of supercooled liquids[J]. Annual Review of Physical Chemistry, 2013, 64: 177 – 200.

[25] Uji-i H, Melnikov S M, Deres A, et al. Visualizing spatial and temporal heterogeneity of single molecule rotational diffusion in a glassy polymer by defocused wide-field imaging[J]. Polymer, 2006, 47(7): 2511 – 2518.

[26] Zheng Z L, Kuang F Y, Zhao J. Direct observation of rotational motion of fluorophores

chemically attached to polystyrene in its thin films[J]. Macromolecules, 2010, 43(7): 3165 - 3168.

[27] Deres A, Floudas G A, Müllen K, et al. The origin of heterogeneity of polymer dynamics near the glass temperature as probed by defocused imaging[J]. Macromolecules, 2011, 44(24): 9703 -9709.

[28] Zhang H, Tao K, Liu D, et al. Examining dynamics in a polymer matrix by single molecule fluorescence probes of different sizes[J]. Soft Matter, 2016, 12(35): 7299 - 7306.

[29] Paeng K, Ediger M D. Molecular motion in free-standing thin films of poly (methyl methacrylate), poly(4 - tert-butylstyrene), poly(α-methylstyrene), and poly(2 - vinylpyridine) [J]. Macromolecules, 2011, 44(17): 7034 - 7042.

索 引

B

比旋光度　171,175

不对称催化　165,196,197,202

C

长程相互作用　265,266,270,283

超分子聚集体　165,174

弛豫时间　283-285

粗粒化算法　266,269,270

D

倒易空间作用势　268,269

谍标签　153,154

谍捕手　153,154,157

蝶豆黏酶　153,155

多米诺效应　171,172,174

E

二氢叶酸还原酶　155

F

分离型内含肽　153,155

分选酶　67,153,155

G

关联链包　274,285

J

机械互锁　155-157,159

机械键　150,151

基因挖掘　159

静电链包　274,276,277

聚合后反应　169,179

聚合物太阳能电池　8,9,17,27

L

邻近效应　152

轮烷　152,155

螺旋翻转位垒　165

螺旋选择性聚合反应　165,170

M

曼宁聚沉　280,282

R

热链包　272－274,278,279

S

实空间作用势　268,269
"士兵与军官"规则　173－177
噬菌体展示　153
手性放大效应　173,176
手性分子开关　165,190,197,198,202
手性诱导　169,175,178,179,196
锁子甲　151

T

探标签　154
探捕手　154,157
天然化学连接　155

W

无序蛋白　154,155,159

X

项链模型　278

Y

伊辛模型　173,177
异肽标签　153
异肽键　150,153
异质索烃　155,156
应力剪切模量　284
荧光偏振　165
有机光伏材料　3,7,18
右手螺旋　101,102,165,179,186,191
圆偏振发光　198－202

Z

正交反应　47,52,73,157
主动模板　156
组装-反应协同　153,156,158
左手螺旋　102,165,179,186,191